エコバイオリファイナリー
―脱石油社会へ移行するための環境ものづくり戦略―

Eco-Biorefinery：Strategy for Change to Sustainable Bioproduction from Petroleum-dependent Production

《普及版／Popular Edition》

監修 植田充美，田丸 浩

シーエムシー出版

はじめに

　歴史的な京都議定書の実効期限が迫り，2050年には100億人近くに膨れ上がる人口問題を内包しながら開催されてきたポスト京都議定書に関わる多くの国際会議は，地球環境問題に取り組む世界各国の種々の思惑に翻弄され紛糾してきた。これは，地球環境問題が政治や経済なども含む深刻な問題であることを再認識させた。生物多様性の保護の任にある人類にとって，地球環境を保護しながら，現在享受する，または，憧れる生活レベルを先進国，新興国，発展途上国の区別なく，スパイラルに発展していくために，何をなすべきなのか。循環型社会構築の図式の中で，自然エネルギー利用の視点は，太陽光や風力利用など，急速に展開しつつあるが，この難題は，化石燃料からバイオマスへと社会基盤をなす原料の変換という，まさに，産業革命に値する大問題と関わっている。当面は，従来の化学工業の一部を置換する形で，バイオマスが利用されるであろうことが予測されるが，将来的には，完全に，原料を，さらに製品化プロセスをも，バイオマスを基盤にしていかねばならないという大命題を抱えている。この産業革命ともいえる原動力は，まさに，発酵工業であり，生物工業であることは自明である。2010年春のアメリカ化学会では，いち早くこの現状を捉え，これをメインテーマにして，世界の多くの科学者に，新産業革命の推進を喚起したのは，種々の報道からも周知である。

　本書では，原料大転換期を迎えつつある現況下で，脱石油の新しい産業構造を構築していくためのマイルストーンを明示して，化石燃料と決別して持続可能な未来型の循環型社会への移行に必要な「ものづくり」のスキャフォールドを提唱したいと思う。この書は，本出版社の既刊の『グリーンバイオケミストリーの最前線』や『微生物によるものづくり』の続刊であり，『エコバイオエネルギーの最前線』や『第二世代バイオ燃料の開発と応用展開』のシリーズの1冊でもある。

　最後に，ご多忙の中，ご執筆いただきました先生方に，感謝いたしますとともに，本書での研究分野でのさらなるご活躍を祈念いたします。

2010年12月

京都大学　大学院農学研究科

植田充美

三重大学　大学院生物資源学研究科

田丸　浩

普及版の刊行にあたって

本書は2010年に『エコバイオリファイナリー ―脱石油社会へ移行するための環境ものづくり戦略―』として刊行されました。普及版の刊行にあたり，内容は当時のままであり加筆・訂正などの手は加えておりませんので，ご了承ください。

2016年11月

シーエムシー出版　編集部

執筆者一覧（執筆順）

植田充美　京都大学　大学院農学研究科　応用生命科学専攻　教授

田丸　浩　三重大学　大学院生物資源学研究科　准教授

近藤昭彦　神戸大学　大学院工学研究科　教授；
統合バイオリファイナリーセンター　センター長

明石欣也　奈良先端科学技術大学院大学　バイオサイエンス研究科　助教

小杉昭彦　㈱国際農林水産業研究センター（JIRCAS）　利用加工領域
主任研究員

森　　隆　㈱国際農林水産業研究センター（JIRCAS）　利用加工領域長

遠藤貴士　㈱産業技術総合研究所　バイオマス研究センター
水熱・成分分離チーム　研究チーム長

澤山茂樹　京都大学　大学院農学研究科　応用生物科学専攻　教授；
㈱産業技術総合研究所　バイオマス研究センター
エタノール・バイオ変換チーム　研究チーム長

高橋潤一　帯広畜産大学　大学院畜産学研究科　環境衛生学講座
循環型畜産科学分野　教授

梅澤俊明　京都大学　生存圏研究所　森林代謝機能化学分野　教授

渡辺隆司　京都大学　生存圏研究所　生存圏診断統御研究系
バイオマス変換分野　教授

荻野千秋　神戸大学　大学院工学研究科　准教授

蓮沼誠久　神戸大学　自然科学系先端融合研究環　講師

田中　勉　神戸大学　自然科学系先端融合研究環　助教

中島一紀　神戸大学　自然科学系先端融合研究環　助教

浦野信行　大阪府立大学　大学院生命環境科学研究科　応用生命科学専攻
博士研究員

清水　昌　京都学園大学　バイオ環境学部　バイオサイエンス学科　教授

片岡道彦　大阪府立大学　大学院生命環境科学研究科　応用生命科学専攻　教授

田中重光　佐賀大学　農学部　産学官連携研究員

小林元太　佐賀大学　農学部　准教授

三宅英雄　三重大学　大学院生物資源学研究科　助教

中島田　豊　広島大学　大学院先端物質科学研究科　分子生命機能科学専攻
准教授

岡田行夫　サッポロビール㈱　価値創造フロンティア研究所　上級研究員

三谷　　優	サッポロビール㈱　価値創造フロンティア研究所　研究主幹	
玉川　英幸	キリンホールディングス㈱　技術戦略部　フロンティア技術研究所　研究員	
生嶋　茂仁	キリンホールディングス㈱　技術戦略部　フロンティア技術研究所　研究員	
和田　光史	三井化学㈱　触媒科学研究所　主席研究員	
田脇　新一郎	三井化学㈱　触媒科学研究所　所長	
稲富　健一	㈶地球環境産業技術研究機構　バイオ研究グループ　副主席研究員	
乾　　将行	㈶地球環境産業技術研究機構　バイオ研究グループ　副主席研究員	
湯川　英明	㈶地球環境産業技術研究機構　バイオ研究グループ　理事，グループリーダー	
満倉　浩一	岐阜大学　工学部　生命工学科　助教	
吉田　豊和	岐阜大学　工学部　生命工学科　准教授	
向山　正治	㈱日本触媒　GSC触媒技術研究所　主任研究員	
堀川　　洋	㈱日本触媒　GSC触媒技術研究所　研究員	
杉山　祐太郎	京都大学　大学院農学研究科　応用生命科学専攻	
伊藤　伸哉	富山県立大学　工学部　生物工学科；生物工学研究センター　教授	
石塚　昌宏	コスモ石油㈱　海外事業部　ALA事業センター　担当センター長	
岸野　重信	京都大学　大学院農学研究科　産業微生物学講座　特定助教	
小川　　順	京都大学　大学院農学研究科　応用生命科学専攻　教授	
野村　暢彦	筑波大学　大学院生命環境科学研究科　准教授	
小棚木　拓也	筑波大学　大学院生命環境科学研究科	
川畑　公輔	筑波大学　大学院数理物質研究科	
鄭　　龍洙	筑波大学　大学院数理物質研究科	
後藤　博正	筑波大学　大学院数理物質研究科　准教授	
中西　昭仁	京都大学　大学院農学研究科　応用生命科学専攻	
Bae Jungu	京都大学　大学院農学研究科　応用生命科学専攻	
黒田　浩一	京都大学　大学院農学研究科　応用生命科学専攻　准教授	
田口　精一	北海道大学　大学院工学研究院　生物機能高分子部門　生物工学分野　バイオ分子工学研究室　教授	
宇山　　浩	大阪大学　大学院工学研究科　応用化学専攻　教授	

執筆者の所属表記は，2010年当時のものを使用しております。

目　　次

第1章　シュガー・フェノールプラットフォームの形成　植田充美

1　ポスト京都議定書時代へ――新しいプラットフォームを目指して ……………… 1
2　環境基盤の「ものづくり」技術立国へ――日本の針路 …………………………… 2
3　産業構造の革命へ――石油依存社会構造からの脱却へのプラットフォームの創製 ………………………………………… 3

第2章　世界のバイオリファイナリー動向　近藤昭彦

1　はじめに …………………………… 7
2　統合バイオリファイナリーとは ……… 7
3　世界におけるバイオリファイナリー研究の動向 ………………………………… 8
4　統合的なバイオリファイナリー研究の重要性 …………………………………… 9
5　神戸大学における統合バイオリファイナリーセンターの役割 ………………… 10
6　統合バイオリファイナリーの実現に向けた4つの柱 …………………………… 11
7　今後の活動と期待される成果 ………… 12

第3章　バイオマス作物の増産　明石欣也

1　はじめに …………………………… 14
2　デンプン作物 ……………………… 14
3　ショ糖を生産する作物 ……………… 16
4　脂質を生産する作物 ………………… 16
5　リグノセルロースを生産する作物 …… 18
6　バイオマス増産に向けた育種と栽培法の改良 …………………………………… 18
7　バイオマス作物の代謝工学 ………… 19
8　悪環境でのバイオマス増産 ………… 20
9　バイオマス作物増産に向けた研究開発の今後 …………………………………… 20

第4章　セルロース処理と糖化への新戦略

1　微生物による前処理糖化の最新技術　　　　　　　　　　　　　　田丸　浩… 23
1.1　はじめに ………………………… 23
1.2　土壌微生物と植物バイオマスの研究

I

…………………………… 24	3　メカノケミカル酵素糖化法
1.3　リグノセルロース系バイオマスの前処理・糖化技術 ………… 26	…………**遠藤貴士, 澤山茂樹**… 45
1.4　おわりに ……………………… 33	3.1　はじめに ……………………… 45
2　セルロソームを中核としたセルロース系バイオマス糖化技術の開発	3.2　木材・セルロースの構造 …… 45
	3.3　酵素糖化のための前処理方法 … 46
…………………**小杉昭彦, 森　隆**… 35	3.4　粉砕による前処理 …………… 46
2.1　はじめに ……………………… 35	3.5　ナノファイバー化処理 ……… 47
2.2　セルロース系バイオマスの酵素糖化 ……………………………… 36	3.6　湿式メカノケミカル処理の効率化 …………………………… 48
2.3　セルロソームの構造と機能 …… 36	3.7　酵素糖化 ……………………… 50
2.4　高活性を有する *C. thermocellum* 菌株のスクリーニングと活用 … 38	3.8　バイオエタノールベンチプラント … 51
	3.9　オンサイト酵素生産 ………… 51
2.5　セルロソームの糖化能力を高める補助酵素 …………………… 39	3.10　おわりに …………………… 53
2.6　セルロソームと補助酵素を組み合わせたセルロース系バイオマスの糖化 …………………… 41	4　バイオガスプラント脱離液のアンモニアストリッピングとセルロースバイオマスのアンモノリシス ……**高橋潤一**… 55
	4.1　メタン発酵プロセスと脱離液中の窒素について ……………… 55
2.7　セルロソームを中核としたセルロース系バイオマスの糖化戦略 ……… 42	4.2　セルロースバイオマスと回収アンモニアとの反応 ……………… 59
2.8　おわりに ……………………… 43	4.3　今後の展開 …………………… 62

第5章　リグニン処理の新戦略

1　リグニン量と構造の制御 …**梅澤俊明**… 65	2　担子菌の特異的リグニン分解を利用したリグノセルロース前処理
1.1　はじめに ……………………… 65	…………………**渡辺隆司**… 74
1.2　リグニンの化学構造と機能 …… 66	
1.3　バイオ燃料生産に向けた育種目標と関連するリグニンの性質 ……… 67	2.1　バイオリファイナリーと白色腐朽菌 …………………………… 74
	2.2　選択的白色腐朽の特徴 ……… 74
1.4　ケイヒ酸モノリグノール経路の代謝工学 ……………………… 69	2.3　白色腐朽菌のバイオマス変換前処理への応用 ……………… 75
1.5　おわりに ……………………… 72	

2.4 選択的白色腐朽菌によるラジカル反応の制御と応用 …………… 77

第6章　バイオエネルギーと新プラットフォーム形成

1 エタノール
　……… 近藤昭彦, 荻野千秋, 蓮沼誠久,
　　　　　田中　勉, 中島一紀… 82
　1.1 はじめに ………………… 82
　1.2 CBPによるバイオエタノール製造に向けた酵母育種 …………… 83
　1.3 高温でのセルロースからのバイオエタノール生産に適した酵母育種 … 85
　1.4 カクテルδインテグレーション法によるセルラーゼ発現バランス最適化酵母の創製 ……………………… 86
　1.5 合成生物学による微生物工場の強化 …………………………………… 87
　1.6 イオン液体によるバイオマス前処理 …………………………………… 89
　1.7 おわりに ………………… 91
2 組換え微生物による1-プロパノール生産
　…… 浦野信行, 清水　昌, 片岡道彦… 92
　2.1 はじめに ………………… 92
　2.2 プロパノール生産経路の設計 …… 93
　2.3 1,2-PD生産菌の育種 …………… 94
　2.4 1-プロパノール生産菌の育種 …… 95
　2.5 おわりに ………………… 98
3 *Clostridium*属細菌によるバイオブタノール生産 …… 田中重光, 小林元太… 100
　3.1 はじめに ………………… 100
　3.2 アセトン・ブタノール菌の種類とその代謝 ……………………… 100
　3.3 ソルベント毒性 ………… 102
　3.4 ソルベント毒性回避の取り組み … 104
　3.5 おわりに ………………… 105
4 セルロース系バイオマスからのブタノール生産 ……………… 三宅英雄… 108
　4.1 はじめに ………………… 108
　4.2 ABE発酵 ………………… 108
　4.3 セルロース系バイオマスの利用 … 110
　4.4 バイオマス利用に関連した*Clostridium*属のゲノム解析とその応用 ……………………… 111
　4.5 まとめ …………………… 112
5 バイオガスの生物的生産および変換法
　……………………… 中島田　豊… 114
　5.1 はじめに ………………… 114
　5.2 バイオガス生産 ………… 114
　5.3 バイオガスの生物変換 … 121
6 食品廃棄物を用いた水素製造技術
　……………… 岡田行夫, 三谷　優… 125
　6.1 はじめに ………………… 125
　6.2 微生物による食品廃棄物からの水素生産の意義 …………………… 126
　6.3 水素・メタン二段発酵におけるエネルギー回収の有効性について … 127
　6.4 製パン廃棄物を原料とした水素生産（900Lパイロットスケール）…… 128

6.5 食品廃棄物を用いた水素製造技術の普及を目指して ……………… 129	6.6 今後の課題 ……………………… 132

第7章 バイオプロダクトと新プラットフォーム形成

1 トルラ酵母 Candida utilis を用いた
　L-乳酸の発酵生産
　　………… 玉川英幸, 生嶋茂仁 … 134
1.1 はじめに ……………………… 134
1.2 微生物を用いた乳酸の生産 ……… 135
1.3 トルラ酵母 Candida utilis を用いた乳酸の生産 ……………………… 137
1.4 L-乳酸生産の今後の課題 ………… 140
1.5 おわりに ……………………… 141
2 D-乳酸, イソプロパノール, グリコール酸生産 …… 和田光史, 田脇新一郎 … 143
2.1 はじめに ……………………… 143
2.2 D-乳酸生産大腸菌触媒の開発 …… 143
2.3 イソプロパノール（IPA）生産大腸菌触媒の開発 ……………………… 145
2.4 グリコール酸生産大腸菌触媒の開発 ……………………………… 147
2.5 おわりに ……………………… 148
3 アミノ酸全般
　　…… 稲富健一, 乾　将行, 湯川英明 … 149
3.1 はじめに ……………………… 149
3.2 近年のアミノ酸生産技術の進歩 … 151
3.3 嫌気条件下におけるアミノ酸生産 154
3.4 原料の利用能拡大 ……………… 156
3.5 おわりに ……………………… 157
4 光学活性アミン類の合成
　　………………… 満倉浩一, 吉田豊和 … 160

4.1 はじめに ……………………… 160
4.2 加水分解酵素による速度論的（動的）光学分割 ……………………… 160
4.3 アミノ基転移酵素による反応 …… 162
4.4 アミン酸化酵素の利用 ………… 164
4.5 微生物触媒によるイミン不斉還元 166
4.6 おわりに ……………………… 167
5 3-ヒドロキシプロピオン酸と1,3-プロパンジオールの併産
　　………………… 向山正治, 堀川　洋 … 170
5.1 はじめに ……………………… 170
5.2 嫌気性菌によるグリセリン利用システム—Klebsiella pneumoniae, Lactobacillus reuteri の pdu オペロン ……………………………… 170
5.3 1,3-プロパンジオールと3-ヒドロキシプロピオン酸 ……………… 171
5.4 1,3-PD と 3-HPAc 併産発酵に必要な酵素遺伝子の取得と大腸菌での発現 ……………………………… 174
5.5 L. reuteri JCM1112株の培養解析と遺伝子強化 …………………… 175
5.6 L. reuteri JCM1112株での 1,3-PD と 3-HPAc 併産培養 …………… 176
5.7 今後の方向 …………………… 177
5.8 おわりに ……………………… 178
6 微生物によるコハク酸生産

……………杉山祐太郎, 植田充美… 179	9.2 共役化反応 ……………………… 213
6.1 はじめに ……………………… 179	9.3 不飽和化反応 …………………… 216
6.2 コハク酸誘導体 ……………… 179	9.4 飽和化反応 ……………………… 217
6.3 コハク酸発酵 ………………… 181	9.5 水和反応 ………………………… 217
6.4 コハク酸を生産できる微生物 …… 183	9.6 カルボン酸還元反応 …………… 218
6.5 発酵生産したコハク酸の回収 …… 187	9.7 おわりに ………………………… 219
7 酸化還元反応を利用する有用物質生産	10 高分子型導電性ポリマー用モノマーの
……………………… 伊藤伸哉 … 193	合成 ………… 野村暢彦, 小棚木拓也,
7.1 はじめに ……………………… 193	川畑公輔, 鄭　龍洙, 後藤博正 … 220
7.2 ケトン類の不斉還元反応による光学	10.1 はじめに ……………………… 220
活性アルコールの生産 …………… 193	10.2 共役系高分子 ………………… 221
7.3 二級アルコールのデラセミ化による	10.3 バイオによる芳香族共役系高分子
光学活性アルコールの生産 …… 194	モノマーの合成 ……………… 222
7.4 アミノ酸のデラセミ化による非天然	10.4 まとめ ………………………… 227
型 L-ノルバリンの生産 ………… 195	11 バイオリファイナリーからのフェノー
7.5 Baeyer-Villiger モノオキシゲナー	ルプラットフォーム─フェノール化合
ゼの合成反応への応用 ………… 197	物への変換
7.6 スチレンモノオキシゲナーゼ反応に	… 中西昭仁, Bae Jungu, 黒田浩一 … 229
よる光学活性エポキシドの合成 … 198	11.1 はじめに ……………………… 229
7.7 チトクローム P450 反応の医薬品製	11.2 産業上有用なフェノール化合物 … 229
造への応用 …………………… 199	11.3 自然界におけるリグニンや高付加
7.8 ラッカーゼ反応の食品への応用 … 200	価値芳香族化合物の生合成 …… 230
7.9 おわりに ……………………… 202	11.4 自然界でのリグニンの分解 …… 230
8 5-アミノレブリン酸の発酵生産と用途	11.5 酵素を用いた工業的なリグニン分
開発 ………………… 石塚昌宏 … 204	解 …………………………… 232
8.1 はじめに ……………………… 204	11.6 酵母の細胞表層工学を用いたリグ
8.2 ALA の製造方法 ……………… 205	ニン分解酵素の利用 ………… 232
8.3 ALA 配合液体肥料の開発 …… 209	11.7 おわりに ……………………… 234
8.4 ALA の広がる応用分野 ……… 211	12 乳酸ポリマーのワンポット微生物合成
9 脂肪酸誘導体の合成	………………………… 田口精一 … 237
………………… 岸野重信, 小川　順 … 213	12.1 はじめに ……………………… 237
9.1 はじめに ……………………… 213	12.2 乳酸ポリマー合成プロセスのパラ

ダイムシフト ………………… 237
12.3　乳酸ポリマー合成を実現する微生
　　　物工場 ……………………………… 238
12.4　微生物工場のエンジン「乳酸重合
　　　酵素」の発見 …………………… 239
12.5　乳酸ポリマー生産用微生物工場の
　　　稼動 ………………………………… 241
12.6　微生物工場のモデルチェンジ …… 242
12.7　将来展望 ………………………… 243
13　ポリオール ……………… **宇山　浩** … 246
13.1　はじめに ………………………… 246
13.2　植物油脂由来ポリオール ………… 247
13.3　分岐状ポリ乳酸ポリオール ……… 249
13.4　おわりに ………………………… 252

第1章　シュガー・フェノールプラットフォームの形成

植田充美[*]

1　ポスト京都議定書時代へ—新しいプラットフォームを目指して

　1997年に採択された「京都議定書」では，歴史上初めて，国際的な目標として二酸化炭素の排出を抑制することが掲げられ，環境問題が国際化した。日本においては，2002年に策定された「バイオマス・ニッポン総合戦略」に基づき，化石資源への依存から脱却し，バイオマスの利活用によるバイオマスエネルギーの導入が掲げられ，2010年には，民主党政権により，「地球温暖化対策基本法案」も上程されている。世界では，太陽光，風力などの自然エネルギーの利用とともに，特に，バイオマスから作られるバイオエタノールは原油代替の内燃機関用液体燃料になることから，アメリカ，ブラジルをはじめ世界的に導入が進んでいる。ところが，アメリカではトウモロコシなど食糧と競合するバイオマスが主原料として用いられており，国際的な食糧価格の上昇を招く要因となっている。そこで，このような食糧と競合する原料からバイオエタノールを生産する（第1世代バイオエタノール）のではなく，食糧と競合しないセルロース系バイオマスを原料としたバイオエタノール生産（第2世代バイオエタノール）やバイオプロダクトの生産を目標とした技術開発が急速に進展しつつある（図1）[1,2]。

　日本の温室効果ガス25％削減は，生物多様性を維持しつつ，温暖化防止を含む地球環境の持続的維持における日本の国際公約となり，今や，ポスト京都議定書（2013年以降）に向け，積極的かつ緊急性を持つ課題となった。しかし，京都議定書に参加しなかったアメリカや新興国（中国やインドなど）も含む全地球規模の取り組みは，2009年7月のイタリアでのサミットでの「産業革命以前（1750年）の水準から世界全体の平均気温の上昇が2度を超えない」という世界共通指標を掲げたものの，2009年12月のコペンハーゲンでは国際会議合意にたどり着けない事態となった。その間にも，地球温暖化による氷河や北極海の融氷は進んでおり，山村での洪水被害や海水に水没する国土を目の当たりにする。また，暴風雨の多発などの異常気象を体験する機会が増えてきている現況もある。その中で，日本を含む多くの先進国で，バイオ燃料だけでなく，多くの生活に必要な「ものづくり」に，革新的な環境バイオテクノロジー技術の開発をという期待は急カーブで高まっている[3,4]。

---

[*]　Mitsuyoshi Ueda　京都大学　大学院農学研究科　応用生命科学専攻　教授

図1　バイオリファイナリーの展開

2　環境基盤の「ものづくり」技術立国へ―日本の針路

　日本が，「ものづくり」を基盤とする科学技術立国として，また，自然と共生した安心安全な持続可能な社会構築を世界でリードしていくためにも，遺伝子組換え技術を含む環境適合技術によってグローバルで適正なバイオ技術のマネージメントが求められている。地球の未来を予測するとき，人口問題，食料問題，資源やエネルギー問題，水問題は避けられない障害であり，これらは，それぞれ独立した問題ではなく，連携したグローバルな問題であるという認識を持たなければ，バイオテクノロジーの将来性は危ういと言わざるを得ない。

　京都議定書で唯一評価された「クリーン開発メカニズム（CDM）」という国際協調による目標達成の仕組みは，先進国も開発途上国も巻き込んで，開発途上国への経済的かつ技術的協力を含み，でんぷん源としての食料増産とセルロース廃棄物によるエネルギー生産という途上国の貧困の解消へも導き得る多次の効果を持つ。植物個体を考えた場合，食料とエネルギーの両方を共存した素晴らしいバイオテクノロジーによる増産対象であり，いわゆるセルロースやヘミセルロースを主とするシュガープラットフォームとリグニンを主とするフェノールプラットフォームの形成のコアとなる（図2）。食料増産と自然循環型エネルギーやものづくりの創出のためには発展途上国への投資と技術移転を促し，地球環境を保全しながら，先進国も発展途上国も世界の国々がスパイラルに発展していく要素が内在している。こういう自然循環型エネルギーやものづくりの資源ともなる農業をベースとした穀物資源や林業をベースとした森林資源を持つ国とこれらを有用資源に変換できる工学技術と資本を持つ国が共同して，農工連携という新しい枠組みの「クリーン開発メカニズム（CDM）」を基盤に協調しあって発展する姿は日本にとって，また，地球

第1章　シュガー・フェノールプラットフォームの形成

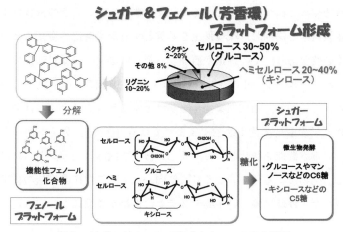

図2　リグノセルロース系バイオマスの完全利用

にとっても未来のあるべき姿であると言える。これは，廃棄物ゼロのリサイクル社会の実現を目指すゼロエミッション志向の技術の広範な開発と技術移転にも通じるものである[5,6]。

しかし，ポスト京都議定書に関する国際会議での先進・新興・途上国のエゴのぶつかり合いを目の当たりにして，大地に基盤をおく農業や林業をベースとするグリーンバイオテクノロジーと，それらを変換できる多彩な能力を持つ微生物機能をベースとするホワイトバイオテクノロジーの共同融合連携は，地域から国へ，そして，世界へとボトムアップ的に拡大していかねばならないとの認識の重要性がますます大きくなってきている。

3　産業構造の革命へ—石油依存社会構造からの脱却へのプラットフォームの創製

「石油などの化石燃料を使わなくても，現在の社会は維持できるか，あるいは，維持するには」という大命題に対して，「石油がなくなっても，あの石油ショックのときのようにはならない。バイオマスの利活用によって，エネルギーだけでなく，各種化成品に至るまで代替可能なところまで，要素技術は向上しつつある」ということのできる時代を迎えるには，石油などの化石燃料をプラットフォームとするオイルリファイナリーを，非可食バイオマスをプラットフォームとするシュガーとフェノールプラットフォームに代えていくことにより，現在の社会を持続的に維持していくことの可能性を現実化していくことである。エネルギーは原子力や太陽光や電池などを供給源として多様化するであろう。しかし，化石燃料をもとに発展してきた「ものづくり」世界を，食料生産と共存し，しかも食料生産と競合しない環境と調和した新しいバイオテクノロジーを基盤とする循環型の世界へのギアチェンジは，人口問題も絡んで，人類を含む地球上すべての

生物の種の絶滅を防ぐことにつながっていく。我々人類は，今こそその叡智により，これまでの化石燃料依存の産業構造と決別し，環境保全を基盤とする産業構造へ変えるという新しい産業革命を実現していく必要があり，その推進が石油から新しい原料への原料転換であり，それはまさに，シュガーとフェノールプラットフォームの形成にある（図3，4）[7,8]。

化石燃料からの脱却による，地球環境保全を基盤とするサステイナブル社会の構築には，これまで以上に，生物工学の叡智の活用が強く望まれている（図5）。ゲノム情報を活用し，これまで以上に戦略的に，細胞機能を強化したり，新しい機能を賦与したり，さらには，ゲノムから細胞を創製したりと，生物による「ものづくり」に向かって，社会産業構造の体制を変革するような環境負荷の低減した，地球に優しい生物システムの構築が急務になってきた。このシステム構

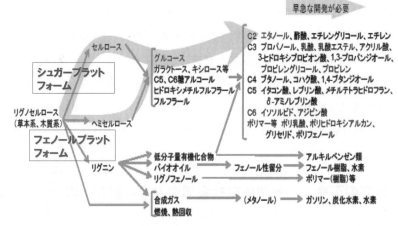

図3　シュガープラットフォームとフェノールプラットフォーム
出典：バイオ燃料技術革新協議会資料

早急な開発が必要な化合物

C2：エタノール，酢酸，エチレングリコール，エチレン
C3：プロパノール，乳酸，乳酸エステル，アクリル酸，
　　3-ヒドロキシプロピオン酸，1,3-プロパンジオール，
　　プロピレングリコール，プロピレン
C4：ブタノール，コハク酸，1,4-ブタンジオール
C5：イタコン酸，レブリン酸，メチルテトラヒドロフラン，
　　δ-アミノレブリン酸
C6：イソソルビド，アジピン酸
その他：各種ポリマー，グリセリド

図4　バイオマスからのものづくりターゲット

第1章　シュガー・フェノールプラットフォームの形成

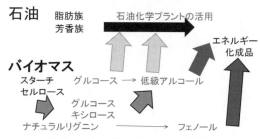

図5　原料変換への産業構造の変化

築に，新しい研究領域として，代謝工学・細胞工学・システム生物学とゲノム工学が合体した合成生物学とその工学への展開が進んでいる[6]。どういう戦略で，こういった新しい研究分野を展開していく必要があるかも議論する必要がある。また，各要素技術をいかにして連結させ，集積させていくかも重要な問題になっている。これには，原材料の集積・流通などの社会システムの整備などの行政の問題も絡んでくる。さらに，環境税などの導入による政治主導の税制面での支援も必要になってくるであろう。

　我々の前には，将来，地球上の人口の爆発的増加が立ちはだかっており，エネルギーだけでなく，食料問題やレアメタルなどの資源問題，さらには，最終的には，水問題に直面することになり，これらを連携できる広い視野に立ち，基盤となるバイオテクノロジーの開発とグローバルな組織力が問われる時代を迎えている。

文　献

1) 植田充美ら，第二世代バイオ燃料の開発と応用展開，シーエムシー出版（2009）
2) 近藤昭彦ら，セルロース系バイオエタノール製造技術，エヌ・テイー・エス（2010）
3) 植田充美ら，微生物によるものづくり，シーエムシー出版（2008）
4) 瀬戸山亨ら，グリーンバイオケミストリーの最前線，シーエムシー出版（2010）
5) 植田充美ら，エコバイオエネルギーの最前線，シーエムシー出版（2005）
6) 植田充美ら，地球環境問題へのバイオテクノロジーの貢献の新時代，日本生物工学会誌，**88**，332（2010）

7) 植田充美ら,配管技術, **52**, 1 (2010)
8) 植田充美ら,ブレインテクノニュース, **139**, 20 (2010)

第2章　世界のバイオリファイナリー動向

近藤昭彦*

1　はじめに

　低炭素社会の構築に向けて，再生可能な資源であるバイオマスを環境調和型プロセスで変換してバイオ燃料やグリーン化学品などの多様な化学製品を統合的に生産する研究"バイオリファイナリー"の確立は，地球温暖化を防ぐためにも早急に確立すべき技術である。今，世界中で，このバイオリファイナリーの学術基盤や技術体系を確立するプロジェクトが進められている。神戸大学においても，平成19年12月に国内で初めての「統合バイオリファイナリーセンター」が設立された。本章では，この統合バイオリファイナリーセンターを中心にしたバイオリファイナリー技術の将来展望を国内外の研究動向と合わせてご紹介したい。

2　統合バイオリファイナリーとは

　地球温暖化や環境汚染，さらには化石資源の枯渇やエネルギー問題が世界的に深刻化してきている。低炭素社会，持続可能な社会のシステムの実現には再生可能なバイオマス資源からバイオ燃料，バイオ材料，有用化学製品，医薬品・食品などの多種多様な化合物を統合的に生産する「統合バイオリファイナリー」の確立が急務である。図1に統合バイオリファイナリーの概念図を示す。前処理を施した草本系・木質系バイオマスをグルコースなどのC6糖，およびキシロースなどのC5糖にまで分解し，高機能化された微生物を用いた発酵によりアルコールや有機酸などC2〜C6からなるビルディングブロックを生産する。発酵生産までを生物機能を用いたバイオプロセスで行い，続いて得られたビルディングブロックを化学プロセスにより汎用化成品や高付加価値製品に変換していく。これらバイオマス処理から有用物質生産までを一貫バイオプロセスとして捉え，環境調和型の生産プロセスとして実用化・普及を目指していくことが必要である。

---

*　Akihiko Kondo　神戸大学　大学院工学研究科　教授；
　　統合バイオリファイナリーセンター　センター長

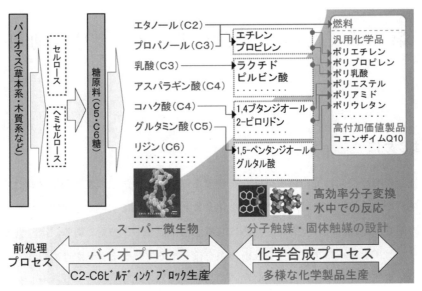

図1　バイオリファイナリーの概念

3　世界におけるバイオリファイナリー研究の動向

　現在，バイオマスからのバイオ燃料や化学品生産に関しては，世界的に激しい技術開発競争が繰り広げられており，数百億円単位の研究開発投資が行われている。アメリカでは，糖を原料とした新規製品体系を作る「バイオリファイナリー構想」に力が注がれ，バイオマスからの実際の燃料生産プラント建設を6か所で行い，基礎研究から実用化を見据えた5研究機関のセルロース系エタノール生産R&Dプロジェクトにアメリカエネルギー省（DOE）が予算措置を行っている（表1）。さらに，バイオ燃料製造に関する基礎研究の確立を目的として，平成19年にはウイスコンシン大学など3か所に，大規模なバイオ燃料研究センターが整備された。加えて平成20年には，アメリカエネルギー省（DOE）が，5年間に450億円を投じて領域横断的な研究を加速するため，3つのバイオエネルギー科学研究センターを設立し，資源作物育種からバイオ変換までの領域横断的な研究開発がスタートしている。このようなバイオリファイナリーに関するアメリカの主な研究機関としては，Joint BioEnergy Institute（JBEI），Great Lakes Bioenergy Research Center（GLBRC），BioEnergy Science Center（BESC），Energy Biosciences Institute（EBI），Center for Biorenewable Chemicals（CBiRC）などが挙げられる。何れの研究拠点も，複数の大学や企業群から構成され，実用化に向けた研究を加速させている。

　一方，EUにおいても，アメリカでの戦略と類似した「ホワイトバイオテクノロジー構想」が打ち出され，バイオマスの有効利用に向けた本格的な取り組みが始まっている。オランダでは，

第 2 章　世界のバイオリファイナリー動向

表 1　アメリカ DOE のバイオエタノール計画

セルロース系エタノール 生産 R&D（2007～2010） 高効率発酵菌の開発：28億円	バイオリファイナリー建設130万 gal （約50万 kl） 総額462億円＋自己資金60％
1　カーギル社（5.3億円） 2　セルノール社（6.4億円） 3　デュポン社（4.5億円） 4　マスコマ社（5.9億円） 5　パーデュー大学（6億円）	1　アベンゴア社／カンサス州 　　（農業廃棄物：酵素処理＋発酵（酵母）／ガス化の統合） 2　アリコ社／アイオワ州 　　（農業廃棄物：ガス化と Syngas 発酵（*Clostridium*）） 3　ブロイン社／アイオワ州 　　（Corn dry milling＋Stover：酵素処理＋発酵（*Zymomonus*）） 4　ブルーファイア社／カリフォルニア州 　　（植物性廃棄物：濃硫酸法＋発酵） 5　アイオジェン社／アイダホ州 　　（農業廃棄物：酵素処理＋発酵（酵母）） 6　レンジフューエル社／ジョージア州 　　（木質系：Syngas エタノール合成）

4 つの大学（Delft University of Technology, University of Groningen, Leiden University, Wageningen University and Research Centre）と DSM をはじめとする 5 つの企業から構成される B-Basic と称される研究コンソーシアムが形成されている。フランスにおいても，でんぷん供給企業である Roquette を中心とした R&D プログラム（BioHub®）が開始している。アジアにおいても，中国，韓国でも大きな予算措置がなされ，国家プロジェクトとしてバイオリファイナリー研究が加速している。

4　統合的なバイオリファイナリー研究の重要性

　上記のような国際的な状況のもと，日本がバイオマス利用において世界をリードするためには，世界的な教育研究拠点を早急に構築することは極めて重要である。

　バイオマスを基盤とする産業構造への変革は，持続可能な社会を構築する上での基盤であり，世界的に研究開発競争が激化しているが，バイオマスから経済的に成り立つ形での製造技術の確立には，技術課題は多い。また，原料バイオマスの増産は，農地拡大による環境破壊や食糧問題と密接に関連し，その進め方は大きな課題である。したがって，従来行われてきた個別的な研究をただ単に集積しただけでは，バイオマス利用社会の実現は難しい。こうした多くの課題を克服するには，農学・工学・理学における最先端の諸学理を「統合」して生物反応の根本的な解明を図る基盤的な研究を推進し，その成果を活用して高機能化されたスーパー酵素や細胞工場の設計・創製，そして低エネルギーで革新的なプロセスを開発しなければならない（図 2）。また，

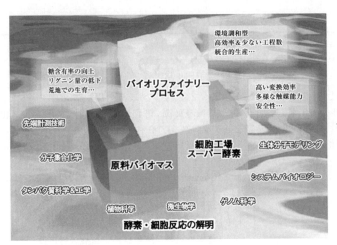

図2　統合バイオリファイナリーセンターの目指す研究

持続的かつ環境調和型の農業増産や地域システムの確立を合わせて行う必要がある．本拠点は，基盤的な研究の上に，原料に適したバイオマスの育種・生産からバイオリファイナリーによる多様な化学製品の生産までを，また環境調和型の農業と工業生産の融合を体系的に教育研究する点で，世界的に見てユニークなものである．

5　神戸大学における統合バイオリファイナリーセンターの役割

統合バイオリファイナリーセンターの役割を図3に示す．統合バイオリファイナリーの実現のためには，研究を通じた世界最先端の技術開発と，その社会還元を担う人材育成，そして産官学や海外との幅広い連携が必要である．原料バイオマス生産や，細胞工場の創製，バイオリファイナリープロセス研究などバイオリファイナリーを推進する上で核となる分野，またその基盤となる酵素・細胞反応の解明において，本センターの構成メンバーは世界的な水準の研究成果を挙げてきている．統合バイオリファイナリーセンターを設置することで，これらの多様な領域を体系的に教育研究することが可能となる．バイオリファイナリーに関する基礎研究に加えてパイロットプラントなどの実用化に直結した教育や企業見学など，技術の普及およびそれを担う人材育成にも焦点をおいて進めていく．さらに本センターを中核に，神戸大学の先端膜工学センターや食の安全・安心科学センターなど特色あるセンター群とも連携して，体系的な教育研究を進めて相乗的な発展効果を上げることで，環境調和型バイオリファイナリー実現に際しての多くの課題を克服し，新技術体系を構築できると期待される．また，従来の枠組みにとらわれない工学，農学，理学が融合した横断的研究チームを作ることで，新しい視点からの研究を進めるとともにこれま

第2章　世界のバイオリファイナリー動向

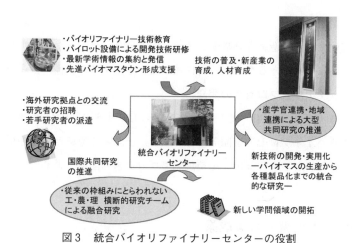

図3　統合バイオリファイナリーセンターの役割

でにない学問領域の開拓が期待される。さらに，若手研究者どうし，あるいは海外の研究者との情報交換，交流ネットワークの拠点となることで，最先端の情報を集約・発信するとともに海外との共同研究も進め，世界をリードする拠点として発展していく。

バイオマスからの有用物質生産技術を実用化し普及するためには，上記の教育研究とともに産官学の綿密な連携が不可欠である。神戸大学は既に京都大学，大阪大学など他大学とも共同研究を長年にわたって進めており，また数多くの企業とも連携して研究を進めている。その技術の実用化や普及を行うための日本における中核機関として本センターは必要である。これらの研究成果を実用化，産業化を通して社会還元するために，産官学連携，地域との連携の拠点となることで，新産業の育成と活性化につなげていくことも大きな役割の1つである。

6　統合バイオリファイナリーの実現に向けた4つの柱

統合バイオリファイナリーの新技術体系の構築とその教育研究・実用化を担う人材の育成を目指して，以下の4つの柱を密接に連携させ教育・研究活動を体系的に進めていく。

(1)　酵素・細胞反応解明

溶液中や界面での酵素の反応過程や相互作用を捉える先端計測法を開発し，反応機構などを明らかにする基礎研究を進め，原理計算に基づく酵素の設計法の開発を行う。また，ゲノム情報や各種オーム解析およびシステムバイオロジーの観点から細胞反応の理解を深めていく。

(2)　スーパー酵素・細胞工場の設計・創製

基礎研究の成果を基に高度な機能を有するスーパー酵素の創製を行う。また，酵素群のネットワークからなる代謝経路を合成生物学的に組み込み，高機能な細胞工場の設計・創製を目指す。

(3) バイオマス増産

水資源確保へ向けたナノ構造制御分離膜システムの開発を行う。また，セルロース含有率が高く，酵素反応で容易に分解できるなど，原料に適したバイオマスの育種・生産を行う。

(4) バイオリファイナリープロセスの開発

スーパー酵素・細胞工場を利用してバイオマスからC2～C6の基幹化合物（ビルディングブロック）を製造するバイオプロセスを開発する。また，それらを原料として多様な化学製品，ナノ＆エコ高機能複合材料などを作り出す環境調和型プロセスの開発を進めていく。

7　今後の活動と期待される成果

日本は，発酵技術やバイオ変換技術，そしてバイオマス利用技術において国際的にトップレベルの技術を誇ってきた。先端的な微生物の育種技術に関しても，世界をリードする研究者が多いため，トップレベルの研究者による強力なチームを編成することで，バイオリファイナリー研究を加速させることができる。さらに，ここに植物育種，バイオマス前処理，プロセス強化に関わる研究者を加えることで，バイオマス生産から変換までを統合的に研究できるチームを編成して，世界最大規模のバイオリファイナリー研究チームへと発展させる必要がある。また，このようなチームには産・官・学の融合が不可欠であり，統合バイオリファイナリーセンターをコア拠点とした研究体制を構築することが重要である。

バイオリファイナリーには，植物育種，バイオマス前処理，細胞工場の創製，バイオプロセスの設計，触媒開発，そして全体を統合した製造システム，についてそれぞれ研究開発を進める必要がある。将来的には領域横断的にこれらに関する研究者を集めた研究チームを形成し，融合的な研究を加速する。特に，代表的な産業微生物については，網羅的な解析によるデータベースの構築，細胞モデルを含めた *in silico* 代謝予測システムの拡充，マルチオミクス解析技術（多数の質量分析装置群からなる大規模な解析システムを導入）の確立など，合成生物工学の基盤整備を行い，目的に応じて最適化解を迅速に探索できるようにする。これらの研究グループと，連携企業から構成される全国的な基盤研究グループの有機的な結合による基盤研究を効率的に推進すること，そして基盤研究を製品の実用化，新産業の創製という出口にスムーズにつなげるために，各基盤研究を企業における実用化研究と有機的に結ぶコア拠点としてバイオリファイナリーセンターを確立する必要がある。バイオマス前処理では重工業メーカーの協力を得て，環境調和型プロセスを開発する。また，エンジニアリングメーカーの協力を得て，プロセス強化により前処理から発酵，分離・合成に至る製造プロセス全体の簡略化，省エネルギー化を進める。また，膜分離メーカーの協力を得て，これまでにない効率的な環境調和型の分離技術を開発する。さらに，

第2章　世界のバイオリファイナリー動向

化学品生産に関しては化学企業の協力を得て，商業生産に向けた微生物育種とスケールアップ研究を行う。このように，大学や公的機関の強みと，企業の強みを活かした研究体制を構築し，基盤から出口を見据えた研究開発を産学官の綿密な連携で行う体制を構築する。

セルロース系バイオマスからのバイオ燃料やグリーン化学品を生産する技術の確立は，

① バイオマス原料への転換によるグリーン化学産業の創出と，それを使う自動車や電機産業など様々な工業分野のグリーン化への波及効果が極めて大きいこと，

② 再生可能資源からのエネルギーや化学品の安定供給体制を確立することにより，我が国のエネルギー・資源安全保障の担保が期待できること，

など，低炭素社会の実現（地球温暖化の抑制）や，持続可能社会の構築につながる将来ビジョンを有しており，我が国の発展において極めて大きな意義を持つ。

統合バイオリファイナリーセンターを中心として，先端製造システムの基盤となる革新的なコア技術を統合的に発展できれば，多岐にわたるバイオ燃料・グリーン化学品の生産が実用化でき，産業界への波及効果は極めて大きい。このように統合的なバイオリファイナリー研究が加速されれば，日本は従来から発酵技術やバイオ変換技術によるものづくり，そしてバイオマス利用技術において国際的にトップレベルの技術と実績を有しており，国際的な激しい競争の中でも世界をリードできると期待される。

第3章　バイオマス作物の増産

明石欣也*

1　はじめに

　地球上に照射される太陽エネルギーの量は，人類が利用している総エネルギーの約9,000倍に達すると推定されている[1]。この太陽エネルギーを利用して大気中のCO_2を固定し，リグノセルロースやデンプン，糖類などの有機化合物を作り出す植物の光合成プロセスは，地球上で年間に約1,200ギガトンの炭素を固定すると見積もられる[2]。バイオ燃料生産においては，これら植物バイオマスから，デンプン，ショ糖，脂肪酸やリグノセルロースなどが出発物質として用いられ，エタノールやディーゼル・オイル，可燃性ガスなどのエネルギー産物が得られる。地球上の気候は，温度，降水量，日照量などの環境が非常に多様であり，当然ながら，バイオマス作物の選択と増産法も，それぞれの気候風土に合わせて多彩なものとなる。本章では，それぞれのバイオマス作物の特徴について紹介するとともに，それらの増産に向けた研究開発動向について俯瞰したい（図1）。

2　デンプン作物

　世界最大のバイオ・エタノール生産国である米国では，現在，トウモロコシ（*Zea mays*）の種子に含まれるデンプンを主原料に，大規模なエタノール生産が行われている。2007年の統計で

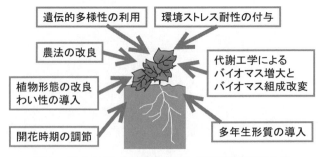

図1　バイオマス作物増産のための研究開発戦略の例

　＊　Kinya Akashi　奈良先端科学技術大学院大学　バイオサイエンス研究科　助教

第3章 バイオマス作物の増産

は，約3,500万ヘクタールの耕地がトウモロコシ栽培に用いられ，約3.3億トンのトウモロコシが収穫されている[3]（表1）。このうち約23％がエタノール生産に用いられ[4]，340億リットルのエタノールが生産されている[5,6]。過去60年間に，米国における単位面積あたりのトウモロコシ収量は約7倍の増加を達成した[7]。この増収には，多収性や，病虫害耐性・耐乾性の改良のための育種と，農法の改善の双方が寄与している。潜在的には，トウモロコシ収量はさらに3倍増大する余地があると考えられ[7]，農法の改善や，遺伝子組み換え技術などの育種研究が活発に進められている。

ソルガム（*Sorghum bicolor*：モロコシ）は，国別では米国が年間1,200万トンと最大の生産国であるが，大陸別ではアフリカ大陸での生産量が2,500万トンと最多である[8]。ソルガムは上述のトウモロコシと同じくC_4型の光合成を営むが，干ばつと高温に対して概して耐性が高い。また遺伝的多様性が高いことに着目して，耕作限界地でのバイオ燃料作物として期待されている[9,10]。

デンプン作物をバイオ燃料に利用する例としては，他にもコムギ[11]やキャッサバ[12,13]などが知られる。日本国内では，多収穫イネのデンプンを原材料とするバイオ燃料生産プロジェクトが始動している[14]。これらデンプン作物からのバイオ燃料は，その原材料の供給にあたって既存の作物とその栽培体系を概して利用し，次節で紹介するショ糖・脂質生産作物の利用と合わせて，しばしば第一世代のバイオ燃料と称される。

表1 主要なバイオマス作物の地域別生産量

(単位：千トン)

	南アメリカ	北アメリカ	オセアニア	アジア	ヨーロッパ	アフリカ	総計
サトウキビ	658,474	27,751	39,363	688,608	22	91,597	1,627,451
トウモロコシ	84,613	342,824	441	218,030	67,408	47,230	788,112
イネ	22,079	8,999	184	599,350	3,600	20,884	657,414
コムギ	23,587	75,877	13,384	286,592	189,547	18,590	611,102
ジャガイモ	14,170	25,374	1,720	130,874	131,157	17,682	323,543
テンサイ	1,555	32,674	—	33,104	171,275	7,946	246,554
キャッサバ	35,354	—	243	72,922	—	114,022	224,132
ダイズ	113,893	75,556	32	26,102	2,577	1,256	219,545
オイル・パーム	6,670	—	1,555	164,441	—	16,427	192,503
ソルガム	5,281	12,636	1,287	10,752	647	25,135	62,487
ナタネ	292	10,261	1,067	19,098	20,529	100	51,354
ヒマワリ	4,050	1,443	18	4,706	15,163	741	26,122

FAOstat（http://faostat.fao.org）より抜粋

3 ショ糖を生産する作物

バイオ燃料生産に用いられるショ糖作物の代表例として，サトウキビ（*Saccharum officinarum*）が挙げられる[15]。サトウキビは，C_4型光合成を営み，高温や乾燥に耐性を有する。熱帯および亜熱帯地域の世界100カ国以上で栽培され，世界の主要作物のうち，総収穫量が最大である[15]（表1）。サトウキビの茎には乾重量あたり最大で50％（0.7 M）のショ糖が蓄積する[16]。エタノール生産のエネルギー収支（栽培や収穫のために投入される化石エネルギー総量に対して，得られるバイオ燃料のエネルギー量比）は，上述のトウモロコシからのエタノール生産では1.6程度なのに対し，サトウキビからのエタノール生産においては8～10と非常に高い[17]。ブラジルは2008/2009年度の推計で世界全体の3割強である5.6億トンのサトウキビを収穫している[15]。これに由来するバイオ・エタノール生産は年間42億ガロンに達しており，バイオ燃料生産を軌道に乗せた好例としてしばしば紹介される[10]。

テンサイ（シュガー・ビート）（*Beta vulgaris*）は，砂糖大根とも呼ばれ，その直根に砂糖を高蓄積する寒冷地型作物である。ヨーロッパでは，世界のテンサイ年間収穫量の約70％にあたる1億7千万トンが生産されており，その収穫の一部がエタノールに用いられている[10,18]。スウィート・ソルガムは，ショ糖を高蓄積するソルガム品種の総称であり，その水利用効率と窒素利用効率の高さから，バイオエネルギー作物として，遺伝的多様性と育種の研究が進められている[19]。

前節と本節で紹介したデンプンおよびショ糖作物からのバイオ燃料生産は，従来より食糧として利用されている作物を利用するものであるため，しばしば食糧供給と競合する問題が指摘される[20]。また，これらの生産過程は，バイオ燃料の生産に要するエネルギー量に対して，潜在的に得られるエネルギー量の比率（net energy balance ratio）が，後述する第二世代バイオマス植物に比べて，相対的に低いことも課題とされる[10]。

4 脂質を生産する作物

前節までで紹介したバイオ・エタノール用の作物がデンプンまたはショ糖を利用するのに対し，バイオ・ディーゼルの生産にあたっては，脂肪酸とグリセロールがエステル結合したトリアシルグリセロールを高蓄積する作物が選ばれる。典型例として，ダイズ（*Glycine max*），ナタネ（*Brassica napus*），ヒマワリ（*Helianthus annuus*）などの温帯型作物に加えて，パーム（*Elaeis guineensis*）などの熱帯型作物，さらにヤトロファ（*Jatropha curcas*）などの乾燥地型作物が挙げられる[10,21,22]。

第3章　バイオマス作物の増産

　ヨーロッパにおけるナタネの年間収穫量は約2,000万トンであり，世界の約40％を占める。ナタネ油はヨーロッパにおけるバイオ・ディーゼルの主原料である。ヨーロッパにおけるバイオ・ディーゼル生産量は急拡大しており，2006年には56億リットルに達している[21,23]。ダイズは2007年の統計では世界中で年間2億2千万トンが生産されており，国別では米国（7,300万トン），ブラジル（5,800万トン），アルゼンチン（4,700万トン）が3大生産国となっている[3]。ダイズからのディーゼル油生産は米国で急拡大しており，2006年において8.6億リットルが生産されている[21]。

　バイオディーゼルは，従来のディーゼル油と比べて，その排出ガスに含まれる一酸化炭素や微粒子状物質の量が少ない，SOx排出量が少ない，潤滑性が高い，生産に要するエネルギーに比べて獲られるディーゼル油のエネルギー量が顕著に高いなどの利点を持つ[21,24]。一方バイオディーゼルは，曇点が高く低温での性能が劣る，酸化しやすい，NOx排出量が高いなどの問題点を持つ。これらの問題に対する処方の1つとして，後述するように代謝工学的な研究開発が進んでいる。

　単位面積あたりの油脂生産量で比較すると，ナタネやダイズでは1ヘクタールあたり400～1,100リットル程度である（表2）。これに対し，熱帯，亜熱帯や乾燥地で生育する油脂植物にはより高い生産性を示すものが多い。このうちオイル・パームは，単位面積あたりの脂質生産量が1ヘクタールあたり2,400リットルと非常に高いが，その栽培域が熱帯に限定され，生物多様性に与える影響が指摘されている[25]。一方，ヤトロファは，単位面積あたりの油脂生産量がパームに次いで高いだけでなく，降雨量の不足による乾燥ストレスに対する耐性が高い。乾燥

表2　油脂作物の油脂生産性

植物種	油脂蓄積部位	油脂含量(%)[*1]	1ヘクタール毎の収穫量（トン）[*1]	1ヘクタール毎の油脂生産量（リットル）[*2]
オイル・パーム	果実	20	3.0～6.0	2,400
ヤトロファ	種子	36～45	4.0～6.0	1,300
ココナッツ	果実	55～60	1.3～1.9	—
ヒマワリ	種子	38～48	0.5～1.9	690
ナタネ	種子	40～48	0.5～0.9	1,100
トウゴマ	種子	43～45	0.5～0.9	—
ラッカセイ	種子	40～43	0.6～0.8	—
ダイズ	種子	17	0.2～0.4	400
ワタ	種子	15	0.1～0.2	—

＊1　Carioca *et al*（2009）より抜粋
＊2　Fairless（2007）より抜粋

地，重金属汚染地域や塩害地などの食糧生産に不適な荒廃地でも耕作可能であることから，バイオディーゼル原料供給に好適な作物として注目されている[26,27]。ヤトロファの栽培面積は，特にアジアとアフリカで飛躍的に増大している[28]。

5 リグノセルロースを生産する作物

セルロース，ヘミセルロース，およびリグニンを主要構成体とするリグノセルロースは，地球上に最も豊富に存在するバイオマスである。これらの原料から生産されるエタノールは，世界のエネルギー事情を一変させる莫大な潜在的可能性を有することから[29]，しばしば，第二世代のバイオ燃料と呼ばれる。これらバイオ燃料の原料として，トウモロコシの茎葉部，イネの稲わらなど，従来の作物栽培において収穫対象として考えられていなかった非食品部位が，リグノセルロース源として注目されている[29]。また木質系バイオマスとしては，その生長の早さからポプラ (*Populus*) やヤナギ (*Salix*) などが注目されている[10,30]。これら従来の作物や木質系バイオマスに加えて，バイオマス生産性が極めて高いリグノセルロース生産に特化した新規作物として，いくつかの植物が選抜され開発が進められている[30]。

スイッチグラス (*Panicum virgatum*) は，C_4型光合成を営み，高い水利用効率と窒素利用効率を示す[10]。そのバイオマス生産量は年間1ヘクタールあたり10～25トンに達すると報告され，米国におけるリグノセルロースの主力作物として提案されている。ミスカンサス (*Miscanthus giganteus*) もC_4型光合成を営む高バイオマス生産作物で，その生産量はさらに高く年間1ヘクタールあたり38トンに達する[31,32]。従来型の作物が一年生であるのに対し，スイッチグラスやミスカンサスは多年生である[10]。すなわち，年間を通じて地下根の組織が維持され，地上部の茎葉を収穫した後でも，生育に適した期間が始まると地上部の再生が促進される。多年生の作物は，種子を毎年播く必要がないため栽培のコストが低い。それだけでなく，多年生は生態系や土壌環境の保全に有効である。さらに地下根組織はCO_2シンク（CO_2貯留部位）と見なせるためCO_2削減の上でも有利であり，バイオマス作物に好適な特性であると考えられている。

6 バイオマス増産に向けた育種と栽培法の改良

バイオマス資源として新たに注目された植物種には，これまで育種や栽培法の研究がほとんど行われていなかった植物も多く，今後の研究開発により大幅な生産性の改善の余地がある。例えば，バイオ・ディーゼル植物であるヤトロファでは，種子の生産性や収穫コストを改善するために，若木の育成法や剪定法などの農法開発が進み，成果を上げている[33]。また，ブラジルでのサ

第3章　バイオマス作物の増産

トウキビ栽培に例示されるように，従来の作物についても，育種と農法改良により一年あたりに約1％の増収が達成されている例もある[15]。

作物の形態的構造（architecture）は，その作物生産性に大きな影響を与えることが知られている[34]。例えば，わい性形質（dwarfism）を有する作物は，しばしば植物一次生産性の向上や，収穫コストの低減を伴うことが知られている[35,36]。植物のわい性形質には，ジベレリンやブラシノステロイドなど，いくつかの植物ホルモンによるシグナル伝達系が大きく関与することが明らかにされている[35~38]。さらに，これらのシグナル伝達系に関与する遺伝子を操作することにより，植物生産性を改良できることが示されている[39]。また，植物のバイオマスは，植物の発達段階を時間的に制御することによっても，大きく左右される。例えば，開花時期を遅らせることによって，バイオマスを増大できることが示されている[40]。

これらバイオ燃料作物の育種と栽培法の研究は，食糧として収穫するべき種子の生産を最適化することを目的としてきた従来の育種や農法研究に対し，その研究目標の大幅な転換を促していることを指摘したい。特に，リグノセルロース供給の増大という新目標は，これまで収穫の対象ではなかった葉や茎の増産を研究対象とするものであり，研究発展の余地が大きいと考えられている。

7　バイオマス作物の代謝工学

植物の糖代謝や脂肪酸代謝は，精力的な研究が従来より行われ，関与する酵素遺伝子や代謝制御の理解が進んでいる[41]。これらの知見を生かした代謝工学的な改変も多くの成功例がある。例えばサトウキビでは，バクテリア由来のsucrose isomeraseを細胞中の液胞内で機能させることにより，ショ糖の収量が倍増することが示されている[42]。油脂植物に関しては，脂肪酸代謝の鍵酵素であるacetyl CoA carboxylaseやglycerol-3-phosphate dehydrigenaseの遺伝子発現を増強させることにより，種子中の脂質含量の増大が可能であることが示されている[43,44]。また，バイオ・ディーゼルの組成の最適化を目指す観点からは，リノール酸（18:2）やリノレン酸（18:3）に比べて，燃焼効率の指標であるセタン価がより高いオレイン酸（18:1）の含量が高くなることが望ましい[21]。そこで，オレイン酸からリノール酸への不飽和化を触媒する*FAD2-1*（Δ^{12} fatty acid desaturase）遺伝子の発現を抑制させるとともに，飽和脂肪酸であるパルミチン酸とアシルキャリアータンパク質（ACP）との解離を触媒する*FatB*（palmitoyl ACP thioesterase）遺伝子の発現を抑制させた遺伝子組み換えダイズが作出されている。この結果，種子脂肪酸に占めるオレイン酸含量を，野生型の18％に対し，85％まで増強させることに成功している[45]。

8 悪環境でのバイオマス増産

作物生産量はさまざまな環境ストレスによって制限される。記録的な大豊作の年度の収穫量を仮にその作物の潜在生産能力と考えると，平均的な年度ではその約20%程度の収穫量しかないことが，米国8主要穀物の統計から示されている[46]。その原因の大半が環境ストレスや病虫害ストレスなどに起因することが報告されている。また，食糧生産との競合を防ぐために，バイオマス作物を乾燥，塩害，低温，有害金属汚染地域などの荒廃地で栽培することが期待されている。したがって，悪環境での栽培が可能なバイオマス作物の選定や栽培法の最適化，そしてバイオマス作物の環境ストレス耐性の改良が進められている。

例えばスイッチグラスや[47,48]，サトウキビ[15]には，品種間で大きな遺伝的多様性が存在し，いくつかの品種は乾燥ストレスや低温ストレスに対して耐性が高いことが示されている。これらの耐性品種をそのままバイオマス生産に用いるとともに，多収穫品種と交配することで，さらに優良な品種の育種が進められている。

環境ストレスに暴露された植物は，一群のストレス応答遺伝子の発現を活性化させ，植物体の防御を図る。この遺伝子発現に関与するシグナル伝達系の理解が，モデル植物であるシロイヌナズナを中心に進んでいる[49,50]。これらのシグナル伝達系を活性化させることにより，乾燥ストレスや低温ストレスに対して耐性能を高めた植物が，シロイヌナズナを中心に作出されている[51,52]。それらの技術のうちいくつかは，バイオマス植物であるトウモロコシにおいても実証されている[53]。

9 バイオマス作物増産に向けた研究開発の今後

バイオ燃料作物には，多くの特性が要求される。それらの条件を列挙すると，単位面積あたりの収量が高いこと，生育が早いこと，リグニン量が少ないこと，栽培および収穫に要する投入エネルギー量が少ないこと，食糧生産との競合を回避できること，水資源を有効に活用することが可能なこと，などが挙げられる。

地球上には少なくとも約25万種の植物が存在するとされ，それぞれの気候風土に適応した進化を遂げている。これらの中には上述した植物種以外にも，デンプン，ショ糖や脂肪酸を高蓄積する植物が多数存在する。これらの固有種は，その地元の風土に高い適応力を示し，バイオマスを生産している。バイオマスの増産のため，また生態系や水資源，環境保全との両立を図る上で，これら植物種の開拓と利用が，今後さらに進展すると思われる。

本章では主に農村部での大規模なバイオマス生産を念頭においたが，人口密度が高くエネル

第3章 バイオマス作物の増産

ギー需要が高い都市部におけるバイオマス生産も，今後興味深い研究開発テーマになるものと思われる[54]。例えば，本章では取り上げなかったが，工業的に排出される高濃度の CO_2 ガスや排水を利用して，藻類バイオマスの生産量を増大させる技術開発などは，CO_2 排出量の削減と再生エネルギー生産を両立させる方策として，興味深いアプローチとなるであろう。

また，バイオ燃料と食糧との増産を世界的なレベルで両立させることは，引き続きバイオマス研究開発の主題の1つとなるであろう。例えば，イネやトウモロコシの可食部（種子）と，茎葉などのリグノセルロース利用の両立をさらに効率化するための育種と栽培法改良に関する研究は，今後さらに重要になるものと思われる。さらに，食糧生産に不適な荒廃地（乾燥地，重金属汚染地域，塩害地）における，バイオマス増産のための研究開発が重要である。荒廃地でのバイオマス増産は，荒廃地緑化を通じた大気 CO_2 削減の観点からも効果的と考えられ，今後の進展が期待される。

文　献

1) N. S. Lewis and D. G. Nocera, *Proc. Natl. Acad. Sci. USA*, **103**, 15729 (2006)
2) The IPCC fourth assessment report. Climate change 2007 (http://www.ipcc.ch/publications_and_data/publications_and_data.htm) (2007)
3) FAOstat (http://faostat.fao.org/default.aspx) (2008)
4) J. Tollefson, *Nature*, **451**, 880 (2008)
5) Renewable Fuels Association. Ethanol Biorefinery Statistics., http://www.ethanolrfa.org/ (2008)
6) Y-W. Chiu *et al.*, *Environ. Sci. Technol.*, **43**, 2688 (2009)
7) L. Tollenaar and E. A. Lee, *Field Crops Res.*, **75**, 161 (2002)
8) S. Kim and B. E. Dale, *Biomass Bioeng.*, **26**, 361 (2004)
9) G. Tuck *et al.*, *Biomass Bioeng.*, **30**, 183 (2006)
10) J. S. Yuan, *Trends Plant Sci.*, **13**, 421 (2008)
11) B. Brehmer *et al.*, *Biotechnol. Bioeng.*, **102**, 767 (2009)
12) S. Nitayavardhana *et al.*, *Bioresour. Technol.*, **101**, 2741 (2010)
13) V. H. Thang *et al.*, *Appl. Biochem. Biotechnol.*, **161**, 157 (2010)
14) イネ原料バイオエタノール地域協議会，http://www.ine-ethanol.com (2010)
15) A. J. Waclawovsky *et al.*, *Plant Biotechnol J*, **8**, 263 (2010)
16) G. Moore, *Curr. Opin. Genet. Dev.*, **5**, 717 (1995)
17) J. Goldemberg, *Biotechnol. Biofuels*, **1**, 6 (2008)
18) European Biofuels Technology Platform (EBTP), http://www.biofuelstp.eu/ (2010)

19) M. L. Wang, *Theor. Appl. Genet.*, **120**, 13 (2009)
20) B. Dale, *J. Agric. Food Chem.*, **56**, 3885 (2008)
21) T. P. Durrett, *Plant J.*, **54**, 593 (2008)
22) J. O. B. Carioca, *Biotechnol. Adv.*, **27**, 1043 (2009)
23) European Biodiesl Board (EBB), http://www.ebb-eu.org/ (2009)
24) J. Hill, *Proc. Natl. Acad. Sci. USA*, **103**, 11206 (2006)
25) E. B. Fitzherbert, *Trends Ecol. Evol.*, **23**, 538 (2008)
26) D. Fairless, *Nature*, **449**, 652 (2007)
27) A. J. King, *J. Exp. Bot.*, **60**, 2897 (2009)
28) Z. Li et al., *Environ. Sci. Technol.*, **44**, 2204 (2010)
29) A. J. Ragauskas et al., *Science*, **311**, 484 (2006)
30) A. Carroll and C. Somerville, *Annu. Rev. Plant Biol.*, **60**, 165 (2009)
31) L. Price, *Biomass Bioeng.*, **26**, 3 (2003)
32) N. G. Danalatos, *Biomass Bioeng.*, **31**, 145 (2007)
33) FACT Foundation, Jatropha Handbook, Eindhoven, The Netherland, http://www.fact-foundation.com (2006)
34) M. G. S. Fernandez et al., *Trends Plant Sci.*, **14**, 454 (2009)
35) J. Peng et al., *Nature*, **400**, 256 (1999)
36) A. Sasaki et al., *Nature*, **416**, 701 (2002)
37) T. Sakamoto et al., *Nat. Biotechnol.*, **24**, 105 (2006)
38) Y. Morinaka et al., *Plant Physiol.*, **141**, 924 (2006)
39) J. Peng et al., *Genes Dev.*, **11**, 3194 (1997)
40) H. Salehi et al., *J. Plant Physiol.*, **162**, 711 (2005)
41) B. B. Buchanan et al., Biochemistry and molecular biology of plants, American Society of Plant Physiologists (2000)
42) G. Wu and R. G. Birch, *Plant Biotechnol. J.*, **5**, 109 (2007)
43) K. Roesler et al., *Plant Physiol.*, **113**, 75 (1997)
44) H. Vigeolas et al., *Plant Biotechnol. J.*, **5**, 431 (2007)
45) T. Buhr et al., *Plant J.*, **30**, 155 (2002)
46) J. S. Boyer, *Science*, **218**, 443 (1982)
47) J. H. Bouton, *Curr. Opin. Genet. Dev.*, **17**, 553 (2007)
48) D. J. Parrish and J. H. Fike, *Methods Mol. Biol.*, **581**, 27 (2009)
49) V. Chinnusamy et al., *Crop Sci.*, **45**, 437 (2005)
50) T. Hirayama and K. Shinozaki, *Trends Plant Sci.*, **12**, 343 (2007)
51) B. Behnam et al., *Plant Cell Rep.*, **26**, 1275 (2007)
52) K. Nakashima et al., *Plant J.*, **51**, 617 (2007)
53) C. R. Wang et al., *Planta*, **227**, 1127 (2008)
54) The United States Department of Agriculture (USDA) and the United States Department of Energy (DOE), The technical feasibility of a billion-ton annual supply, http://www.osti.gov/bridge (2005)

第4章　セルロース処理と糖化への新戦略

1　微生物による前処理糖化の最新技術

田丸　浩*

1.1　はじめに

　地球上の生物は常に進化し，安定した物質循環のもとで多様に分化して現在の地球生命維持システム（ecosystem）になっている。その進化のなかで生じたのが"生物多様性"であり，その重要性は1992年の「環境と開発に関する国連会議」において「生物多様性条約」が採択されたことに象徴される。生物多様性には，①遺伝子，②生物種，③生態系の3つのレベルがある。特に生態系の現状を知るには，生態系の構造とそれが地球と共進化して成立してきた歴史的経緯や人工生態系の特徴などの知見が必要になる。また，多様性の視点に欠けがちなのが，目に見えない生物への考慮であり，これまでの評価対象となっている生物のほとんどは物質循環という視点では実は重要ではない。すなわち，生物地球化学的物質循環の根幹をなすのは微生物であるが，生きているが培養できない（viable but noncultureable）あるいはまだ培養できていない（previously uncultured）ものを含めて"培養できない（unculturable）"微生物が多く，これらの生態に関しては未解明なことが多いからである。一方，バイオリファイナリーの原料となるバイオマスは，植物が太陽エネルギーを利用して空気中の二酸化炭素を固定して作られるもので，地球環境に対する二酸化炭素の負荷は基本的にはなく，いわゆる「カーボン・ニュートラル」である。バイオリファイナリーは，食料と競合しない未利用のセルロース系原料を活用し，安定供給，経済性などを実現できるよう技術革新を実現していくことが必要であると考えられているが，バイオマスを燃料や化成品の原料に変換する上での重要な課題の1つである，より費用効果的・効率的にバイオマスを発酵性の糖に分解する前処理・糖化技術の開発が世界中で激しい競争となっている。

　そこで本節では，これまで報告されたセルロース生産菌米国エネルギー省（Department of Energy：DOE）-Joint Genome Institute（JGI）における大規模な微生物ゲノム解読プロジェクトの動向を踏まえながら，自然界で日常的に繰り広げられている「生産者（植物）」と「分解者（微生物）」との関係から「自然に学ぶ」という視点で発見された嫌気性細菌が生産するユニークな「セルロソーム（セルラーゼ・ヘミセルラーゼ複合体）」について概説し，バイオマスの前処理お

＊　Yutaka Tamaru　三重大学　大学院生物資源学研究科　准教授

よび糖化技術の開発の一環としての「セルロソームの活用法」について紹介する。

1.2 土壌微生物と植物バイオマスの研究
1.2.1 土壌微生物の生息環境と多様性

　微生物学的な特徴を明らかにする上で，土壌は自然環境中でおそらく最も興味深く，かつ，困難な場である[1]。すなわち，土壌は時間的にも空間的にも不均質で変化に富んでおり，また多面的な性質を示すことから様々な困難を生じるが，これに付随して，そこに生息する微生物も非常に多様性に富んでおり，しかもその大部分は培養することができない。さらに，土壌環境のもつ様々な特質が微生物の増殖と生き残りに直接影響を及ぼす。これらの要因のなかで最も重要なものは，利用できるエネルギー源で特に従属栄養微生物にとっては有機物である。通常，土壌環境中の微生物にとって有機態炭素が最も大きな制限要因となる[2,3]。有機物は大半の鉱質土壌（mineral soil）では重量パーセントで0.2～10％，泥炭土（peat soil）［米国で50％以上の有機物を含有する有機質土壌の一種をいう］では80％ほどをも占める[4]など，大概の土壌の重要な構成成分となっているが，その大半は微生物には代謝されにくく，また不均一に分布している。土壌へ供給される有機態炭素は主として植物由来で，地表で腐葉土（litter）として堆積する物質と，地下で根から（浸出物および枯死した根から）供給される物質からなる。この炭素の一部（～10％）は，単純な糖やアミノ酸，アミノ糖，有機酸の形をしており，全て可溶性で微生物によって容易に代謝される[5]。残りの部分はセルロース，ヘミセルロース，リグニン，タンパク質を含み，それぞれポリマーを形成している。これらの植物性ポリマーは土壌微生物によって代謝されるが，その速度は様々であり，なかでもリグニンは最も緩慢にしか代謝されない。植物や動物，微生物に由来する土壌有機物の多くは，微生物的な過程と非生物的な過程の組み合わせによって腐植質（humus）に変えられる。腐植質は，フミン酸，フルボ酸，およびフミンで構成される非常に安定な複合高分子物質である。これらの腐植高分子化合物は著しく高い安定性を示し，土壌中の微生物によっては非常にゆっくりとしか分解されない。この安定性の高い土壌有機物の半減期（この物質の半分が現場の生物活動によって分解されるために必要とされる時間）はおよそ2,000年と推定された[5]。

1.2.2 植物細胞壁の構成成分

　植物細胞壁は，セルロース，ヘミセルロース，リグニンの3つの成分から主に構成されており，それぞれ約40％，30％，20％の割合で含まれている。また，それらの割合は植物の種類や季節によって変動して異なる[6]。細胞壁の基本骨格を構成しているセルロースはグルコースがβ-1,4結合で多数重合し，単純な構造をした堅い結晶性の繊維である（図1）に対して，貯蔵多糖であるデンプンはグルコースがα-1,4結合で多数重合したものである。ヘミセルロースは，セルロ

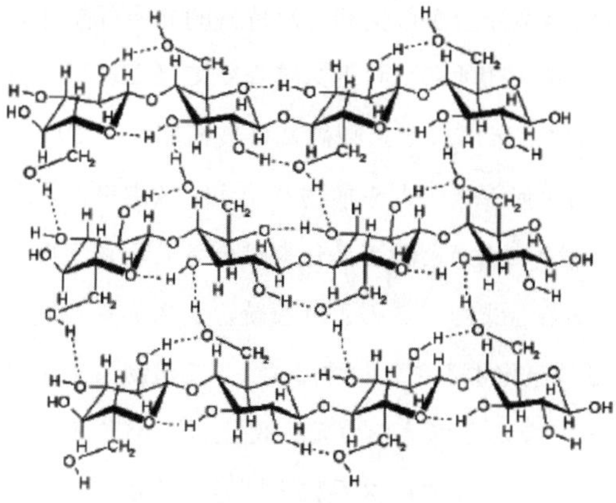

第4章 セルロース処理と糖化への新戦略

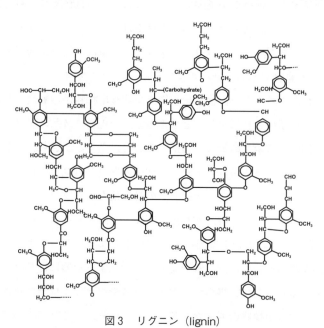

図1 セルロース (cellulose)

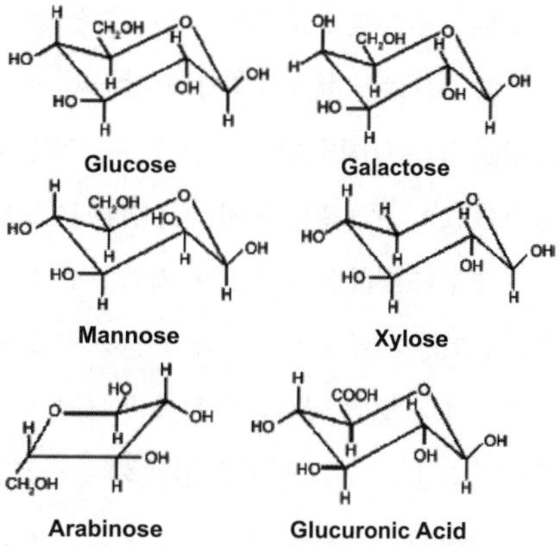

図2 ヘミセルロース (hemicellulose) の構成糖

図3 リグニン (lignin)

ス以外の糖のことであり，構成する糖が多様で結合様式も複雑である（図2）。セルロースと水素結合，リグニンと共有結合などを形成することで細胞壁を補強する役割をしている。リグニンは，強固な芳香族化合物であり，複雑な構造をしている（図3）。このため，微生物分解を受けにくい。細胞壁と細胞壁の間に存在し，それらを結びつける役割をしている。リグニンを分解できるのは，主に白色腐朽菌というキノコ類であり，リグニンを酸化することにより分解する。

1.2.3 植物バイオマス資源の活用から植物バイオマスデザインの時代へ

再生可能な植物バイオマス資源は，バイオ燃料生産の原料のみならず，先端材料，化学製品，医薬品などに変換できる多種多様な化合物を統合的に生産する「バイオリファイナリー」の原料

として捉える必要がある[7]。このことは，化石燃料依存型社会から脱却した持続的発展可能社会の構築および地球温暖化抑制をはじめとする環境再生を実現するプロセスでなくてはならず，我が国で進行中の国家プロジェクト（NEDO 植物の物質生産プロセス制御基盤技術開発）で開発が進められている遺伝子組換え植物による工業原材料生産システムや植物バイオマス由来の化合物を高効率に製品化するシステム，および植物バイオマス生産と環境浄化を融合させるようなシステムも統合バイオリファイナリーの重要な要素である。また，このような統合システムの最上流に位置する植物をバイオリファイナリーにとって最適化すること，すなわち，「植物バイオマスデザイン」がプロセス実用化のキーテクノロジーになると考えられる。例えば，バイオエタノールの原料となる植物バイオマスはデンプン系とリグノセルロース系に大別されるが，いずれもバイオマス量を増産する育種技術が重要であり，これまでの食料増産を目的に精力的に行われてきた研究成果をバイオマス原料植物（イネ，トウモロコシ，ダイズ，サトウキビなど）に結集させなければならない。また現在，セルロース系エタノールは農業廃棄物（トウモロコシ茎葉や穀類のわら），工場の廃棄物（木屑や紙パルプなど），エリアンサスやスイッチグラスなどの特に燃料製造用に栽培されたエネルギー作物を含む様々な非食用材料から製造される再生可能燃料である。地域の多種多様な原料を利用することによって，セルロース系エタノールは地域で栽培された原料を使用して国のほぼ全ての地域で製造することができる。さらに，製造にはより複雑な精製処理が必要だが，セルロース系エタノールは従来のトウモロコシ由来エタノールよりも正味エネルギーをより多く含んでおり，温室効果ガスの排出量もより少なくなる。現在，既に利用されている木材製品，パルプ・紙用木材，衣料用綿花などを除外すると，再生可能資源はほとんど利用されていない[8]。食料との競合を本当に避ける意味では木質系バイオマス（ハードバイオマス）の活用が最重要な課題となるが，これを発酵用に糖化するためにはリグニンを除去するなどの前処理工程が必要であり，さらに得られたセルロースやヘミセルロースを含む植物繊維を高効率で分解できるバイオマス用植物の開発が急務となっているが，これについては遺伝子組換え植物の是非について国民的な議論が必要になると考えられる。

1.3 リグノセルロース系バイオマスの前処理・糖化技術
1.3.1 リグノセルロース系バイオマスの前処理技術

植物細胞壁中でセルロースは，ヘミセルロースやリグニンなどの他の成分と高次に入り組んだマトリックスを形成しており，「構造多糖」として力学的な強度を発揮している[9]。天然においてセルロースの大部分は結晶性セルロース（一般にセルロースⅠと呼ばれる）から構成されており，さらにセルロースⅠはセルロースI_αとセルロースI_βという2種類の結晶形を有することが知られている[10]。また一方，双子葉植物由来セルロースはタイプⅠおよび単子葉植物由来のも

第4章 セルロース処理と糖化への新戦略

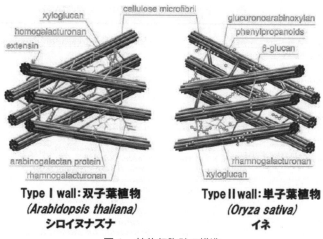

図4　植物細胞壁の構造

のはタイプⅡに分類されており，セルロース繊維に絡まるヘミセルロースが異なっている（図4）。さらに，木質系バイオマスではリグニンが沈着して強固な細胞壁構造を有しており，リグニンが木質内の多糖を被覆することで酵素糖化の妨げとなっている。したがって，リグノセルロース系バイオマスを効率よく糖化するためには原料の前処理が必須であり，前処理の高効率化が最重要課題の1つになっている。植物バイオマス原料の前処理法としては，これまで主に物理的処理（微粉砕，爆砕）や化学的処理（酸，アルカリ）が用いられてきた。微粉砕や爆砕などの物理的処理は消費エネルギーが大きいという問題があり，その一方で，酸やアルカリを用いた化学的処理は中和に要する廃液処理にコストがかかるという問題がある。さらに最近では，マイクロ波照射[11]，酸化チタン光触媒[12]，ウォータージェット[13]など新しい前処理技術が報告されている。以上の前処理によって，仮に単糖の過分解物であるフラン化合物（フルフラール，ヒドロキシメチルフルフラール）やリグニンの低分子化によって生成したフェノール化合物が生じた場合，その後の糖化や発酵の工程に大きな影響を及ぼすことから大量処理が可能で，安定的に制御可能な前処理技術が切望されている。

1.3.2　自然界からのリグノセルロース系バイオマス分解酵素の探索

自然界において，セルロースは主として微生物の働きで分解され，これまでに細菌から糸状菌にわたる多くの微生物がセルロース分解酵素を生産することが知られている。また，セルロース分解性微生物は土壌や草食動物の消化管などに生息し，植物細胞壁に含まれるセルロースなどを分解している（表1）[14]。一方，微生物ゲノムはバクテリアやカビからシロアリに共生する腸内細菌，難培養性微生物ゲノム（メタゲノム）について次世代シークエンサーを駆使した大量の情報収集が可能になってきており，バイオリファイナリーにおける諸問題の様々な側面に関連する

エコバイオリファイナリー

表1　セルロース分解酵素生産菌[14]

Bacteria[a,b,c,d]		Fungi[a,b,c]	
Genus and representative species	Habitat	Genus and representative species	Habitat
1. Aerobic (non-complexed cellulases)			
1.1. Psychrophilic/psychrotolerant			
Pseudoaltermonas haloplanktis*	Antarc	Cadophora malorum	Antarc wood
		Penicillium roquefortii	Antarc wood
1.2. Mesophilic			
Bacillus megaterium	Soil	Aspergillus nidulans*	Soil, rot wood
Bacillus pumilis	Rot biomass	Aspergillus niger*	Soil, rot wood
Brevibacterium linens	Comp	Agaricus bisporus	Mush comp
Cellulomonas fimi	Soil	Coprinus truncorum	Soil, comp
Cellulomonas flavigena	Soil, leaf litter	Geotrichum candidum	Soil, comp
Cellulomonas gelida	Soil	Penicillium chrysogenum*	Soil, rot wood
Cellulomonas iranensis	Forest humus soils	Phanerochaete chrysosporium*	Comp
Cellulomonas persica	Forest humus soils	Piptoporus betulinus	Soil
Cellulomonas uda	Sugar cane field	Pycnoporus cinnabarinus	Soil
Cellvibrio gilvus	Bovine feces	Rhizopus stolonifer	Soil
Cellvibrio mixtus	Soil	Serpula lacrymans	Soil
Cytophaga hutchinsonii*	Soil, comp	Sporotrichum pulverulentum	Soil
Paenibacillus polymyxa	Comp	Trichocladium canadense	Soil
Pseudomonas fluorescens*	Soil, sludge	Trichoderma reesei*	Soil, rot canvas
Pseudomonas putida*	Soil, sludge		
Saccharophagus degradans*	Rot marsh grass		
Streptomyces antibioticus	Soil		
Streptomyces cellulolyticus	Soil		
Streptomyces lividans	Soil		
Streptomyces reticuli	Soil		
Sorangium cellulosum*	Soil		
1.3. Thermophilic			
Acidothermus cellulolyticus	Hot spr	Chaetomium thermophilum	Soil
Caldibacillus cellovorans	Comp	Corynascus thermophilus	Mush comp
Cellulomonas flavigenad	Leaf litter	Humicola grisea	Soil, comp
Thermobifida fusca*	Comp	Paecilomyces thermophila	Soil, comp
Talaromyces emersonii	Comp		
Thielavia terrestris	Soil		
2. Anaerobic (complexed or non-complexed cellulases)			
2.1. Psychrophilic/psychrotolerant			
Clostridium sp. PXYL1	Cattle manu	Not available	
2.2. Mesophilic			
Acetivibrio cellulolyticus	Sludge	Anaeromyces mucronatus 543	Rumen
Bacteroides cellulosolvens	Sludge	Caecomyces communis	Rumen
Butyrivibrio fibrisolvens	Bovine rumen	Cyllamyces aberensis	Rumen
Clostridium acetobutylicum*	Soil	Neocallimastix frontalis	Rumen
Clostridium aldrichii	Wood digester	Orpinomyces joyonii	Rumen
Clostridium cellobioparum	Soil	Piromyces equi	Rumen
Clostridium cellulofermentans	Soil	Piromyces sp.	Rumen
Clostridium cellulolyticum*	Rot grass	Piromyces sp. strain E2	Rumen
Clostridium cellulovorans*	Wood chips		
Clostridium herbivorans	Pig intestine		
Clostridium hungatei	Soil		
Clostridium josui	Comp		
Clostridium papyrosolvens	Paper mill		
Eubacterium cellulosolvens	Rumen		
Fibrobacter succinogenes**	Rumen		
Ruminococcus albus**	Rumen		
Ruminococcus flavefaciens**	Rumen		
2.3. Thermophilic			
Clostridium thermocellum*	Comp, soil	Not available	
Spirochaeta thermophila	Hot spr		
Thermotoga neapolitana	Hot spr		

Habitat: Antarc = Antarctica, comp = compost, manu = manure, mush = mushroom, rot = rotting, spr = spring.
a This list does not include cellulolytic plant pathogens.
b Great differences may exist between different species within a genus and between different isolates within a species.
c Single asterisk (*), species whose genome sequencing is complete, and double asterisks (**), species whose genome sequencing is in progress.
d Most *Cellulomonas* strains can also grow anaerobically, that is, are facultative anaerobic.

第4章 セルロース処理と糖化への新戦略

複数の体系を同時に研究することで，リグノセルロース系バイオマスの分解に相乗的な効果を得ることが可能になる。

グリコシダーゼ群のなかの O-グリコシル結合を加水分解する酵素として，EC 3.2.1.X の番号が与えられている。セルラーゼは，一般にセルロースを加水分解する酵素の総称であり，セルロース分解酵素はセルラーゼ（EC 3.2.1.4），β-グルコシダーゼ（EC 3.2.1.21），グルカン 1,4-β-グルコシダーゼ（EC 3.2.1.74），セルロース 1,4-β-セロビオシダーゼ（EC 3.2.1.91）の4種類の酵素が認められている。セルロース繊維は強固な結晶構造をとる領域が多いため，その結晶構造部分を破壊しないと，酵素的あるいは非酵素的加水分解によってグルコースにまで経済的に糖化するのは容易ではなく，効率的で高度な技術は未だ確立されていない。これらの微生物は菌体外に複数のセルロース分解酵素成分を生産し，セルロースは作用機構の異なる複数の酵素成分の協同作用によって分解される（図5）。

ヘミセルラーゼは，骨格となる主鎖の糖（セルロースなど）に側鎖の糖などが結合した構造を分解するため，非常に種類が多い。キシランの主鎖はキシロースが β-1,4 結合したものであり，キシラン分解には多くの酵素が関わる（図6(a)）。また，ヘミセルロースにはキシランの他にもアラビナンやキシログルカンやマンナンなどの成分があり，それらの分解にはキシラン分解酵素とは違った様々な酵素が関わる（図6(b)）。ヘミセルロースの分解には主鎖を分解する酵素だけではうまくいかず，それに側鎖を分解する酵素が加わって初めて相乗的かつ効果的に分解が進む。

リグニン分解酵素は，木材腐朽菌（白色，褐色，軟腐）由来のリグニンペルオキシダーゼ

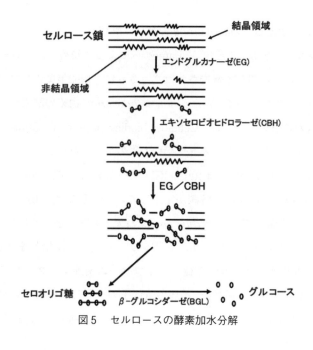

図5　セルロースの酵素加水分解

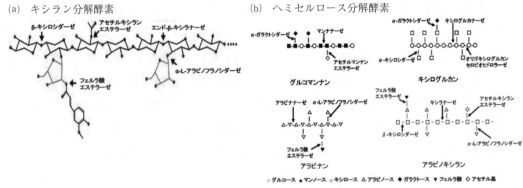

図6　ヘミセルロースとその関連分解酵素

(Lignin peroxidase：LiP)，マンガンペルオキシダーゼ（Manganese peroxidase：MnP)，およびLiPとMnPのハイブリット型酵素である多機能型ペルオキシダーゼ（Versatile peroxidase：VP)，ならびに酵素を電子受け取り役とするオキシダーゼの一種であるラッカーゼ（Laccase：Lcc）に分類される[15]。白色腐朽菌のリグニン分解では，上記のリグニン分解酵素の他に，マンガン非依存性ペルオキシダーゼ，セロビオースデヒドロゲナーゼ，グルコースオキシダーゼ，アリルアルコールオキシダーゼ，シュウ酸オキシダーゼ，グリオキシル酸オキシダーゼ，フェリリダクダーゼ，キノンリダクダーゼなどの酸化還元酵素，遷移金属に配位する低分子代謝物，アリルアルコールなどの酵素メディエーター，脂肪酸などの過酸化前駆体などが連携して分解が達成される。

1.3.3　セルロソーム生産菌 C. cellulovorans のゲノム解読

　セルロソームに関する研究は，1983年にLamedらによって初めてセルロースに結合する高分子複合体"セルロソーム"に関して報告された[16]。さらに，1992年にカリフォルニア大学デイビス校のDoiらによって世界で初めて *Clostridium cellulovorans* 由来の酵素サブユニットの乗り物になるセルロソームの骨格タンパク質（Cellulose-binding protein A：CbpA）遺伝子がクローニングされた[17]。セルロソーム生産クロストリジウム属のゲノム解析としては，これまで米国エネルギー省（DOE）のJoint Genome Institute（JGI）の支援によって，高温菌 *C. thermocellum* および中温菌 *C. cellulolyticum* のゲノム解読が完了していた。そこで，2010年2月に著者らの研究グループはDOE-JGIに先駆けて，*C. cellulovorans* のゲノム解読を完了した[18]。2010年8月現在で公開されているセルロソーマルなクロストリジウム属のゲノム情報を比較した（表2）。*C. cellulovorans* のゲノムサイズは，他の3種のセルロソーム関連クロストリジウム属ゲノムに比べておよそ1Mb以上も大きく，総数4,220個の遺伝子のうち57個のセルロソーム関連の遺伝子が特定された[19]。興味深いことに，セルロソーム生産菌である *C. cellulolyticum* および *C.*

第4章　セルロース処理と糖化への新戦略

表2　セルロソーム生産菌ゲノムの概要とセルロソーム関連遺伝子の比較

Organism	GenBank accession No.	Genome size (Mb)	No. genes	No. cellulosomal genes	% GC
C. cellulovorans 743B	DF093537-DF093556	5.10	4,220	57	31.1
C. acetobutylicum ATCC 824	AE001437	3.94	3,672	12	30.9
C. cellulolyticum H10	CP001348	4.07	3,390	65	37.4
C. thermocellum ATCC 27405	CP000568	3.84	3,191	84	39.0

thermocellum に比べて，*C. cellulovorans* のセルロソーム関連遺伝子数は最も少なかった。また，およそ1Mb以上も他のクロストリジウム属ゲノムに比べて大きかった*C. cellulovorans* のゲノムには，セルロソームではない糖質関連酵素（ノンセルロソーム：noncellulosome）が多くコードされていたことから，*C. cellulovorans* はセルロソーム生産菌として独自に進化したと推察された。さらに，*C. cellulovorans* ゲノム解析の結果，セルロソームの骨格タンパク質としてこれまで見つかっていたCbpAおよびHbpA（hydrophobic protein A）に加えて，今回新たに酵素サブユニットが1つだけ結合することができるCbpBおよびCbpCが見つかり，これまで酵素サブユニットだけと考えられていたセルロソームにプロテアーゼ阻害タンパク質Chagasinなど，機能不明なタンパク質も発見された。以上の結果，*C. cellulovorans* のセルロソームは酵素サブユニットの乗り物として4つの骨格タンパク質（CbpA，CbpB，CbpCおよびHbpA）と53個のセルロソーマルなタンパク質サブユニットからなり，これらのタンパク質が協同することで植物細胞壁を相乗的に分解していると予想された（図7）。

1.3.4　セルロソーム生産菌 *C. cellulovorans* による微生物前処理・糖化技術

　上述のように，植物細胞壁はセルロース，ヘミセルロース，リグニンの3つの成分から主に構成されており，セルロース繊維にヘミセルロースが絡まり，ペクチンが細胞間を接着し，さらにリグニンがそれらを覆っている多層構造を形成している。そこで植物細胞壁分解の評価には，細胞壁を除去した生きた細胞であるプロトプラスト（protoplast）の作出効率を測定することが1つの指標になる。すなわち，著者らの研究で*C. cellulovorans* の培地中に様々な炭素源を添加して，セルロソーム形成の有無およびプロトプラスト形成能を評価した。ペクチンを炭素源として培養した*C. cellulovorans* の培養上清をタバコ培養細胞とシロイヌナズナ培養細胞に添加した結果，これらの培養細胞からのプロトプラスト作出に成功した（図8(a)）[20]。さらに，ペクチンで培養した*C. cellulovorans* の培養上清は，グルコース，セロビオース，キシランやイナゴマメ粉

(a) セルロソームの酵素サブユニットと骨格タンパク質（コヘシン）との相互作用

(b) *C. cellulovorans* のセルロソームとノンセルロソーム

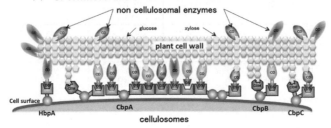

図7　*C. cellulovorans* による植物細胞壁多糖分解の戦略

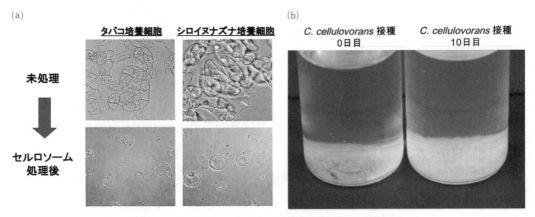

図8　*C. cellulovorans* による植物細胞壁多糖の直接糖化

末で培養した上清よりもプロトプラスト作出に効果的であった。一般に，プロトプラスト作出には基質特異性の異なる多種多様な酵素が必要であり，植物細胞壁という非常に強固でヘテロな基質である多糖複合体を分解するには古典的な酵素学（1酵素—1基質）では測定することができない複数の酵素による相乗効果が必須であると考えられる。さらに，著者らは *C. cellulovorans* を用いた実バイオマスの直接分解の可能性について検討した。すなわち，乾燥および微粉砕した稲わらに *C. cellulovorans* を直接接種して一定時間培養後，分解の状況を観察した。その結果，培養10日後には *C. cellulovorans* は稲わらをほぼ完全に分解していた（図8(b)）[14]。プロトプラスト作出および稲わらの直接分解の結果は，セルロソームの構成とその活性が菌の生育に用いる炭素源に依存して変化することを示しており，得られた培養上清に含まれる酵素成分を分析することでリグノセルロース系バイオマス分解に必要なセルロソームの構成成分を特定できる。

第4章　セルロース処理と糖化への新戦略

1.4　おわりに

　国内では稲わらや麦わら，さらには廃建材や間伐材などの木質系バイオマス，海外ではトウモロコシ茎（コーンストーバー）やダイズ粕，サトウキビ絞り粕（バガス）などのソフトバイオマスがバイオリファイナリー用のバイオマスとして注目されており，現在これらバイオマスを対象とした前処理・糖化技術に関する研究開発が盛んに行われている。前処理法としては，現在，微細裁断と水熱処理やアンモニア処理などの既存技術をベースとした最適条件の設定により，酵素糖化に適応可能な状態にすることが目標となっている。その一方で，酵素糖化については酵素コストの低減が可能な酵素再利用法による糖化システムを構築し，追加酵素としてセルロソーム機能を利用する技術が求められている。しかしながら，リグノセルロース系バイオマスの前処理・糖化は環境への影響やトータルのコスト低減を考えるとマイルドでシステム全体のコントロールが容易な処理技術が今後重要な鍵になってくると考えられる。そこで，$C.\ cellulovorans$ のようなセルロースやヘミセルロースに対して高い分解能力を有する微生物を前処理・糖化に直接利用することができたならば，これまで以上に効率的で低コストにC5糖・C6糖の調製が可能になり，安定的なシュガープラットフォームが形成できると同時に，リグニンが分解されないまま回収できることからフェノールプラットフォームとしても活用できる[21]。したがって，リグノセルロース系バイオマスからのバイオリファイナリーを考えた場合に，セルロソームおよびノンセルロソームの酵素群を再構築する"デザイナブルセルロソーム"の構築が第3世代バイオ燃料の開発に必要な技術になると大いに期待できる。

文　　献

1) T. L. Kieft, 培養できない微生物たち, 学会出版センター, p. 20 (2004)
2) Y. R. Dommergues *et al.*, *Adv. Microb. Ecol.*, **2**, 49 (1978)
3) R. Y. Morita, *Can. J. Microbiol.*, **34**, 436 (1988)
4) J. L. Smith *et al.*, "Soil organic matter dynamics and crop residue management", p. 65, Marcel Dekker, New York, N. Y. (1993)
5) E. A. Paul *et al.*, "Soil Microbiology and Biochemistry", Academic Press, San Diego, Calif. (1989)
6) M. Stocker, *Angew. Chem. Int. Ed.*, **47**, 9200 (2008)
7) 吉田和哉, バイオインダストリー, **25**, 5 (2008)
8) NEDO 平成16年度調査報告書, バイオリファイナリーの研究・技術動向調査, p. 80 (2004)
9) 五十嵐圭日子ほか, セルロース系バイオエタノール製造技術, NTS, p. 89 (2010)

10) R. H. Atalla *et al.*, *Science*, **223**, 283 (1984)
11) 三谷知彦ほか, 信学技報 (2009)
12) 結城竜大ほか, ㈶万有生命科学振興国際交流財団ポスター発表 (2010)
13) ㈳産業技術総合研究所 研究紹介・成果プレスリリース (2010年4月13日) (2010)
14) Y. Tamaru *et al.*, *Environ. Technol.*, **31**, 889 (2010)
15) 渡辺隆司, セルロース系バイオエタノール製造技術, NTS, p. 133 (2010)
16) R. Lamed *et al.*, *J. Bacteriol.*, **156**, 828 (1983)
17) O. Shoseyov *et al.*, *Proc. Natl. Acad. Sci. USA*, **89**, 3483 (1992)
18) Y. Tamaru *et al.*, *J. Bacteriol.*, **192**, 901 (2010)
19) Y. Tamaru *et al.*, *Microbial Biotechnol.*, in press (2010)
20) Y. Tamaru *et al.*, *Appl. Environ. Microbiol.*, **68**, 2614 (2002)
21) 田丸浩ほか, セルロース系バイオエタノール製造技術, NTS, p. 199 (2010)

2　セルロソームを中核としたセルロース系バイオマス糖化技術の開発

小杉昭彦[*1]，森　隆[*2]

2.1　はじめに

今年7月，ワシントンで開かれたクリーンエネルギーに関する国際閣僚会合によれば，世界のエネルギー消費は途上国を中心に今後25年で60％増加するという。この地球規模の危機に対し，各国政府は協力しクリーンエネルギー時代へ移行する必要がある（BIOFuelsBusiness.com, July 20, 2010）。いよいよ先進国，途上国を問わず全世界の人々がクリーンエネルギーへの移行に向け解決策を考えなくてはならない時期に突入した。そのためには，様々な技術開発が必要であるが，中でも食糧と競合しないセルロース系バイオマス（例えばトウモロコシ茎葉，小麦わら，稲わら，サトウキビなどの農作物残さ）からの，バイオエタノールや，バイオプラスチック生産技術の確立は，化石燃料を使ってきた既存の産業構造から脱却しクリーンエネルギー社会へ移行するために達成すべき重要課題である。アメリカではここ数年トウモロコシ茎葉や小麦わらを使ったエタノール生産技術開発が進み，技術的には可能なレベルに達している。しかし実用化には，未だ解決すべき問題があり，その核心部分は如何に効率的にセルロース系バイオマスを分解糖化し，エタノールなどの有用物質に変換可能な糖質を確保できるかである。近年，環境負荷が小さく，かつ高い糖回収率が可能であるという理由から，従来までの酸加水分解法に代わり，酵素を用いたマイルドで高収率な糖化法に期待が寄せられている。

現在，バイオマス糖化酵素としては世界的に糸状菌 *Trichoderma reesei* 由来のセルラーゼを中心に研究開発が進められている。アメリカ政府は大手酵素メーカーに莫大なファンドを提供し *T. reesei* のセルラーゼ生産コストの低下を進め，従来に比較し約1/30の低コスト化を実現したといわれる。しかし，その技術的詳細は明らかにされておらず，技術の多くは特許により独占されようとしている。クリーンエネルギー社会を目指す我が国にとって，本技術の独占はエネルギー・環境政策の根幹に関わる重要な問題であり，独自のセルロース系バイオマス糖化技術を開発する必要がある。そのためには様々な植物細胞壁分解能を有する微生物から糖化戦略を学び，理解し，活用することで糖化技術におけるブレークスルーを求めていく必要がある。本節では，筆者らが取り組んでいる好熱嫌気性細菌が生産するセルラーゼ・ヘミセルラーゼ酵素複合体（セルロソーム）を用いたセルロース系バイオマスの糖化技術開発について紹介したい。

＊1　Akihiko Kosugi　㈱国際農林水産業研究センター（JIRCAS）　利用加工領域
主任研究員

＊2　Yutaka Mori　㈱国際農林水産業研究センター（JIRCAS）　利用加工領域長

2.2 セルロース系バイオマスの酵素糖化

　セルロース系バイオマス，すなわち農作物残さなどの植物細胞壁に存在する天然セルロースは，グルコースが β-1.4結合でつながった直鎖分子であり，各セルロース分子は隣接の分子と水素結合で強固に結合し結晶構造を持ったミクロフィブリル（結晶幅約 2 〜 3 nm で分子鎖軸方向に長い棒状と考えられる）を形成している。また植物細胞壁にはセルロースの他，キシログルカンやキシランなどのヘミセルロースが存在し，その一部はエステル結合を介して，他のヘミセルロースやリグニンと結合し，絡み合った構造をとっている。このようにセルロース系バイオマスは複雑で高次のネットワーク構造を形成しているため酵素分解に対し強い抵抗性を示す。また，ヘミセルロースはセルロース系バイオマスの20〜40％程度含まれるため，有用物質への変換効率を向上させるためにはヘミセルロースの分解，利用も重要な要因となる。すなわち，セルロース系バイオマスから有用物質を生産するための技術的重要課題は第一に結晶性を有する天然セルロースの効率的な分解，第二にヘミセルロースの主要構成糖キシランの効率的分解およびそれらの糖質を使った発酵技術である。セルロース系バイオマスを分解する酵素として糸状菌 *T. reesei* の生産する酵素は最も研究，改良が進んでおり，前述した大手酵素メーカーを中心に強力かつ大量のセルラーゼを生産可能な株が開発されている。*T. reesei* の場合，ゲノム塩基配列から23種類のセルラーゼ遺伝子の存在が確認されており，これらの酵素が協同的に作用しセルロースを分解すると考えられている。*T. reesei* のセルラーゼ酵素群は個々の酵素が個別にセルロース分子や中間分解産物であるセロオリゴ糖へ作用し順次分解が進行する。最近の研究から，*T. reesei* の強いセルロース分解活性は，セルラーゼ群を効率よく菌体外に生産する高い分泌能力によることが示されている。

2.3 セルロソームの構造と機能

　一方自然界には，*T. reesei* などの糸状菌酵素とは異なる機構で天然セルロースを分解する微生物が存在する。例えば一部の嫌気性微生物は多種類の酵素により構成される酵素複合体（セルロソーム）を生産し，効率的にセルロース系バイオマスを分解している。例えば好熱嫌気性細菌 *Clostridium thermocellum* のセルロソームは，10数種〜20数種多種類のセルラーゼ，ヘミセルラーゼ，エステラーゼなどの酵素が規則的に配置された，分子量250万〜350万の巨大な酵素複合体として存在し，各酵素サブユニットが協調的に基質に作用する。現在までにセルロソームタイプの酵素生産が確認されているのは，嫌気性細菌と嫌気性糸状菌の一部であるが，その中で *C. thermocellum* は，地上で最も速くセルロースを炭素源として資化，生育する微生物であり，非常に強力なセルロース分解活性を持っている[1]。その強力なセルロース分解活性はセルロソームの働きによるものであるが，セルロソームの強力なセルロース分解活性を例証するために，ホヤ

第4章 セルロース処理と糖化への新戦略

から抽出精製した結晶性セルロース(結晶化度90%以上)の分解を,T. reesei 由来の市販酵素と比較した結果を示す(図1)。セルロソームが速やかに結晶性セルロースを完全に分解するのに対し,T. reesei の酵素は分解速度が遅く,特に一定程度以上分解が進行した基質に対しては極端に分解速度が低下する。これは結晶性セルロースの比較的脆弱な構造を分解するものの,結晶度の高い強固な構造を有する部分に対しては分解力が低いことを示唆している。このようにセルロソームは,極めて効率的に結晶構造を持つ天然セルロースを完全分解することができる。セルロソーム構造の中核的役割を担うのが骨格タンパク質である(C. thermocellum の場合 CipA と命名されている)(図2)。C. thermocellum の CipA は,9個のタイプⅠコヘシン(Type I Cohesin)と呼ばれる酵素サブユニットレセプタードメイン,セルロース表面へ結合するための糖質結合モジュール(CBM:Carbohydrate Binding Module),および細胞表層アンカータンパク質と結合するタイプⅡドックリン(Type II Dockerin)と呼ばれるドメインを持っている。セルロソームの酵素サブユニットはすべて,タイプⅠドックリンを有しており,CipA のタイプⅠコヘシンとカルシウム依存型相互作用により結合する。CipA の C 末端部に存在するタイプⅡドックリンは,細胞表層アンカータンパク質(OlpB, Orf2p, SdbA)が持つタイプⅡコヘシンとの結合を介して細胞表層にアンカーされる。最近,骨格タンパク質の様々な性質が明らかになってきている。例えばX線小角散乱解析によって,酵素サブユニットの立体障害を起こさないよう,骨格タンパク質上の隣り合ったコヘシン間で伸縮が起きサブユニット間隔が調整されることが示された[3]。また原子間力顕微鏡をベースにした一分子力分光法により,コヘシンモジュールが極めて堅牢な力学的安定性を持ったタンパク質であることが示された[4]。2007年2月

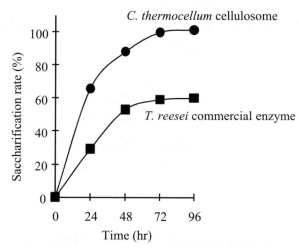

図1 結晶性セルロース(ホヤ由来)を用いた C. thermocellum からのセルロソームと T. reesei 市販酵素との糖化能の比較
結晶性セルロース1mgあたり,10μgの酵素を使用した。

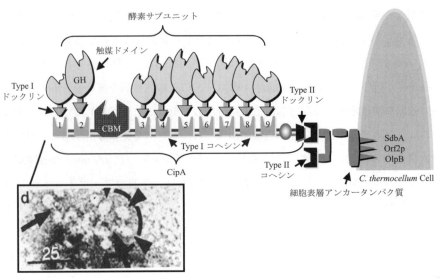

図2 *C. thermocellum* が生産するセルロソームの基本構造の模式図および電子顕微鏡写真[2]

に *C. thermocellum* のゲノムシーケンスの解読が終了し，ゲノム上には71種類のドックリン配列を持つタンパク質の存在が明らかになった[5]。これらのタンパク質の多くは，セルラーゼやヘミセルラーゼに分類されるが，中には酵素でないものや，どのような基質に作用するのか不明な酵素もセルロソームの構成メンバーである可能性が示された。各酵素サブユニットの酵素学的特徴や性質は既に他の総説などがあるので述べないが，71種のタンパク質すべてが常にセルロソーム上に発現機能しているわけではなく，常に存在する主要な酵素サブユニットはほぼ定まっている。また興味深いことに，これらの酵素サブユニットの発現調節は，一連のセンサータンパク質により制御を受けている可能性が報告された[6]。すなわち *C. thermocellum* の細胞表層にはCBM を有する膜貫通型調節タンパク質が配置され，菌体外にあるセルロースなどの多糖がCBM に結合することで基質を認識し，セルラーゼやヘミセルラーゼ遺伝子群の発現を促すための転写因子の活性化シグナルが発せられるという。実際，プロテオーム解析によって，培養時の基質の違いによりセルロソームの酵素サブユニットの構成比や発現量が変化していることが確認されている。これらの知見は，*C. thermocellum* が生育環境に応じて酵素サブユニットを選択し，環境に適した酵素メンバーでセルロソームを組織化し植物細胞壁を分解するという糖化戦略を働かせていることを示している。

2.4 高活性を有する *C. thermocellum* 菌株のスクリーニングと活用

これまでに，報告されている *C. thermocellum* の菌株は欧米並びに日本の土壌，堆肥などから分離された菌株である。セルロソームの有する能力を引き出し，産業利用を目指すためには，よ

り高いセルロース，ヘミセルロース分解活性を持ったセルロソームを大量に生産する，実用化に耐え得る菌株の取得が必要である。筆者らは，これまでに報告されている菌株よりも強力なセルロース分解能を示す菌株のスクリーニングを東南アジア各地で行っている。東南アジアは，日本や欧米とは異なり熱帯に位置し，炭素代謝サイクルが高速で進行している。したがって，これらの地域では他の地域に比較し，より高い分解活性を有する微生物の存在が期待される。キングモンクット工科大学との共同で実施したタイでのスクリーニングでは，これまでに知られている *C. thermocellum* 菌株よりも分解活性が高い4種の菌株を分離したが，中でも *C. thermocellum* S14株（図3）はゲノム解読が行われた *C. thermocellum* ATCC27405株に比較し3倍以上の微結晶性セルロース，およびヘミセルロース分解能を有しており，70℃以上の高温や弱アルカリ条件下でも生育可能という既知菌株とは異なる実用上有利な性質を持っていた。東南アジア地域からセルロソームを生産する好熱嫌気性細菌を分離した報告はなく，今後の詳細な特性解析を行うことで，セルロソームの高分解活性メカニズムの解明，並びに超高活性セルロソームの開発へとつながるものと期待している。

2.5　セルロソームの糖化能力を高める補助酵素

セルラーゼの多くはセルロースの最終分解産物であるセロビオースにより強力に阻害される。セルロソームも例外ではなく，セロビオースの存在によりセルロース分解活性は著しく低下する。既存菌株からのセルロソームは5 mMセロビオース存在下で，完全にセルロース分解活性を消失するのに対し，筆者らが分離した高活性菌株のセルロソームは80％以上の分解活性を維持している。しかしセロビオースによる活性阻害は効率的セルロース糖化を行う上で大きな障害となることから，セロビオースによる阻害を回避することを目的として，β-グルコシダーゼの併用

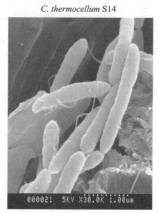

図3　*C. thermocellum* ATCC27405株（左）と，バガス紙残さ処理槽より
　　分離した高活性セルロソーム生産菌 *C. thermocellum* S14株（右）

によるグルコースへの変換を試みた．これまでに，カビ由来のβ-グルコシダーゼとセルロソームとを併用した例は報告されているが，大きな効果は認められていない．これはカビのβ-グルコシダーゼとセルロソームの反応条件の不適合に起因する．そこでセルロソームとより協調的に作用するβ-グルコシダーゼをスクリーニングしたところ，好熱嫌気性細菌 *Thermoanaerobacter brockii* 由来のβ-グルコシダーゼとの併用によりセルロソームの糖化能が飛躍的に上昇することがわかった．*T. brockii* のβ-グルコシダーゼはセロビオースに対する分解活性，熱安定性，グルコース阻害耐性が高く，好熱嫌気性細菌の中でも特にセルロソームとの併用に適している．図4に高濃度の微結晶セルロースを基質とした時のセルロソームおよび *T. brockii* 由来β-グルコシダーゼの酵素ミックスによる糖化効率を示す．セルロソーム単独の場合，1％程度の低濃度の微結晶セルロースを基質とした場合でも約40％の糖化率で反応は停止する．これは反応液中に最終産物であるセロビオースが蓄積し，生成物阻害が生じているためである．一方，セルロソームと *T. brockii* のβ-グルコシダーゼとの酵素ミックスの場合，3～10％の高濃度の微結晶セルロースの完全糖化が可能であり，セロビオースによる生成物阻害が解除され，セルロソームが十分働ける環境が作り出せていることがわかる．加えてセルロソームおよび *T. brockii* のβ-グルコシダーゼは，グルコースが高濃度蓄積しても活性阻害を受けにくい性質を有することも高濃度セルロースを完全分解できる理由と考えられる．比較として行った *T. reesei* 酵素および *Aspergillus*

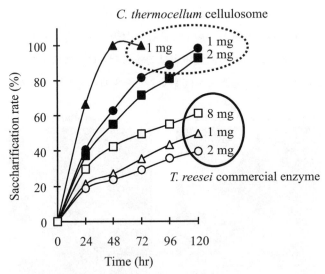

図4　*C. thermocellum* セルロソームと *T. brockii* 由来のβ-グルコシダーゼの併用による高濃度微結晶セルロース分解

▲,△，3％セルロース，●,○，6％セルロース，■,□，10％セルロース。
セルロソームは1または2 mg 使用，*T. reesei* 市販酵素は1，2，または8 mg 使用。
カビ酵素の場合，*Aspergillus niger* のβ-グルコシダーゼを併用した。

niger 由来 β-グルコシダーゼの酵素ミックスによる糖化試験では,セルロソーム糖化酵素系の4倍以上の酵素量を使用しても微結晶セルロースを完全分解することはできず,糖化能の差は歴然としている。

2.6 セルロソームと補助酵素を組み合わせたセルロース系バイオマスの糖化

セルロソームと *T. brockii* 由来 β-グルコシダーゼを組み合わせた糖化システムは,実際のセルロース系バイオマスにも有効か? このことを確認するため,稲わらを用いて糖化試験を行った。アンモニア浸漬処理を行った稲わら(28%アンモニア水浸漬,60℃,7日間処理)を調製し,前述したセルロソームと,*T. brockii* の β-グルコシダーゼを組み合わせた系を用いて糖化反応を行った結果を図5に示す。*T. brockii* の β-グルコシダーゼを組み合わせることにより,セルロソームによる糖化効率は飛躍的に上昇し,約91%の糖化が達成された。また興味深いことに筆者らが分離した *C. thermocellum* S14株のセルロソームは,ATCC27405株など既知菌株のセルロソームを使用した場合に比較し,約1.5倍以上の稲わら糖化効率を得ることが可能である。稲わらは我が国において最大の賦存量を持つソフトセルロース系バイオマス資源である。また中国,東南アジア,インドなど膨大な人口を擁する近隣のアジア諸国の多くは,同じく稲作食文化を有している。稲わらの効率的糖化技術の確立は近隣アジア諸国のエネルギー・環境問題対策に大きく貢献するものと考えられる。

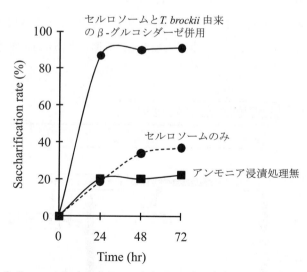

図5 *C. thermocellum* セルロソームと *T. brockii* 由来の β-グルコシダーゼの併用によるアンモニア浸漬処理稲わら(1%セルロース含量)の糖化
セルロソームは2 mg,*T. brockii* 由来の β-グルコシダーゼ 5U を使用した。

2.7 セルロソームを中核としたセルロース系バイオマスの糖化戦略

好熱嫌気性細菌 C. thermocellum が生産するセルロソームを利用する上で，以下の5つの特徴を強調できる。①結晶性セルロースに対する高い分解力，②骨格タンパク質を介した多様な酵素サブユニット集積システム，③骨格タンパク質および多種の酵素サブユニットが有する多様な糖質結合能，④高い安定性，⑤高温（55～65℃）での糖化反応による低い汚染リスク。このように C. thermocellum のセルロソームは T. reesei 酵素とは異なる特徴を有しているが，特に②，③，④は酵素の再利用を可能にする特質である。すなわち T. reesei 酵素のように，分解に必要な酵素がバラバラの状態で存在するのではなく，ワンセットで存在し，セルロース系バイオマスの糖化に必要な酵素群が1つのセットとしてバイオマス基質に結合し，アタックする。これらのセルロソームの特徴を利用すれば，理論的には分解に必要な酵素セットを反応終了後，新たに加える基質に吸着，回収し，再度反応を開始することができる。しかも，安定性に優れているために長期間連続使用できるはずである。筆者らはセルロソームのリサイクル利用を実現するため，まず微結晶性セルロースを基質として検討を行った。その際，セルロソームのみではなくβ-グルコシダーゼもリサイクル利用するために，T. brockii 由来β-グルコシダーゼのN末端側にセルロソームのCipAが保有するCBMを融合したキメラ酵素を作成し，セルロソームとともにリサイクル反応に供した。リサイクル糖化の手順を図6に示す。初回に酵素を加えた後は一切酵素を加えず，24時間後，糖化反応が終了した時点で，1％結晶性セルロースを反応液中へ加え，分解を終え遊離してきたセルロソームおよびCBM融合β-グルコシダーゼを吸着させる。糖化液を回収した後に，残存する，セルロソームおよびCBM融合β-グルコシダーゼを吸着したセルロースに緩衝液を加え，2回目の糖化反応を開始する。このサイクルを5回繰り返した。その結果，80～90％以上のセルロース分解率を維持しながら，5回以上繰り返し酵素利用することが可

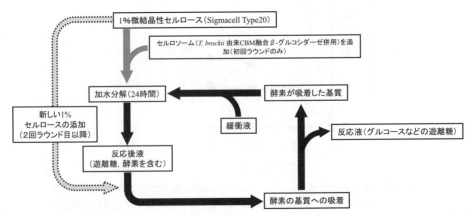

図6 セルロソーム（T. brockii β-グルコシダーゼ併用）によるリサイクル糖化システムの工程概略図

第4章 セルロース処理と糖化への新戦略

能なことがわかった。一方，T. reesei 酵素を用いてリサイクル反応を行った場合，最初の糖化効率は高いが，リサイクルの回数を重ねるたびに微結晶性セルロースの糖化効率は低下する。これはセルロソームが T. reesei 酵素とは異なり，セルロースの糖化に必要な酵素がワンセットとなっていること，加えて CipA の CBM を融合したことにより T. brockii 由来 β-グルコシダーゼの挙動がセルロソームと同調されたことにより，高効率かつ安定したリサイクル糖化反応が行われた結果であると考えられる。

　稲わらなど，実際のセルロース系バイオマスではセルロースを主体に，ヘミセルロース，リグニンなどが混在するために，微結晶セルロースを基質とした場合と比較し，問題が生じる可能性がある。一般的に稲わらなどの農作物残さ（ソフトセルロース）は，木質系バイオマスと比較し，リグニン量も少なく糖化し易いとされ，前述したようにアンモニア水浸漬のようなマイルドな前処理により，比較的容易に分解可能となる。しかしリサイクル糖化法において問題となるのがリグニンによる酵素の不可逆的吸着である。不可逆的吸着が起きた場合，酵素の回収は困難であり，糖化反応後の残さにトラップされることとなる。この問題はセルロソームだけでなく T. reesei 酵素でも同様に発生する。最近ではリグニンを如何に破壊，除去できるかといった視点から，オゾン処理やアセトン，エタノールなどの有機溶媒を使用した前処理法が開発され，T. reesei 酵素を用いた実験では，これらの前処理法が極めて有効であり，糖化効率を大きく上昇させるとともに酵素吸着を抑制することが報告されている。このような前処理技術が確立されれば，セルロソームを中核としたリサイクル糖化システムを用いることにより，一度セルロソームおよび補助酵素を反応槽へ加えた後は，少量のセルロソームおよび補助酵素を追加投入することにより，高い糖化効率を維持させながら，糖化反応を長期間継続することが可能になると考えられる。現在筆者らは，そのようなリサイクル糖化を可能とするリアクターの開発を行っている。

2.8　おわりに

　C. thermocellum のセルロソームは強力なセルロース分解能があるが，一方で T. reesei に比較し酵素生産量が少ないという欠点がある。したがって，一度の反応で酵素を使い捨てるような従来の利用方法は現実的ではなく，多様な酵素が集積されワンセットで働くというセルロソームの特徴を活かしたリサイクル糖化システムの構築が必要不可欠である。最近の筆者らの実験では，前処理稲わらに酵素吸着を抑制する処理を施すと，一度セルロソームを加えるだけで，高糖化効率を維持したまま4回以上のリサイクル糖化が達成できることが明らかとなっている。これは T. reesei 酵素では見られない優位点である。また，セルロソームは前処理過程で生成するフルフラールなどの発酵阻害物質やエタノールに対しても T. reesei 酵素に勝る活性阻害耐性がある[7]。現在，セルロソームの持つ強力な糖化能力並びに実用化に適した諸性質を活用し，酵素を

繰り返し利用するというセルロース系バイオマスリサイクル糖化システムの構築へ向けて検討を進めている。本技術が完成すれば，セルロース系バイオマスからエタノールやバイオプラスチックなどの有用物質を製造するバイオリファイナリーの実現に大きく貢献するものと期待している。

文　　献

1) Lynd, LR. *et al.*, *Microbiol. Mol. Biol. Rev.*, **66**, 506 (2002)
2) Mayer, F. *et al.*, *Appl. Environ. Microbiol.*, **53**, 2785 (1987)
3) Hammel, M. *et al.*, *J. Biol. Chem.*, **280**, 38562 (2005)
4) Valbuena, A. *et al.*, *Proc. Natl. Acad. Sci. USA*, **106**, 13791 (2009)
5) http://genome.jgi-psf.org/cloth/cloth.home.html
6) Kahel-Raifer, H. *et al.*, *FEMS Microbiol. Lett.*, **308**, 84 (2010)
7) Xu, C. *et al.*, *Bioresour. Technol*, DOI: 10.1016/j. biortech. 2010.07.065

3　メカノケミカル酵素糖化法

遠藤貴士[*1]，澤山茂樹[*2]

3.1　はじめに

　近年，バイオエタノールは自動車用燃料として地球温暖化対策やエネルギーセキュリティーの観点から世界的に注目されるようになった。特に最近は，トウモロコシなどの食料系バイオマスの大量利用による弊害から，木材や稲わらなどのリグノセルロース系バイオマスからのバイオエタノール製造に関する研究開発が活発になってきた。

　木材や稲わらの主要な構成成分は，セルロース，ヘミセルロースおよびリグニンである。ヘミセルロースとリグニンはバイオマス種により分子構造が多少異なるが，セルロースはほぼ同一である。セルロースとヘミセルロースは分子が糖で構成されているため，加水分解（糖化）すれば発酵法によりエタノールに変換することができる。

　糖化方法としては，古くから硫酸などを用いた酸糖化法が用いられてきたが，収率や環境負荷の課題から，現在は，酵素糖化法にシフトしつつある。しかし，木材組織やセルロースは安定なため，酵素反応性を向上させる前処理が重要となる。

3.2　木材・セルロースの構造

　木材は，カッターミルなどで1 mm程度に粉砕しても，酵素糖化性はほとんど向上しない。木材の強靱さはその組織構造にある。セルロースは木材中で最も成分割合が多く，グルコースが鎖状に繋がった高分子であるが，分子鎖1本で植物体の中で存在していることはない。生合成直後に，規則正しく自己集合してセルロースミクロフィブリルと言われる幅5 nm程度の分子鎖の束を形成する。木材主要成分中で，セルロースのみが結晶性を持つが，このミクロフィブリルが結晶の本体である。結晶構造はミクロフィブリル1本の中で完結しており，ミクロフィブリルが集合して大きな結晶になることはない。このミクロフィブリルは，ヘミセルロースやリグニンを接着剤のようにして，さらに集合して木材組織を形成する。木材組織では，ミクロフィブリルの配向方向が異なる層が積層して，二次壁を形成している。これらの様式は，桶に例えることができる。桶などでは，並べた板の周囲を板とは異なる方向に「タガ」が巻かれることによって強度が

[*1]　Takashi Endo　㈱産業技術総合研究所　バイオマス研究センター
　　　水熱・成分分離チーム　研究チーム長

[*2]　Shigeki Sawayama　京都大学　大学院農学研究科　応用生物科学専攻　教授；
　　　㈱産業技術総合研究所　バイオマス研究センター
　　　エタノール・バイオ変換チーム　研究チーム長

発現している。木材組織におけるミクロフィブリルの集合力は，弱いとされている水素結合と分子間力である。セルロースはヘミセルロースやリグニンとは共有結合はしていないとされている。

3.3 酵素糖化のための前処理方法

　前述のように，木材は安定であるため酵素糖化のための前処理は重要である。これまで種々の前処理方法が研究されてきた。ボールミルなどを用いた粉砕方法は単純で効果が高い方法として知られている[1]。その他，爆砕法やヘミセルロース分を選択的に加水分解する希硫酸法などが研究されている。近年は，高温高圧の加圧熱水を用いた水熱処理法も関心を集めている。しかし，いずれの方法も長所とともに短所がある。粉砕処理は，効果は高いが，粉砕動力が大きくコスト高になる課題がある。爆砕法は，針葉樹では効果が低下する場合がある。希硫酸法は，セルロース分の糖化率を向上させようとして酸濃度や処理温度を上昇させると加水分解して生成した糖が発酵などを阻害する過分解物に変化する反応が起きる場合がある。水熱処理も基本的には酸加水分解と類似の反応であるため高温の処理では過分解が起きる。

3.4 粉砕による前処理

　先に述べたように粉砕方法はコスト高ではあるが前処理としての効果は高い。一般的な粉砕工程では過分解のような木材成分の変性はあまり起こらないため，酵素糖化や発酵は比較的順調に進行する。我々はこれまでに機械的粉砕法によるセルロースなどの微細化技術や樹脂などの複合化技術について研究を行ってきた[2〜4]。粉砕処理では，物理的に物質が微細になる以外に，化学結合の切断や形成を起こすことができる。そのため粉砕処理をメカノケミカル処理とも呼んでいる。我々は，共有結合の他，水素結合や疎水結合（分子間力）の切断や形成も広くメカノケミカル反応と捉えている。

　これまで，粉砕処理（乾式）により酵素糖化性が向上する機構としては，主に次のようなことが言われてきた。①木材などの微細化による表面積増加，②セルロースの結晶性低下・非晶化。特に，木材主要成分中で，セルロースのみが結晶性を持つため酵素反応性が低くなり，非晶化は重要と考えられてきた。しかし，実際の酵素糖化反応をサイズの観点から再考すると，矛盾があることがわかった。

　酵素糖化では，セルラーゼと総称される酵素群が用いられる。一般的な乾式粉砕で生成する木粉は，平均粒径で20 μm 程度である。粉砕によりセルロースの結晶性は低下するが，その過程はミクロフィブリル内部の0.1 nm 程度の水素結合の乱れである。セルラーゼはタンパク質の一種であるが，球に換算すると5 nm 程度である。このサイズは，木粉や水素結合の乱れのオーダーから見るとあまり一致していない。セルラーゼの加水分解反応では，最初にセルラーゼはセル

第4章　セルロース処理と糖化への新戦略

ロース分子に接近して吸着する必要がある。その後，活性部位に分子鎖を取り込んでグルコース間の結合を切断する。続いて加水分解を行うためには，セルラーゼは移動する必要がある。セルラーゼの1つであるセロビオハイドロラーゼでは，セルロース分子から離れることなく，列車が線路の上を走るように移動しながら加水分解を行うと言われている。そのため，糖化反応が進行するためにはセルロース分子の周囲には，セルラーゼが容易に移動できるような十分な空間も必要と考えられる。

3.5　ナノファイバー化処理

以上のように，従来言われていた粉砕により酵素糖化性が向上する機構は，色々な矛盾を持っていると考えられた。そこで，古典的なボールミル粉砕による前処理について再実験を行った[5]。木材や精製パルプを原料として，得られた粉砕処理物の物理・化学的特性と酵素糖化性について調べた結果，木粉の粒径やセルロースの結晶性，脱リグニンなどは，酵素糖化性を支配する重要因子ではないことがわかった。固体核磁気共鳴装置を用いた測定から，重要なのはミクロフィブリルの分離であることが示された。

そこで，実際にミクロフィブリルを分離して酵素糖化性の試験を行った。製紙では，パルプスラリーにせん断力を加えて繊維をほぐす叩解（こうかい）と呼ばれる工程がある。そこで実験室的な方法として，湿式でのボールミル粉砕処理を試みた。

0.2 mm以下に粉砕した原料木粉（図などはベイマツの場合の結果）に対して，重量比で水を10～20倍量加えて，遊星型ボールミルを用いて湿式粉砕した。その結果，クリーム状の生成物が得られた。アルコール置換後，乾燥して電子顕微鏡観察を行ったところ，100 nm以下の微細繊維（ナノファイバー）が生成していることがわかった（図1）。また，X線回折により結晶性を

図1　微細繊維化物の電子顕微鏡写真

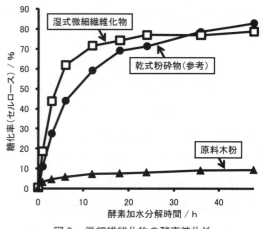

図2　微細繊維化物の酵素糖化性

調べたところ，微細繊維化物のセルロースの結晶性は，原料の木粉とほぼ同等であることがわかった。この処理物は，高結晶性にもかかわらず高い酵素糖化性を示した（図2）。

　以上のように，木材を実際に湿式粉砕によりほぐして，ナノファイバー化（ミクロフィブリル化）すれば，酵素糖化性が向上できることが示された。前述のようにセルロースの結晶構造は，ミクロフィブリル内部で完結しているため，木材がその構成単位であるミクロフィブリルにほぐれても，結晶性の変化はほとんどない。ミクロフィブリルをさらに小さくする過程は，溶解となるため，通常の固体状態のセルロースの最小単位はミクロフィブリルということになる。酵素糖化反応は，単純に考えると固体状のセルロースと水に溶けたセルラーゼとの固液反応である。固液反応を効率的に進行させるためには，固体を微細にして表面積を大きくすればよいことは容易に考えられる。このことからも，木材をミクロフィブリルにほぐし，セルラーゼなどの酵素が接近・吸着しやすい表面積を増大させる前処理方法は原理的にも無理がない。この方法は湿式粉砕をベースにしているため湿式メカノケミカル法と呼んでいる。

3.6　湿式メカノケミカル処理の効率化

　前項では，ボールミルを用いた湿式メカノケミカル処理の効果について示したが，実験室的には，1g程度の少量でも実験でき，種々の原料を用いた試験や最適な処理条件の探索には適している。しかし，バッチ処理であり高コストプロセスである。

　そこで，より効率的な湿式メカノケミカル処理方法について検討した結果，石臼型の粉砕機構を持つディスクミル（増幸産業㈱スーパーマスコロイダー）が連続・大量処理が可能で前処理装置として適していることがわかった。木粉濃度5wt%のスラリーをディスクミルを用いて繰り返し処理したところ，処理回数とともにクリーム状に変化した。生成物の電子顕微鏡観察により微細繊維が生成していることが確認できた。ディスクミルでは比較的大きな3mm程度の木粉を原料としても処理が可能で，処理効率（単位時間の処理量，消費電力）はボールミルの10～20倍であった。

　しかしながら湿式ボールミル処理では顕著ではなかった，樹種への依存性が現れ，ベイマツのような針葉樹と比較して，ユーカリ（広葉樹）では，処理物の酵素糖化性が大きく低下する結果となった。この現象について考察した結果，ボールミルと比較してディスクミルでは粉砕エネルギーが小さいため，組織が強固で堅い広葉樹では効果が低下したものと考えられた。

　そこで，ディスクミル処理前に，木材組織を脆弱化させる予備処理方法について検討を行った。木材組織の強靱さは，その積層構造とミクロフィブリル間のヘミセルロースなどによる接着によっている。種々の方法について検討を行った結果，湿式で高せん断型カッターミル（増幸産業㈱ミクロマイスター）により粉砕処理を行うことにより積層構造を破壊し，次いで水熱処理

第4章 セルロース処理と糖化への新戦略

(オートクレーブ処理)によりヘミセルロースを部分的に加水分解処理することにより,最終段階のディスクミル処理で効率的にナノファイバー化できることがわかった。図3に処理の組み合わせによる酵素糖化性の向上効果について示した。0.25 mmの微細な木粉を用いても,湿式ディスクミル処理のみでは酵素糖化性は低いままであったが,湿式カッターミル処理→オートクレーブ処理→湿式ディスクミル処理と組み合わせた複合湿式メカノケミカル処理を行うことにより,酵素糖化性は大きく向上した。

この複合湿式メカノケミカル処理により酵素糖化性が向上する機構は図4のようなイメージと考えられる。最初の湿式カッターミル処理では木材組織のタガに相当するような部分が破壊されるとともに水の浸透性が向上する。次いでオートクレーブ処理により,セルロースミクロフィブリルをお互いに接着しているヘミセルロースなどが部分的に加水分解して脱離する(135℃の比較的低温の水熱処理の場合,全ヘミセルロースのうち加水分解するのは数%程度のみ)。これらのステップを経ることにより木材組織は著しく脆弱化しているため最終段階の湿式ディスクミル処理で容易にミクロフィブリルにほぐすことができたと考えられる。ほぐされた微細なセルロース繊維は,酵素に対して極めて大きな表面積を持っているため,酵素糖化反応は容易に進行する。

ここで示したように機械的処理をベースにした方法は,単純にはモーターなどが消費する電力のため処理コストを限りなくゼロに近づけるのは困難である。しかし,高温の水熱処理や酸処理などの木材成分の変質を伴うような処理と比較して,機械的処理では木材成分の過激な変質が起こりにくいため,少ない酵素量で反応が進行するというメリットがあり[6],バイオエタノール製造プロセス全体で考えた場合,廃液処理などのコストも考慮すると経済的な方法と言える。

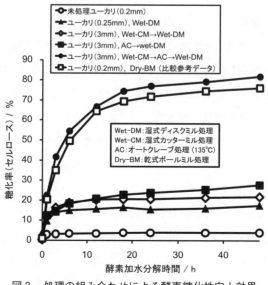

図3 処理の組み合わせによる酵素糖化性向上効果

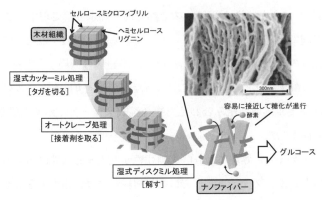

図4 複合湿式メカノケミカル処理のイメージ

3.7 酵素糖化

エタノール発酵などの発酵原料として，グルコースの重要性は言うまでもない。リグノセルロース系バイオマスから単糖を得るためには，超臨界熱水処理法などの検討もなされているが，世界的に見ても酵素法の研究開発が主流である。物理化学的な方法では，未分解または過分解どちらかになりやすく，その点酵素法は目的の単糖を効率よく生成させることができる。ただ，効率よく酵素糖化できるセルロース原料は，リン酸膨潤セルロースやカルボキシメチルセルロースのようにリグニン含量が低く結晶性の低いセルロースに限られる。リグニン含量やセルロース結晶性が高い植物性バイオマスは，そのままでは糖化酵素の加水分解をほとんど受け付けない。希硫酸法など色々な前処理法が検討されているが，必要な酵素量が多いためシステム全体の経済性を損ねる原因となっている。したがって，木質や草本バイオマスを酵素糖化するためには，前記のような前処理が重要となる。

酵素法の課題としては，経済性が大きな障壁となっている。十分な前処理により，投入酵素量を削減することが期待される。酵素メーカーは技術革新により飛躍的な酵素コストの低減を実現しているが，現在開発されている前処理法との組み合わせではまだバイオエタノール生産には十分な水準とは言えない。アクセサリー酵素を用いる方法などにより，今後も単位タンパク質当たりの加水分解活性を向上させる研究開発が継続されると考えている。また，酵素コストを低減させる方法の1つとして，バイオリファイナリー工場内で糖化酵素を生産する，オンサイト法が有望と考えているので後述する。

平成20年にまとめられた「バイオ燃料技術革新計画」では，バイオマス・ニッポンケース（100円/l）の酵素糖化開発対象技術として，高活性酵素選択・創製，成分比最適化，オンサイト酵素生産，リアクタ設計が挙げられている。また，技術革新ケース（40円/l）の酵素糖化開発対象技術として，高活性酵素選択・創製，成分比最適化，オンサイト酵素生産，酵素回収再利用，含水

第4章　セルロース処理と糖化への新戦略

固体糖化リアクタ技術が挙げられている。さらに，2015年の酵素糖化開発ベンチマークとして，酵素使用量1 mg/g生成糖以下，酵素コスト4円/lエタノール以下，糖収量510 g/kgバイオマス以上が挙げられている。酵素法によるセルロース系バイオエタノール製造技術の実用化には，このような研究開発により着実に酵素コストの低減を積み重ねていくことが必要であろう。

3.8　バイオエタノールベンチプラント

　産総研バイオマス研究センターでは，産学官連携プロジェクト「産総研産業変革研究イニシアティブ」の1つである「中小規模雑植性バイオマスエタノール燃料製造プラントの開発実証」の中で，エタノール燃料一貫製造プラントのベンチプラントを産総研中国センター（広島県東広島市）内に建設し，製造プロセスの実証試験を開始している。

　今回設置したベンチプラントの特徴として，産総研が考案・研究開発したバイオマス原材料の前処理技術を中心とした環境負荷の小さい非硫酸方式であること，オンサイト酵素生産できること，エタノール燃料一貫製造プラントであること（1回処理量200 kg木材）が挙げられる。このプラントは，前処理・糖化・発酵・蒸留・脱水を行う設備を備え，最終的に濃度99.5％以上の自動車燃料用のバイオエタノールを生産することが可能である。針葉樹，広葉樹，稲わらから，バイオエタノール燃料までの一貫した製造が行えることを確認している。

　このベンチプラントでは，非硫酸方式の低エネルギー型前処理技術と糖化・発酵などにかかわる要素技術を最適化することによって，エタノール収率や廃液処理などで課題のある硫酸を用いることなく独自の手法を基幹とした低コスト・高効率・低環境負荷のプラントプロセスによるエタノール燃料製造を実証しようとするものである。低エネルギー型の前処理技術として，産総研で開発した水熱処理技術と湿式メカノケミカル処理技術を組み合わせている。プロセス全体の経済性に大きく影響を及ぼす酵素糖化工程のコストパフォーマンスを向上させるため，糸状菌による糖化酵素の生産は，プラント内で行う。用いる糸状菌は，産総研が単離・育種した高セルラーゼ生産菌アクレモニウム・セルロリィティカスなどである[7,8]。

　広葉樹や草本を原料として前処理・糖化を行うと，収率としてグルコースの次にキシロースが生成する。エタノール発酵に用いる*Saccharomyces cerevisiae*は，五炭糖であるキシロースをエタノールに代謝することはできないので，遺伝子操作による分子育種が検討されている。バイオマス研究センターでは，京都大学と共同で補酵素特異性を改変したキシロース代謝遺伝子を導入した遺伝子組み換え酵母を開発しており，ベンチプラントでの試験を予定している[9,10]。

3.9　オンサイト酵素生産

　イニシアティブバイオエタノールベンチプラントの特徴の1つは，見掛け体積400 Lの糸状菌

エコバイオリファイナリー

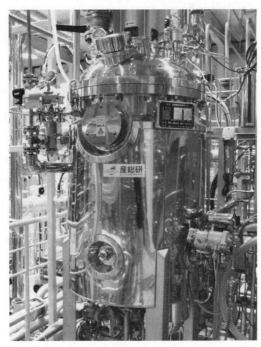

図5　中小規模雑植性バイオマスエタノール燃料製造ベンチプラント

培養タンクを備え，糖化酵素をオンサイト生産できることである（図5）。糸状菌の糖化酵素生産は通常液体培養で行われ，数％程度のタンパク質濃度の酵素液が得られる。生産された糖化酵素は輸送などのため，培養液を濃縮した液体，または粉体で提供される。イニシアティブベンチプラントでは，前培養からスタートした糸状菌の培養液を，最終的に400 Lの糸状菌培養タンクで培養して糖化酵素を液体培地中に生産させ，そのまま培養液を酵素液として見掛け体積2000 Lの主糖化発酵槽内にポンプで移送する。予め主糖化発酵槽内には前処理物を投入しておき，移送した酵素液と混合して50℃で糖化工程を行う。このような方法により，酵素コストの低減を検討している。

　実験室レベルで糸状菌を培養して糖化酵素を生産する際には，通常高価なセルロース試薬を主な炭素源として使用する。糸状菌のセルラーゼ生産は，セルロースによって強く誘導される。糸状菌の培養基質の面から経済性を向上させるために，バイオマス前処理物による酵素糖化生産の研究を実施している（図6）。稲わらを原料として，前処理法としては水熱・ボールミル・ディスクミルについて検討したところ[11]，ディスクミル処理物が糸状菌による糖化酵素生産に有効であることがわかった。稲わらのディスクミル処理物を用いて糸状菌アクレモニウムを培養すると，セルロース試薬を原料とした場合に比べて稲わら前処理物に対する酵素糖化性に優れていた。これは，糸状菌が稲わら分解に適したヘミセルラーゼなどを生産するためではないかと考えている。

第 4 章　セルロース処理と糖化への新戦略

図 6　バイオマス処理物を利用した酵素糖化法

3.10　おわりに

　糖化酵素の成分比の最適化は，原料と前処理の組み合わせが決まらないと研究開発が難しい。トウモロコシ残さなどある程度ターゲットが決まっている米国などに比べ，この点日本のバイオエタノール研究には難しい面がある。ポテンシャルのある国産原料としては，稲わらやスギが考えられるが，スギはダグラスファー（ベイマツ）やヒノキに比べ前処理—酵素糖化が難しいようである。稲わらは収集コストや季節性の面が課題であるが，木質に比べ前処理しやすく，糖化酵素投入量も少ない傾向がある。国内では，比較的糖化が容易な廃棄物系の草本や未利用古紙などを原料とする方向も考えられる。バイオマスを経済性よく糖化するためには，ある程度のスケールが必要であることから，廃棄物系バイオマスを経済性よく収集するシステムの構築が求められる。バイオマス糖化酵素の市場が立ち上がれば，酵素コストを低減する新たな技術開発がより進むであろう。原料が決まらないと，最適な前処理法や酵素メーカーからの調達か，オンサイト法による酵素供給のどちらが有利になるかなど，下流の最適プロセスがなかなか見えてこないと考える。

文　　献

1)　Y. Matsumura et al., *Mokuzai Gakkaishi*, **23**, 562 (1977)
2)　遠藤貴士, *Cellu. Commun.*（セルロース学会機関誌）, **7**, 63 (2000)
3)　遠藤貴士ほか, *Cellu. Commun.*（セルロース学会機関誌）, **9**, 86 (2002)
4)　遠藤貴士, 磯貝明監修, セルロース利用技術の最先端, p. 298, シーエムシー出版, 東京

(2008)
5) 遠藤貴士, シンセシオロジー, **2**, 310 (2009)
6) H. Inoue *et al.*, *Biotechnol. Biofuels.*, **1:2**, 1 (2008)
7) X. Fang *et al.*, *J. Biosci. Bioeng.*, **107**, 256 (2009)
8) T. Fujii *et al.*, *Biotechnol. Biofuels.*, **1:2**, 1 (2009)
9) A. Matsushika *et al.*, *Appl. Microbiol. Biotechnol.*, **81**, 243 (2008)
10) A. Matsushika *et al.*, *Appl. Environ. Microbiol.*, **75**, 3818 (2009)
11) A. Hideno *et al.*, *Biores. Technol.*, **100**, 2706 (2009)

4 バイオガスプラント脱離液のアンモニアストリッピングとセルロースバイオマスのアンモノリシス

高橋潤一*

4.1 メタン発酵プロセスと脱離液中の窒素について

　有機性廃棄物（バイオマス）のメタン発酵（バイオガスプラント）による処理は，最も高い嫌気性の領域における処理であり，ここで発生するバイオガスは主成分であるメタンと二酸化炭素の他に，硫黄の最も高い還元態である硫化水素を含有する。一方，発酵過程で分解したタンパク質などの窒素分は，消化液中で最終的にアンモニアまで還元された状態で存在する。アンモニアは溶解性が大きく，バイオガス側にはほとんど共存しない。しかし，バイオガスプラントではすべての有機性成分（VTSで表される揮発性有機物として，600℃強熱減量で定量される有機成分）が発酵処理されるわけではなく，通常，20～50％程度は残存するため，メタン発酵後の消化液中には，窒素成分として，アンモニア態窒素の他に，ケルダール窒素成分も多く残存する。表1に搾乳牛糞尿メタン発酵処理における高温発酵（55℃），中温発酵（37℃）の場合の窒素などの脱離液組成を示す。メタン生成菌が活動する酸化還元状態では，図1の電位―pH図に示すように，窒素やイオウはそれぞれアンモニア，硫化水素の領域となる。また，水素も発生する領域であるが，メタン発酵の場合，水素はメタン生成菌（水素資化菌）が速やかに摂取し，メタンを

表1　4t／日バイオガスプラントを用いた高温，中温発酵の比較

試料 項目	発酵前 バイオマス*	高温発酵	中温発酵	分析方法
TS（％）	10～11	5.7	8.8	JIS-K-0102-14.2
VTS（％）	4～5	4.5	6.0	600±25℃ 強熱減量残渣
CODcr（mg/L）	110,000 ～140,000	59,000	58,000	JIS-K-0102-20
BOD（mg/L）	30,000 ～50,000	7,300	—	JIS-K-0102-21
T-N（mg/L）	3,500 ～5,000	2,600	3,100	JIS-K-0102-45
NH_4^+-N（mg/L）	1,500 ～3,000	1,600	1,400	JIS-K-0102-42

　＊　発酵前バイオマスは本プラントにおける平均的数値。

＊　Junichi Takahashi　帯広畜産大学　大学院畜産学研究科　環境衛生学講座
　　循環型畜産科学分野　教授

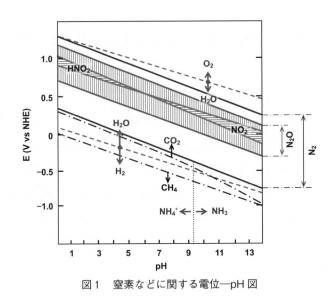

図1　窒素などに関する電位—pH図

生成する。

　高温発酵は中温発酵と比べて発酵速度が大きく，通常，発酵槽内保持時間（リテンションタイム）は中温の36〜37日に対して15日程度とされている。また，バイオマス分解率も一般に大きく，脱離液中にイオウは臭気成分としてあまり残存しない。これは，脱離液から気液接触によってアンモニアを回収する際には，イオウ系臭気のない回収ということで重要である。最近，65℃など，さらに温度を上げたメタン発酵が提案されていて，その場合，イオウ系臭気は全く問題にならない。ただし，高温での発酵はアンモニア阻害を受けやすくなり，窒素分の多いバイオマスの高温発酵の場合，発酵槽内からアンモニアを除去するプロセスあるいはメタン生成菌の代謝を活性化する方法を講じる必要がある。表2に中温，高温，超高温発酵における脱離液気液接触時のアンモニア放散性とガス側の臭気成分濃度を示す[1]。

　アンモニア含有液からのアンモニア回収は，含有液が弱アルカリ性下において気液接触によるアンモニアストリッピングによって行うことができる。アンモニアの溶解度は図2および図3に示すように，他のガスに比べて著しく大きい。しかし，アンモニア水の解離定数は20〜50℃程度の範囲で2×10^{-5}程度（pH9付近でアンモニウムイオンと非解離アンモニアが1:1の状態）であり，アルカリとしては酸における酢酸程度の強さである。工業的にはアンモニア含有廃水の窒素濃度低減を目的に，半導体その他の分野でアンモニアストリッピングが行われている。メタン発酵においても，脱離液を液肥と同様にそのまま農耕地に散布すると，脱離液中の窒素が主に硝酸イオンとして地下浸透し，地下水汚染の大きな原因になってくる例が多くなり，農耕地還元は規制されつつある。そこで，散布前に窒素分を必要な量だけ除去する対策が講じられるように

第4章　セルロース処理と糖化への新戦略

表2　アンモニア放散性および放散ガス中臭気成分濃度の比較

脱離液の種類および放散時の温度	脱離液 NH₃-N 濃度		放散ガス中臭気成分濃度			備　考
	NH₃放散前 (mg/L)	NH₃放散後 (mg/L)	アンモニア (ppm)	硫化水素 (ppm)	硫化メチル (ppm)	
中温発酵脱離液 pH 7.8 （約37℃）	2,110	1,950	155	250	26	ガス吸収びんテスト
高温発酵脱離液 pH 7.5 （約53℃）	1,650	1,140	470	30～87	0～5	ベンチスケールプラントテスト，ガス循環率約2.5
60～65℃発酵脱離液 pH 7.5 （約62℃）	1,870	380	970	12	0	ガス吸収びんテスト

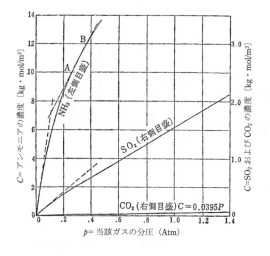

図2　ガスの溶解度（20℃）

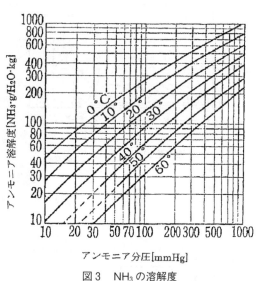

図3　NH₃の溶解度

なった。写真1および写真2は帯広畜産大学内の4t／日の容量を持つ搾乳牛糞尿処理用の高温発酵バイオガスプラントと，この脱離液中のアンモニアを放散させて回収するベンチスケールプラントである。このベンチプラントのフローを図4に示す。前述したように高温発酵では，放散後のガス中のイオウ系臭気成分が問題になることはないため，放散ガスは脱臭塔を通さずにバイパスさせた。また，アンモニア放散塔に導入する脱離液を事前にろ過するためのMF膜によるろ過装置も本プロセスでは特に必要ではなかった。このMF膜によるろ過処理は，発酵槽内の液に対してアンモニアを分離して，メタン発酵のアンモニア阻害を軽減する上で有効とされている。アンモニア放散塔を図5に，膜ろ過装置を図6に示す。アンモニア放散塔内の気液接触部分

エコバイオリファイナリー

写真1　帯広畜産大学　バイオガスプラント
　　　　（4t／日）

写真2　帯広畜産大学　バイオガスプラント併設
　　　　アンモニア放散ベンチスケールプラント

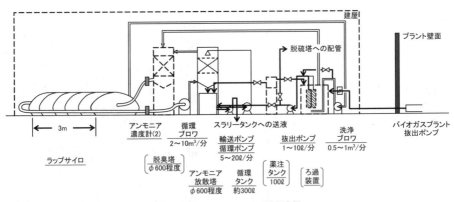

図4　ベンチスケール実験設備

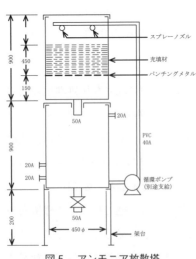

図5　アンモニア放散塔

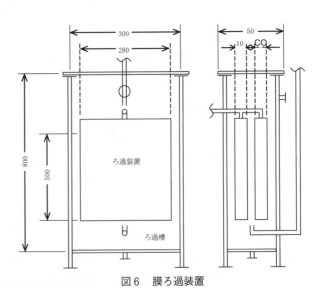

図6　膜ろ過装置

第4章　セルロース処理と糖化への新戦略

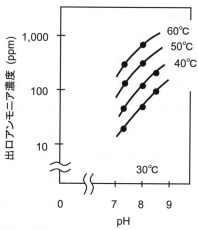

図7　各温度，pH における消化液のアンモニア放散性
検知管測定値
500 mml ガス洗浄びん，脱離液液深30 mm，
送風量 1 l/分

に用いる充填材は，例えば100メッシュネットなどを重ねて使用した。搾乳牛糞尿メタン発酵脱離液のアンモニア放散特性を図7に示す。超高温発酵の温度領域ならば，放散ガス中のアンモニア濃度は1,000 ppm に達していた。図4において放散したアンモニアは稲ワラなどに吸収され，アンモニア処理過程で取り込まれて，繊維成分の加安分解促進による飼料価値向上と共に粗タンパク質含有量を増加させる。一方，放散させたアンモニアを高濃度の液として回収すれば，再度加安分解処理に利用することが可能になる[2]。

4.2　セルロースバイオマスと回収アンモニアとの反応

　セルロースは β-1,4グルコシード結合をしたグルコース重合体であり，高等植物の細胞膜を構成し，また，その骨格機能を維持する重要な成分である。植物中でのセルロース含有量は木綿原料の綿の種子で90％に達するが，通常の木質部では50％程度である。天然セルロースは結晶領域と非結晶領域のものが主に平行に配列し，水素結合によって互いに結合している。また，天然セルロースはⅠ型の結晶であるが，反応性の向上や繊維特性の改善を目的にして，結晶型を変換する種々の検討が行われている。天然セルロース系繊維を液体アンモニアに浸漬すると，セルロース中の結晶，非結晶領域にアンモニアが浸透していき，水素結合を切って膨潤させる。これを加熱してアンモニアを蒸散させると，新たな水素結合が生成して，結晶領域では結晶構造がⅢ型になり，膨潤した状態が保存されるようになる。これによってセルロース系繊維の縮みが防止される[3]。また，加水分解酵素を作用させる場合にもアンモニア処理によって，セルロースをⅢ型の

結晶構造にしておくと効率よく処理できるとされている[4]。

　糖化において重要な因子の1つがバイオマスの破砕の度合いであり，粒径が数十ミクロン（μm）になると糖変換の効率が十分に改善されるようである。しかし，この破砕に要するエネルギー（所要電力量）が，例えばバイオマス1kgあたり0.5kWh程度の場合，セルロースの持つエネルギー（例えば発熱量4,000 kcal/kgのセルロースが発電効率を35%として算出した発電量は1.6kWhr/kg-バイオマスとなる。セルロースの高位発熱量は結晶部，無定形部共に4,200 kal/kg程度であり，一方，木材は1,500〜4,500 kcal/kg程度である）の30%程度を破砕に使ってしまう計算になる。したがって，現状では稲ワラや麦稈などのバイオマスに対しても，できるだけアンモニアなどの化学処理によって糖化率を上げていくことが好ましい。

　セルロースは一般に酸性下で加水分解されやすく，例えば，希酸と煮沸すると最終的にD-グルコースを生じる。しかし，澱粉などの他の多糖類と比べると加水分解されにくく，アルカリ性下では比較的安定である。一方，前述したようにアンモニア処理によっては，膨潤，結晶系の変化，加水分解，加安分解（アンモノリシス）などが進行し，結果として，糖化度を上げていくことができる。セルロースの他にもポリ乳酸やポリカーボネートなどの高分子もアンモニア（例えば0.1%）によって加水分解を起こす[5]。

　セルロースの分解反応は熱，試薬，酵素を用いる方法などさまざまあり，速度論的にも大きな開きがあるが，基質の擬一次反応速度定数としては，室温から200℃程度の領域において10^{-3}〜10^{-5} Mmin^{-1}程度である。活性化エネルギーは10 kcalmol^{-1}弱から30 kcalmol^{-1}強程度で，反応速度の温度依存性は比較的大きい。一般的に，加水分解と加安分解とでは，加水分解反応速度の方が大きく，例えば，酢酸メチルでは，加水分解反応速度定数は加安分解の場合よりも二桁程度大きい[6]。

　エステル類の加溶媒分解反応についてみると，ギ酸メチルの液体アンモニア処理（加安分解）によってホルムアミドが生成し，これを硫酸で加水分解するとギ酸になる。一方，ギ酸メチルを酸によって直接，加水分解することによってもギ酸が生成する。また，ベンゼンからアニリンを合成する一般的な有機合成法としては，ベンゼンをニトロ化し，続いて還元剤を用いてアニリンとする方法であるが，ベンゼンを触媒下で直接，アンモニアガス（無水）と反応させてもアニリンが生成する。アミノ化ではフェノールのヒドロキシル基をアミノ基と置換する場合にも高いアンモニア濃度が要求される。

　セルロースのアンモニア処理においても加水分解または加安分解が起こり，濃厚なアンモニアを用いるのでなければ，一般に他の化合物と同様に加水分解反応として進行する。稲ワラに23%アンモニア水（12.3N，比重0.91）を加え，170℃の状態で前処理した後，セルラーゼによる加水分解を行うと，加水分解率は最大75%程度にまで達し，最終的な糖化率は85%程度になる[7]。

第4章　セルロース処理と糖化への新戦略

　一方，アンモニアを稲ワラなどに直接作用させ，粗タンパク質含量を多くして飼料としての価値を高めることが従来から行われている。ある研究におけるアンモニア注入適正量は含水率10〜35％の低，中水分ワラに対して2.5〜3.5％であり，これによって粗タンパク質含量は77〜15％増加する。含水率40〜60％の高水分ワラではアンモニア処理の効果が高くなり，2.0％の注入量で，粗タンパク質含量は2〜3倍向上した。また，ワラ乾物の消化率も10〜20％上昇した。稲ワラのアンモニア処理の場合は，高含水率の方が結果を出していて，稲ワラは刈り取り後，遅くとも1〜2日内に処理することが好ましいとされた。また，高い含水率であっても，アンモニア処理によって黴や変敗を防止することが可能であった[8,9]。このような効果をメタン発酵脱離液からストリッピングしたアンモニアを用いるロールベール小麦稈加安分解システム（図4）として実証試験によって確認した[10]。ここでは麦稈のアンモニア処理を行い，表3に示すような結果を得た。

　飼料アンモニア処理の副生物によって，給餌された家畜に中毒性症状がみられることがあり，「アンモニア処理した牧草類を給餌された家畜の中毒性障害」として1992年に農水省は一時，アンモニア処理を中止する通達を出したが，現在は飼料安全法が整備されたこともあって有効な方法とされている[11]。

　セルロースは$C_6H_{12}O_5$（162.15）の単位が3,000〜6,000からなり，数十万ないしそれ以上の分子量を持っている。セルロースは長さ数（2〜3）ミクロンの鎖状分子で多くの水酸基を持っている。そのため，水素結合によって分子間が平行に規則的に配列して束を作り，また，束の両端は，他の束と網状に繋がって，全体でセルロース繊維を構成している。セルロース繊維の弾力性や吸湿性はこのような構造に基づいている。セルロース繊維素はセルロース分子が数十本（40程度）集合したミセル状のもので，さらにこの集合体が太さ0.01〜0.03ミクロン程度の微繊維（ミクロフィブリル）を作っている。パルプや綿を構成するセルロース繊維は短繊維状で比較的溶解しやすく，銅アンモニア溶液に溶けて再生繊維の原料となるが，一般のセルロース繊維は溶解性

表3　麦稈のアンモニア処理

成分	未処理	処理1	処理2	定量方法
粗タンパク質量	4.8	5.2	6.3	ケルダール法
粗脂肪量	0.8	0.8	0.8	ソックスレー抽出法
粗繊維量	37.6	41.9	42.8	重量法
糖度	13.7	10.5	11.9	糖度計法

処理1：麦稈約15g（乾物）に対してアンモニア0.65gを作用。
処理2：麦稈約15g（乾物）に対してアンモニア1.10gを作用。
各定量は食品衛生検査指針に従って実施。

に乏しく，いわゆるイオン液体などの特殊な液を用いる必要がある。ミクロフィブリルの繊維径が1ミクロン以下になると，アルカリに溶解するという結果もあるが，物理的に微細化する場合は，前述したように所要動力に注意する必要がある[12]。

4.3 今後の展開

有機性廃棄物処理において，比較的まとまった量のアンモニアが回収できるプロセスはバイオガス脱離液をストリッピングする場合と規模の大きい鶏糞堆肥化などのプロセスである。これらの施設では，アンモニア濃度が数千ppm，あるいは1％近いガスとして回収でき，資源化（リサイクル）する上で十分な濃度と言える。酪農地帯ではこのアンモニアをサイレージにおける飼料価値向上（粗タンパク質量増加と嗜好性改善など）に利用することも有効な方法である[13,14]。一方，麦稈や稲ワラにアンモニア含有ガスを通気してアンモニアを吸着させ，アンモニアによる膨潤処理を行って糖化度向上を図ることは，所要動力が大きくて効率上問題になりやすい機械的破砕，磨砕を軽減するためにも好ましいバイオマスエネルギー分野における有効な手段と考えられる。

アンモニアは有機合成の分野においても，今後発展が期待でき，製薬や環境面でも研究が進められている[15]。バイオガス中のメタンと消化液から回収されるアンモニアによって，各種合成反応の出発物質となるシアン化水素を合成するC1化学の反応も提案されている[16]。

$$CH_4 + 1.5O_2 \rightarrow HCOOH + H_2O \tag{1}$$

$$NH_3 + HCOOH \rightarrow HCN + H_2O \tag{2}$$

バイオガス（嫌気性発酵）プロセスの発酵脱離液は液肥として価値のあるリサイクル資源であるが，近年，農耕地散布による地下水の硝酸態窒素汚染が問題視されるようになった。この問題を解決するためにも，発酵スラリーの含有窒素量をアンモニア放散によって調節することは重要であるが，温室効果ガス低減の観点から大気中へのN_2O放散を防ぐためにもアンモニアの回収と高度なリサイクル方法の開発は重要である。草本系セルロースバイオマスのセルロース分解菌などを用いる微生物糖化の前処理としてアンモニア処理はセルロースの分解と微生物態タンパク質源として有効であることが示されたが，一般的な工業的アンモニアの製造法はハーバー・ボッシュ法によるため，高投入のエネルギーが必要であり，そのため高価格である。家畜糞尿などの有機性廃棄物のバイオガスプラント発酵脱離液のアンモニアストリッピング処理は低投入で比較的簡易なアンモニア入手方法であり，有効な環境窒素汚染低減法のオプションである。さらに，ストリッピングしたアンモニア利用のもう1つのオプションとしてアンモニアの改質によってアンモニア燃料電池による発電が可能であることが実証された[17]。微生物とバイオマスを高度に利

第 4 章　セルロース処理と糖化への新戦略

用する再生エネルギーの開発技術が循環型社会の構築の鍵になると考えられる。

文　　献

1) Takahashi, J., Advanced Biogas Systems for a Renewable Energy Source, Proceedings of Renewable Energy 2010 Yokohama, O-Bm-10-2 (2010)
2) 高橋潤一，家畜排泄物に由来する有効成分の高度利用に関する研究，実績報告書，文部科学省科学研究費補助金事業に関する委託研究報告書，p.12 (2006)
3) 柳井雄一，平井孝幸，大場正義，池田潔，高木靖史，石川剛士，原田一彦，飯田浩貴，伊藤隆一，長谷川修，天然セルロース系繊維構造物の防縮加工方法，特開平2008-37062 (2008)
4) 和田昌久，五十嵐圭日子，鮫島正浩，エタノールの製造方法及び乳酸の製造方法並びにこれらに用いられる酵素糖化用セルロース及びその製造方法，特開2008-161125 (2008)
5) NTT 技術ジャーナル，4月号，p.68，NTT 東日本ネットワーク推進本部編 (2007)
6) 化学便覧・基礎編Ⅱ・改定3版，東京，p.891，日本化学会編 (1966)
7) 劉京，李源，李季，張振亜，杉浦則夫，アンモニア水を用いた稲わらの前処理に関する研究，農業施設学会，**40**，7 (2009)
8) 箭原信男，沼川武雄，高井慎二，アンモニア処理による半乾燥稲わらの飼料価値向上に関する研究，東北農試研報，**65**，91 (1981)
9) 箭原信男，被雨低質化粗飼料に対するアンモニアの効果，畜産の研究，**37**，641 (1983)
10) 高橋潤一，バイオガスプラント発酵消化液のアンモニアストリッピングによる未利用資源の飼料化，グリーンテクノ情報 (J. Agri. Food Tech.)，**3**，5 (2007)
11) 横江泰彦，後藤正和，西川司朗，萬田富治，アンモニア処理草中の 4(5)-メチルイミダゾールのマンセル分析とその hyperexcitability 発症の簡易予見への活用，三重大学生物資源学部紀要，**19**，7 (1997)
12) 長谷川修，横溝裕彦，田所文彦，竹西壮一郎，アルカリに溶解するセルロースの製造法，特開2007-124702 (2007)
13) 高橋潤一，梅津一孝，浜本修，松本奈美，有機性廃棄物由来の発酵産物の処理方法，飼料の製造方法，特開2005-13903 (2005)
14) 高橋潤一，梅津一孝，青木賢二，山城隆樹，浜本修，丸本隆之，伊達淑子，有機性廃棄物を利用した葉茎の処理方法，特開2008-12422 (2008)
15) Gotor, V., Enzymatic aminolysis and ammonolysis reactions. In: Enzymatic in Action: Green Solutions for Chemical Problems, NATO Science Series 1, Disarmament Technologies, Kluwer Binne Pub., Europe, 133, p.117 (2000)
16) Trusov, N. V., Oleg, V. P., Grigorii, I. G., Prezhdo, V. V., Determination of Equilibrium Composition of the product Mixture in the Reaction of Oxidizing Ammonolysis of Methane., *Chem. Eng. Technol.*, **25**, 71 (2002)
17) 高橋潤一，上村正昭，畜産バイオマスのアンモニアストリッピングによる燃料電池開発研

究,燃料電池, **8**, 93 (2009)

第5章　リグニン処理の新戦略

1　リグニン量と構造の制御

梅澤俊明*

1.1　はじめに

　木質（リグノセルロース）は，地球上に蓄積するバイオマスの9割以上を占めており，食糧と競合せず，カーボンニュートラルなバイオマスであることから，その利活用が次世代バイオマスエネルギー利用技術の開発において喫緊の課題となっている。

　しかし，木質はリグニン・セルロース・ヘミセルロースの強固な複合体であり，高等植物（維管束植物）が重力と乾燥に抵抗しつつ地球上に繁栄する基盤となる成分である。すなわち，セルロースミクロフィブリルをヘミセルロースが被覆し，さらにその外側にリグニンが沈着することによりセルロースミクロフィブリルを固定している。ここで，リグニン自体は強度を担わないが，リグニンの沈着によりセルロースミクロフィブリルが強度を発揮することができるようになり，巨視的には植物組織が「かたく」なる。このように，木質は高等植物の体を支える構造材料であり，デンプンのような貯蔵物質とは異なりそもそもそう簡単に分解されるようにはできていない。つまり，木質の成分利用の難しさは木質構成成分の存在状態（超分子構造）の強固さに帰結される。木質の利用，とりわけ酵素糖化などのような温和な反応条件における分解を用いる場合では，如何にリグニン・セルロース・ヘミセルロース複合体の強固な構造を緩めるかが最重要課題となっている。例えば微粉砕化，化学的前処理，リグニン分解菌による前処理などが鋭意進められている。また，分子育種によりリグニン含量を低減させた組換え植物を作出し，前処理の負担を軽減する試みも多数報告されている。これらの研究開発は，世界的に多くの研究活動が続けられており，今後とも重要であるが少なくとも現時点では経済的に成り立つには至っていない。

　一方，この木質の超分子構造の特性を十分に考慮すると，その強固な構造の緩和に真正面から取り組む以外に，激烈な反応条件で一気に強固な超分子構造を崩してしまう戦略も重要であると思われる。例えば，BTL（biomass to liquid）製造による木質利用の最適化などは，今後ますます重要になると考えられる。すなわち，目的に応じたリグニンの量と構造の制御が必要である。

＊　Toshiaki Umezawa　京都大学　生存圏研究所　森林代謝機能化学分野　教授

1.2 リグニンの化学構造と機能

　リグニンは，p-ヒドロキシケイヒアルコール類（モノリグノール類，図1）の酵素による脱水素重合生成物で，一定のメトキシル基を持つとともに，特有のフェニルプロパン単位間結合様式（サブストラクチャー，図1）を持ち，またいくつかの特性反応を示すものである[1]。そして，サブストラクチャーの配列に規則性がなく，リグニンは極めて複雑な構造を持つ高分子物質である。モノリグノールの内，コニフェリルアルコールに由来するリグニンはグアヤシルリグニン，シナピルアルコールに由来するリグニンはシリンギルリグニン，p-クマリルアルコールに由来するリグニンはヒドロキシフェニルリグニンと呼ばれている。

　リグニンは，木部細胞壁の主要構成三成分の1つであり（他の二成分はセルロースとヘミセルロース），その含有率は，針葉樹材で25～35%，広葉樹材で20～25%，イネ科植物の茎では10～25%である。裸子植物のリグニンはグアヤシル型であるが，被子植物のリグニンではコニフェリルアルコールとシナピルアルコールの組成比がほぼ1:1である。但し，イネ科植物のリグニンでは，コニフェリルアルコールとシナピルアルコールに加え若干のp-クマリルアルコールが共重合し，さらに著量のp-クマール酸が主にシリンギルユニットのγ-水酸基（プロピル側鎖末端の水酸基）にエステル結合している[2,3]。また，イネ科植物の細胞壁にはフェルラ酸も含まれている[2,3]。このフェルラ酸が多糖とエステル結合していることは古くから報告されていたが，

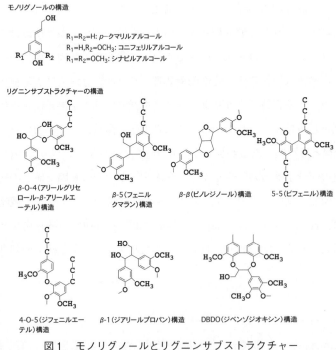

図1　モノリグノールとリグニンサブストラクチャー

第5章 リグニン処理の新戦略

現在では,主にアラビノースとのエステル結合を介してアラビノキシランと結合していることが解明されている[3]（図2）。このフェルラ酸エステル残基同士のカップリングにより,すなわち,フェルラ酸二量体構造を介して多糖が相互にクロスリンクしている（図2）。加えて,フェルラ酸残基はモノリグノールと共重合することによってリグニンとも結合しており,結果として多糖—フェルラ酸—リグニン複合体が形成されている（図2）。なお,この点を考慮して,最近ではフェルラ酸もイネ科植物のリグニンのモノマーの1つに加えるようになっている[3]。

1.3 バイオ燃料生産に向けた育種目標と関連するリグニンの性質

　木質系バイオマスを原料として生産するのに適するバイオ燃料（および生産方法）には,バイオエタノール生産,ガス化・BTL製造,直接燃焼,などさまざまなものがある[4]が,それぞれに適するリグニンの量と構造は当然異なってくる[5]。

　一般にリグニンは,木質多糖の酵素糖化の阻害成分であり,微生物分解に対して抵抗性を示すが,シリンギルリグニンは微生物分解（すなわちリグニンの酵素分解）に際してグアヤシルリグニンより分解性が高い[6,7]。これは,5位のメトキシル基の存在によりシリンギルリグニンが難分解性構造である縮合構造を持ち得ないこと,また電子供与性置換基であるメトキシル基の数が多いことによりベンゼン核の電子密度が高く,リグニンペルオキシダーゼなどのリグニン分解酵素による一電子酸化を受けやすいことによる[8,9]。また,パルプ化においても同様に,シリンギルリグニンの方がグアヤシルリグニンより分解性が高い[10]。

　一方,木質を直接燃焼する場合,針葉樹材の方が広葉樹材より発熱量が大きいが,これは,針葉樹材の方がリグニン含量が多く,且つ,針葉樹材のリグニンはシリンギル型より炭素含量の大

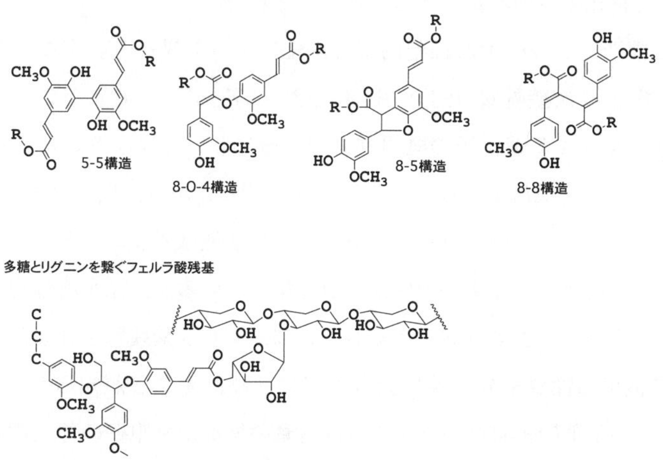

図2　イネ科植物のフェルラ酸エステル構造

きいグアヤシル型からなることによる[5]。また，クラフトパルプ工場で排出される廃液（黒液）中のリグニンは，貴重な燃料として工場内で消費されているが，その量はわが国で年間重油換算540万キロリットル相当（2008年）に達している[11]。そこで，パルプ化原料木材中のリグニンの量を低減させることは，原油の価格次第ではあるが，必ずしもコスト全体の削減にはつながらない。そこで，酵素糖化のように反応条件が温和な場合は，リグニン量の減少が望まれるが，変換反応の条件が激烈でリグニンが当該反応を阻害しないなら，リグニン量を増やしてリグニンも燃料として用いる方がエネルギー収支の向上につながる[5]。実際，農林バイオマス１号を用いたBTL 製造においては，原料植物の炭素含量が多い方が生成メタノール量も多いことを示すデータが報告されており[12]，リグニン含量が高い方がBTL 製造におけるメタノール生成量が大きくなるという推定も成り立つ[5]。さらに，酵素糖化の場合でも，酵素糖化に影響を及ぼさない形でリグニンを異所的に蓄積させることができれば，副生燃料の増加によるエネルギー収支の向上が期待される。実際，培養細胞が培地中にリグニンを放出する例が多数知られている[13]。

木質のガス化に関して，リグニン中のメトキシル基がガス化において生成するメタンの起源の１つであり，さらに，メトキシル基の開裂が共存する糖成分のガス化を促進させるという結果も見出されている[14]。よって，リグニン中のシリンギル核の増大は，ガス化におけるガス収量の増大をもたらすことが期待される[14]。リグニン中のメトキシル基が，木材の熱分解過程におけるリグニンの炭化を進める重要な構造であることも示唆されている[15]。

一方，リグニンやその他の成分の構造と量の制御のみならず，これらの成分全体の存在状態あるいはアセンブリーの制御も重要である。実際，非硫酸オルガノソルブ蒸煮による前処理では，脱リグニンの程度と処理後の木質の酵素糖化効率は相関しないことがTeramoto らにより報告された[16]。すなわち，リグニンの存在自体がセルロースの酵素糖化阻害要因の本質ではなく，リグニンの存在状態こそ糖化阻害の本質であることが示された。

リグニンの量と構造は１つの木部細胞内でも部位によって異なる。すなわち，複合細胞間層（一次壁＋細胞間層），二次壁外層（S1），中層（S2），内層（S3）で異なる。これは，これらのリグニンの生合成に関与する遺伝子の発現制御が各層において異なることを示している。そこで，それぞれのリグニン合成酵素遺伝子の発現制御を行った場合，同じリグニン量であっても，リグニンの構造あるいはリグノセルロース超分子構造の状態は異なることもあると考えられる。

また，エネルギー植物としてイネ科植物が注目を集めているが，イネ科植物の細胞壁におけるフェルラ酸二量体構造を介した多糖同士の結合およびフェルラ酸残基を介した多糖とリグニンの結合は，細胞壁の機械的性質や分解性に大きく影響を及ぼすことが知られている[2,3]。例えば，エンバク[17]とイネ[18]の子葉鞘細胞壁のフェルラ酸含量の増加が細胞壁の伸長性の低下と相関することが報告されている。また，フェルラ酸二量体による細胞壁多糖のクロスリンクの増加が酵素

第5章 リグニン処理の新戦略

糖化速度（糖化物の初期収量）を減少させること[19]，およびフェルラ酸—リグニンのクロスリンクは酵素糖化速度に大きく影響するとともに，糖化到達度（糖化物の最終収量）にも若干影響を及ぼすことが示された[20]。

いずれにしても，今後，二次細胞壁の各層におけるリグニン生合成制御機構の詳細な解明が強く求められる。また，各種バイオ燃料の生産に対するリグニンの量と構造の影響には不明の点が多く，今後解明を急ぐ必要がある。

1.4 ケイヒ酸モノリグノール経路の代謝工学

リグニン生合成経路の概略を図3に示す。ここで，フェニルアラニンからモノリグノール類に至る経路をケイヒ酸モノリグノール経路と呼んでいる[21]。現在，この経路の各段階を触媒する酵素（図3）それぞれについて，遺伝子がある程度の数の植物から単離され，機能が確定されている状態であり，リグニンの構造と量を代謝工学的にかなり制御することが可能となっている（半減～七割程度増）[5,21]。最近では，システム生物学的に本経路の統御機構がほかの代謝あるいは形態形成との関連の上で活発に研究されている[21]。特にここ数年急速にリグニン生合成に関わる転写因子を介した代謝統御の階層性の解析が進んできた[21]。一方，細胞壁成分全体のアセンブリーの統御機構については，今後の解明が待たれる状態にある[5]。なお，図3において，シナピルアルコールと *p*-クマロイル CoA から *p*-クマリル *p*-クマレートが生成し，さらにシリンギルリグニンに取り込まれる経路はイネ科植物に特異的である[2,3]。また，結果として *p*-クマール酸エステル構造は，シリンギルリグニンの側鎖末端に存在する。

1.4.1 リグニン量の制御

リグニン量を減少させるには，一般にケイヒ酸モノリグノール経路の比較的上流に位置する酵素の遺伝子発現抑制が有効のようである。例えば，*PAL*[22～24]，*C4H*[24]，*CCR*[25]，*C3'H*[26]，*HCT*[27]，*CCoAOMT*[28] の発現抑制はいずれもリグニン量の著しい減少を見た。加えて興味深いのは *4CL* の発現抑制の例である。すなわち，アスペンの木化に関わる *4CL*（*Pt4CL1*）の発現を抑制した形質転換アスペンでは，リグニン量がコントロールの45％にまで減少していたが，興味あることに，セルロースの絶対量がコントロールに対して15％増加していた。さらに，樹体の成育もコントロールよりよく，木繊維の形状はコントロールと変わらないと報告されている[29]。よって，この形質転換体はパルプ化やバイオ燃料生産に適する組換え体として有望であろう。アスペンなどでは，より下流に位置する *CAldOMT* や *CAD* の発現抑制はリグニン量の低減につながらないことが多い[21]が，イネ科植物では，*CAldOMT* や *CAD* の発現抑制もリグニン量の低減に寄与するようである[30～32]。例えば，古くから知られているイネ科植物のブラウンミッドリブ変異体は，*CAldOMT* や *CAD* の変異に基づく[33,34]が，褐色の中肋を持ち，リグニン含量が低

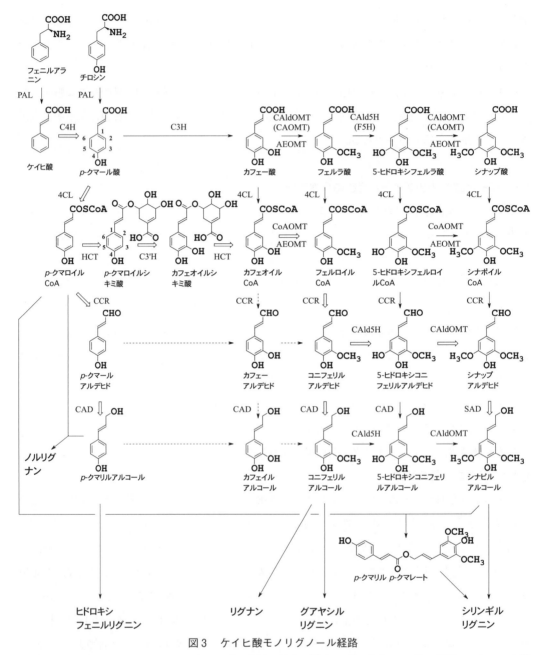

図3 ケイヒ酸モノリグノール経路

PAL, フェニルアラニンアンモニアリアーゼ；C4H, ケイヒ酸 4-ヒドロキシラーゼ；C3H, *p*-クマール酸 3-ヒドロキシラーゼ；CAOMT, カフェー酸 *O*-メチルトランスフェラーゼ［＝5-ヒドロキシコニフェリルアルデヒド *O*-メチルトランスフェラーゼ（CAldOMT）］；CoAOMT, カフェオイル CoA *O*-メチルトランスフェラーゼ；F5H, フェルラ酸 5-ヒドロキシラーゼ［＝コニフェリルアルデヒド 5-ヒドロキシラーゼ（CAld5H）］；AEOMT, ヒドロキシケイヒ酸／ヒドロキシシンナモイル CoA エステル *O*-メチルトランスフェラーゼ；4CL, 4-ヒドロキシケイヒ酸：CoA リガーゼ；CCR, シンナモイル-CoA レダクターゼ；CAD, シンナミルアルコールデヒドロゲナーゼ；SAD, シナピルアルコールデヒドロゲナーゼ；HCT, ヒドロキシシンナモイル CoA：シキミ酸 ヒドロキシシンナモイルトランスフェラーゼ；C3'H, ヒドロキシシンナモイルエステル 3-ヒドロキシラーゼ

第5章 リグニン処理の新戦略

下するとともに消化性が向上している。

同一の植物種に対して，ケイヒ酸モノリグノール経路の一連の酵素遺伝子の発現抑制を行った形質転換体につき，リグニン含量と糖化率の相関を見た例として，アルファルファの場合が挙げられる[35]。ここで，酵素糖化率（細胞壁中の全糖含量に対する，酵素糖化によって遊離してきた糖の比率）の上昇は，*HCT* の発現抑制によりリグニン量がコントロールの63.6％まで減少した形質転換体で最も高く，コントロールの約2.8倍（コントロール：25％，形質転換体：69％）に達している[35]。

一方 Kawaoka ら[36]は，タバコの LIM 転写因子遺伝子（*NtLIM1*）の発現を抑えた形質転換タバコを作成した。この形質転換体では，PAL，4CL および CAD の活性が顕著に低下し，リグニン量もコントロールに対して27％の減少を見た。さらに彼らは，ユーカリのオーソログの発現を抑制した形質転換ユーカリを作出し，上記のタバコと同様の結果を得ている[37]。リグニン量の増強例もあり，テーダマツの *Ptae*MYB4 転写因子をタバコで過剰発現させることにより，タバコのリグニン量を1.68倍にまで上昇させることが可能となっている[38]。また，梅澤らも，転写因子の発現制御によるリグニン量を増強したイネワラの作出を報告している[39]。

1.4.2 リグニン構造の改変

微生物分解やパルプ化における分解を受けやすいシリンギルリグニンの増強には，シリンギルリグニン合成経路であるコニフェリルアルデヒド→5-ヒドロキシコニフェリルアルデヒド→シナップアルデヒド→シナピルアルコールの変換経路（図3）を増強すればよく，実際 *CAld5H* の発現上昇によるシリンギルリッチのリグニンを持つ植物の作出が少なからず報告されている[5,21]。中でもアスペンの例は特に興味深く，*4CL* の発現を抑制するとともに *CAld5H* の発現を増強することにより，リグニン含量を減少させつつシリンギルリグニン量を増加させることに成功している[40]。

一方，*HCT*[41]や *C3'H*[42]の発現抑制は，ヒドロキシフェニルリグニンの増加をもたらしている。*CAD* の発現抑制によるケイヒアルデヒド構造の増加も興味深い。すなわち，*CAD* の発現を抑制したタバコ[43,44]やポプラ[45]の場合，いずれもリグニン量は減らなかったが，リグニン中のケイヒアルデヒド構造が増え，組織が赤褐色に変色した。この変異リグニンでは，ケイヒアルデヒド類が対応するケイヒアルコールに還元されないままリグニン中に取り込まれている。この形質転換ポプラでは，パルプ化に際してパルプ収量はコントロールと変らないものの，パルプ中の残存リグニン量が低下しており，脱リグニン性が向上している[45]。

また，リグニンの骨格構造そのものの改変ではないが，イネ科植物のフェルラ酸エステル構造の減少に関する報告もある。すなわち，トウモロコシの Mu トランスポゾンミュータントのスクリーニングにより，フェルラ酸エステル含量が半減した変異体が得られた。この変異体では，細

胞壁多糖の in vitro 消化性が野生型と較べて14％上昇したと報告されている[46,47]。

　一方，フェルロイル基を糖残基に転位させる酵素は，フェルラ酸エステル構造生成の鍵酵素と考えられる。この酵素をコードする遺伝子の同定のため，最近，イネのPF02458ファミリーに属する一連の遺伝子のイネにおけるノックダウンが検討され，フェルラ酸エステル含量が若干低下した組換え体が得られたと報告されている[48]。

1.4.3 細胞壁成分の構成の制御

　細胞壁成分の構成あるいはアセンブリーの構築に関与する遺伝子群の解明は今後の課題であり，まずは細胞壁構築代謝の統御機構の解明が必須である。最近では，木部形成制御の上位に位置する転写因子も立て続けに報告されている[21]ので，今後は細胞壁成分の超分子構造構築を制御する機構の解明が待たれる。

1.5 おわりに

　バイオマスリファイナリー構築を目指したリグニンの代謝制御による木質バイオマスの改良は，学術論文としての成果公表は未だに少ないものの，水面下で極めて活発に進められている[49]。既に，個体レベルでは，リグニンの量の増減と構造改変を相当コントロールできるようになっている[5,21]。今後は，二次壁の各層における，構成成分の精緻な量と構造の制御が必要であろう。そして，今後一層の研究開発の進展を図るためには，二次細胞壁構築の精緻な統御機構に関する基礎研究の推進が必須であることは言うまでもない。

文　　献

1) 近藤民雄，リグニンの化学（中野準三編），p.1, ユニ広報（1979）
2) J. Ralph *et al.*, *Phytochem. Rev.*, **3**, 79 (2004)
3) J. Ralph, *Phytochem. Rev.*, **9**, 65 (2010)
4) 小木知子，中西正和，バイオ液体燃料，p.57, NTS（2007）
5) 梅澤俊明，鈴木史朗，バイオインダストリー，**25**, 50（2008）
6) D. Tai *et al.*, In "Recent Advances in Lignin Biodegradation Research" (Eds. T. Higuchi *et al.*), p.44, Uni Publ. (1983)
7) T. K. Kirk *et al.*, *Wood Sci. Technol.*, **9**, 81 (1975)
8) T. Umezawa *et al.*, *FEBS Lett.*, **205**, 287 (1986)
9) T. Umezawa, *Wood Res.*, **75**, 21 (1988)
10) V. L. Chiang, M. Funaoka, *Holzforschung*, **44**, 309 (1990)

11) http://www.hokuetsu-kishu.jp/environment/pdf/2008_ja_all.pdf
12) H. Nakagawa et al., *J. Agr. Res. Quart.*, **41**, 173 (2007)
13) A. Kärkönen, S. Koutaniemi, *J. Integrative Plant Biol.*, **52**, 176 (2010)
14) T. Hosoya et al., *J. Anal. Appl. Pyrol.*, **85**, 237 (2009)
15) T. Hosoya et al., *J. Anal. Appl. Pyrol.*, **84**, 79 (2009)
16) Y. Teramoto et al., *Biores. Technol.*, **99**, 8856 (2008)
17) S. Kamisaka et al., *Physiol. Plant*, **78**, 1 (1990)
18) K. -S. Tan et al., *Physiol. Plant*, **83**, 397 (1991)
19) J. H. Grabber et al., *J. Sci. Food Agric.*, **77**, 193 (1998)
20) J. H. Grabber et al., *J. Agric. Food Chem.*, **46**, 2609 (1998)
21) T. Umezawa, *Phytochem. Rev.*, **9**, 1 (2010)
22) Y. Elkind et al., *Proc. Natl. Acad. Sci. USA*, **87**, 9057 (1990)
23) N. J. Bate et al., *Proc. Natl. Acad. Sci. USA*, **91**, 7608 (1994)
24) V. J. H. Sewalt et al., *Plant Physiol.*, **115**, 41 (1997)
25) J. Piquemal et al., *Plant J.*, **13**, 71 (1998)
26) J. Ralph et al., *J. Biol. Chem.*, **281**, 8843 (2006)
27) A. Wagner et al., *Proc. Natl. Acad. Sci. USA*, **104**, 11856 (2007)
28) R. Zhong et al., *Plant Cell*, **10**, 2033 (1998)
29) W.-J. Hu et al., *Nature Biotech.*, **17**, 808 (1999)
30) C. Grand et al., *Physiol. Vég.*, **23**, 905 (1985)
31) F. Vignols et al., *Plant Cell*, **7**, 407 (1995)
32) C. Pillonel et al., *Planta*, **185**, 538 (1991)
33) Y. Barrière et al., *C.R. Biol.*, **327**, 847 (2004)
34) S. E. Sattler et al., *Plant Sci.*, **178**, 229 (2010)
35) F. Chen, R. A. Dixon, *Nature Biotech.*, **25**, 759 (2007)
36) A. Kawaoka et al., *Plant J.*, **22**, 289 (2000)
37) A. Kawaoka et al., *Silvae Genetica*, **55**, 269 (2006)
38) A. Patzlaff et al., *Plant J.*, **36**, 743 (2003)
39) 梅澤俊明, 坂本正弘, 平成21年度バイオマスエネルギー等高効率転換技術開発 (先導, 要素) 成果報告会予稿集, p. 94 (2010)
40) L. Li et al., *Proc. Natl. Acad. Sci. USA*, **100**, 4939 (2003)
41) L. Hoffmann et al., *Plant Cell*, **16**, 1446 (2004)
42) J. Ralph et al., *J. Biol. Chem.*, **281**, 8843 (2006)
43) C. Halpin et al., *Plant J.*, **6**, 339 (1994)
44) T. Hibino et al., *Biosci. Biotech. Biochem.*, **59**, 929 (1995)
45) M. Baucher et al., *Plant Physiol.*, **112**, 1479 (1996)
46) H.-J. G. Jung et al., Abst. Ferulate 08 Meeting, p. 35, Minneapolis, Aug 25-27 (2008)
47) H. G. Jung, R. L. Phillips, *Crop Sci.*, **50**, 403 (2010)
48) F. Piston et al., *Planta*, **231**, 677 (2010)
49) M. B. Sticklen, *Nature Reviews Genetics*, **9**, 433 (2008)

2 担子菌の特異的リグニン分解を利用したリグノセルロース前処理

渡辺隆司*

2.1 バイオリファイナリーと白色腐朽菌

　地球温暖化と化石資源の枯渇を背景として，カーボンニュートラルな資源であるバイオマスから化学品，燃料，エネルギーを体系的に生産するバイオリファイナリーが注目を集めている。木材などのリグノセルロースは，食糧と直接競合しないことから，バイオリファイナリーの主役になると期待されているが，リグノセルロースを資源とするバイオリファイナリーを達成するためには，セルロースを覆うリグニンの被覆を破壊して多糖とリグニンを分離し，各成分を有用物質に変換することが鍵となる。リグニンは自然界では微生物により分解されるが，その中心的役割を担うのが担子菌に属する白色腐朽菌である。白色腐朽菌の中で選択的白色腐朽菌と呼ばれるグループは，セルロースを残して高選択的にリグニンを分解する力を備えており，その特異的な能力の解明と応用はリグノセルロース変換に新たな展開をもたらすと期待される。

2.2 選択的白色腐朽の特徴

　木材腐朽菌による腐朽型は，褐色腐朽，軟腐朽，白色腐朽の3つの型に分けられる。それぞれの腐朽型を生じる菌を，褐色腐朽菌，軟腐朽菌，白色腐朽菌と呼ぶ。褐色腐朽菌は担子菌に属し，腐朽初期からセルロースとヘミセルロースを激しく分解する。リグニンも酸化的に低分子化するが，完全に分解することはない。腐朽の進展した木材は，残存リグニンが多いので褐色を呈する。腐朽材は乾燥すると収縮し，縦横の亀裂が生じることが多い。褐色腐朽菌は主としてフェントン反応で生じるヒドロキシルラジカルの攻撃によりセルロースとヘミセルロースを激しく分解する。軟腐朽菌は，褐色腐朽菌と同様に主としてセルロースとヘミセルロースを分解するが，リグニンも部分的に分解するものもある。軟腐朽菌のほとんどは子嚢菌と不完全菌であるが，接合菌の中にも木材の重量減少を起こす菌もある。軟腐朽菌は高含水率の木材に多く発生し，主としてセルロースを分解するがリグニンも緩やかに分解して木材を軟化させる。

　白色腐朽菌は担子菌に属し，一般にセルロース，ヘミセルロースだけでなく，リグニンも同時に分解する。腐朽材が淡色化や白色化を呈するものが多いことから白色腐朽菌と呼ばれるが，白色腐朽菌であっても腐朽材が濃色化するものもある。白色腐朽菌には，シイタケ，ヒラタケ，ナメコ，エノキダケなど食卓に並ぶ食用菌も多い。白色腐朽菌によるセルロース，ヘミセルロース，リグニンの分解割合は，菌の種類，樹種，腐朽の進行状況により異なるが，腐朽の進展した木材

---

　　*　Takashi Watanabe　京都大学　生存圏研究所　生存圏診断統御研究系
　　　　　　　　　　　　バイオマス変換分野　教授

第5章　リグニン処理の新戦略

では，3成分をほぼ同時に分解するものが多い。しかしながら，*Ceriporiopsis subvermispora* などの白色腐朽菌は，セルロースを残してリグニンとヘミセルロースを優先的に分解する。このタイプの菌は，選択的白色腐朽菌と呼ばれ，酵素糖化やパルプ化の前処理に有用である[1〜6]。

　白色腐朽菌は，菌体外にリグニンやセルロースの分解酵素を分泌する。リグニン分解酵素はリグニンを酸化分解できる酵素であり，リグニンペルオキシダーゼ（LiP：Lignin peroxidase），マンガンペルオキシダーゼ（MnP：Manganese peroxidase），LiPとMnPのハイブリッド型酵素である多機能型ペルオキシダーゼ（VP：Versatile peroxidase），ラッカーゼ（LacまたはLcc：Laccase）の4種が知られている。白色腐朽菌は，これらのリグニン分解酵素のうち少なくとも1種を分泌する。

　不規則高分子であるリグニンは酵素の鍵穴では認識されないが，リグニンペルオキシダーゼ（LiP）や多機能型ペルオキシダーゼ（VP）は酵素の表面から酵素の活性中心のヘムに至るロングレンジ電子移動経路をもち，酵素の表面においてリグニンなどの高分子物質を酸化する。白色腐朽菌 *Phanerochaete chrysosporium* は，リグニンペルオキシダーゼ（LiP）とともに代謝物であるベラトリルアルコール（3,4-ジメトキシベンジルアルコール：VA）を産生する。LiPはベラトリルアルコールのカチオンラジカル（$VA^{\cdot +}$）を酵素表層のトリプトファン残基に結合させて酵素-VAカチオンラジカル複合体となり，高分子リグニンを分解する。これに対し，多機能型ペルオキシダーゼ（VP）は，酵素単独でリグニンなどの高分子を酸化分解する[7,8]。これら2つの酵素は，リグニンの主要結合様式である非フェノール型フェニルプロパンユニットの側鎖β位に結合したエーテル結合を分解する。これに対し，ほとんどのマンガンペルオキシダーゼ（MnP）とラッカーゼ（Lac）は，酵素単独ではこの非フェノール型エーテル結合を開裂できない。しかしながら，多くの白色腐朽菌は，LiPやVPを生産しない。これらの菌によるリグニンの非フェノール型エーテル結合の分解には，MnPによる脂質過酸化反応や，酵素―メディエーター反応など代謝物を介したラジカル反応が中心的役割を果たすと考えられる。

2.3　白色腐朽菌のバイオマス変換前処理への応用

　リグニンを高選択的に分解する選択的白色腐朽菌 *C. subvermispora* は，メタン発酵の他[9]，木材の酵素糖化・エタノール発酵前処理においても，糖化促進効果を示す[10]。*C. subvermispora* でブナ材チップを8週間腐朽させ，腐朽材を180℃でエタノリシスし，得られた不溶性パルプ画分をセルラーゼと酵母 *Saccharomyces cerevisiae* AM12で併行複発酵すると，エタノール収率が1.6倍増加した。本菌は，広葉樹のみでなく針葉樹のリグニンも高選択的に分解する特徴がある。木質バイオマスの中で最も酵素糖化前処理が難しいスギ材を材料として，選択的白色腐朽菌 *C. subvermispora* の腐朽効果を調べた。*C. subvermispora* の2つの株，FP-90031とCZ-3でスギ材

を4週間および8週間腐朽させ，腐朽後60％エタノール水溶液でソルボリシス処理を行い，酵素糖化した。その結果，菌未処理の糖収率7.1％に比較し，FP-90031で4週間および8週間腐朽処理したものは，糖収率がそれぞれ21.2％および52.0％に増加した（図1）。CZ-3で4週間および8週間腐朽処理したものは，糖収率がそれぞれ34.4％および44.9％に増加した。このように，選択的白色腐朽菌処理は，最大で約7倍糖収率を増大させた[6]。*C. subvermispora* は，さらにオイルパームの空果房（EFB），バガス，スギ材の糖化発酵促進効果を示した[2]。木材腐朽菌を木材の酵素糖化前処理に利用する試みは，この他，白色腐朽菌 *Pheblia tremellosus*[11]，*Phanerochaete chrysosporium*[12]，ヒラタケ[13]，IZU-154[14]，褐色腐朽菌オオウズラタケ[12]，などで報告されている。また，ムギワラの酵素糖化に対しては，ヒラタケ（*Pleurotus ostreatus*）[15]，*Pycnoporus cinnabarinus*[15]，*Phanerochaete sordida*[15]，コーンストーバーには，*Cyathus stercoreus* が高い前処理効果を示した[16]。また，イナワラに対してはヒラタケ，*Phanerochaete chrysosporium*，*C. subvermispora*，*Trametes versicolor* の中でヒラタケが最も高い酵素糖化前処理効果を示した[17]。白色腐朽菌をバイオマス変換に応用するためには，大量培養系の確立が必要である。ブラジルでは，白色腐朽菌 *Phanerochaete chrysosporium* RP-78株による無滅菌10 t 規模のバイオパルピング実証試験が行われた[18]。広葉樹ユーカリ・グランディス（*Eucalyptus grandis*）のケミサーモメカニカルパルピングにおいて，*P. chrysosporium* RP-78株で処理することにより，パルプ化のエネルギーが18.5％削減されたと報告されている。

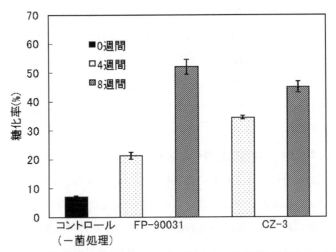

図1　白色腐朽菌 *C. subvermispora* FP-90031とCZ-3株によるスギ材チップの酵素糖化前処理効果
　　スギ材チップを4週間および8週間菌処理後，200℃，60分間60％エタノール水溶液で加熱し，得られた不溶性画分を酵素糖化し，得られた還元糖量を比較した。菌未処理のものをコントロールとした。

第 5 章　リグニン処理の新戦略

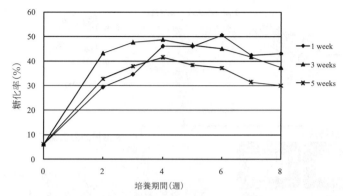

図 2　白色腐朽菌 Phellinus sp. SKM2102 株のスギ材酵素糖化前処理効果
前培養物（1〜5 週間）をスギ材に植菌し，0〜8 週間腐朽後温和なソルボリシス処理を行い得られた不溶性画分の酵素糖化率。

　我が国で白色腐朽菌処理を実用化するためには，国産の白色腐朽菌を利用することが望ましい。このため，筆者らは，国内より分離・選抜した白色腐朽菌とマイクロ波ソルボリシスを組み合わせた前処理法の開発を行っている[19]。新規白色腐朽菌 Phellinus sp. SKM2102 株は，マンガンペルオキシダーゼとラッカーゼを産生し，腐朽初期からリグニン中の $β$-O-4 結合を激しく切断する。本菌は，C. subvermispora と同様，腐朽初期に木材中の脂質を分解し，スギ材などの酵素糖化を促進する。Phellinus sp. SKM2102 株でスギ材を腐朽させ，腐朽後ソルボリシス処理を行い，酵素糖化により得られた糖収率を示す（図 2）。本菌は，C. subvermispora と同様，高い前処理効果を示す。

2.4　選択的白色腐朽菌によるラジカル反応の制御と応用

　白色腐朽菌は，菌体外にリグニンやセルロースの分解酵素を分泌する。ところが，これらの酵素の分子サイズは木材細胞壁の細孔直径より大きいために，分泌された菌体外酵素は木材細胞壁中に進入できない。このため，多くの白色腐朽菌は，活性酸素であるヒドロキシルラジカル（˙OH）を遷移金属のレドックス反応を介して発生させることにより木材細胞壁中の多糖をぼろぼろにし，結果として開いた木材細胞壁の大きな孔に自分の出す菌体外酵素を進入させる。これに対し，C. subvermispora などの選択的白色腐朽菌は，木材腐朽がかなり進行した段階になっても，自分の分泌した菌体外酵素を木材細胞壁内に進入させることなく，酵素から遠く離れた細胞間層や細胞壁深層のリグニンを低分子代謝物を利用して高選択的に分解する（図 3，4）。即ち，選択的白色腐朽菌はリグニンのラジカル分解を止めることなく，酸素および鉄イオン存在下で ˙OH の生成を抑制する機構をもつ。我々は，選択的白色腐朽菌の培養物から鉄のレドックス反応を抑制することにより ˙OH の生成を阻止する新規代謝物 ceriporic acid を単離し，有機合

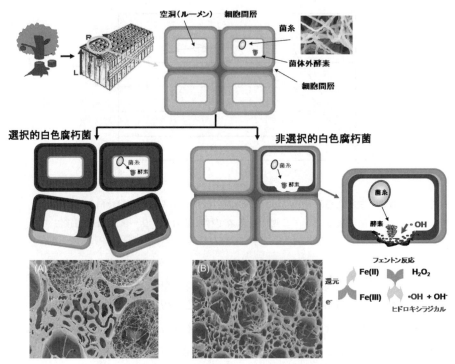

図3 選択的および非選択的白色腐朽菌の木材腐朽様式

選択的白色腐朽菌は，木材細胞壁に酵素や菌糸を進入させることなく，酵素から遠く離れた場所の低分子代謝物を介したラジカル反応でリグニンを高選択的に分解する。この腐朽様式は，ヒドロキシルラジカル（·OH）を生成させて木材細胞壁を侵食し，大きく開いた孔に菌体外酵素が侵入してリグニンとセルロースを同時分解する非白色腐朽菌と対照的である。走査型電子顕微鏡写真は，(A)選択的白色腐朽菌 C. subvermispora によるブナ材の腐朽，および(B)非選択的白色腐朽菌カワラタケ（Trametes versicolor）によるブナ材の腐朽を示す。

成も行ってその構造と機能を明らかにした（図5）[20~26]。この物質は，鉄イオン，H_2O_2，ヒドロキノンなど Fe^{3+} 還元剤存在下において，フェントン反応による ·OH の生成とセルロースの解重合を強力に抑制する。ceriporic acid は，動物，植物，微生物を通して報告例のない新規物質であるが，chaetomeric acid など地衣類が産生する代謝物である地衣酸に構造的に類似するものが多い。地衣類は，藻類と子嚢菌や担子菌の共生体であり，セルロースを残す選択的白色腐朽菌が，地衣酸と構造の類似している代謝物を産生することは，共生の可能性を考える上で興味深い。

選択的白色腐朽菌 C. subvermispora は，木材腐朽の初期に飽和および不飽和脂肪酸とマンガンペルオキシダーゼ（MnP）を産生し，MnP や拡散可能な Mn^{3+} 錯体を開始剤とする脂質過酸化によりラジカル連鎖反応を起こす[27,28]。MnP による脂質過酸化は非フェノール性リグニンモデルを分解することから，本菌のリグニン分解機構の1つとして注目されている。また，脂質過酸化中間体のモデルである有機ヒドロペルオキシドを金属錯体と反応させてラジカルの生成を制

第5章　リグニン処理の新戦略

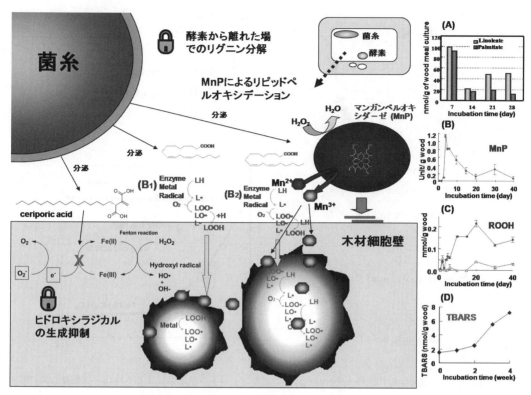

図4　選択的白色腐朽における酵素から離れた場でのリグニン分解

選択的白色腐朽には，低分子代謝物を介したリグニン分解と，セルロースを分解するヒドロキシラジカルの生成抑制が鍵となる。選択的白色腐朽菌 C. subvermispora は，腐朽初期に，リノール酸やパルミチン酸などの脂肪酸(A)とマンガンペルオキシダーゼ(B)を分泌し，脂肪酸の酸化分解によりヒドロペルオキシドが生成するとともに(C)，脂質の酸化分解物であるアルデヒド類が蓄積する(D)。マンガンペルオキシダーゼは，二価マンガンを三価に酸化し，拡散可能な三価マンガンの錯体が脂肪酸を酸化して，リグニンの分解力をもつラジカルを酵素から離れた場所で生成する。新規代謝物 ceriporic acid は，Fe^{3+} の還元を抑制することにより，セルロースの分解を抑える。

御すると，非フェノール性合成リグニンが低分子化するのみでなく，木材細胞壁および細胞間層中のリグニンが分解してパルプ化が起き，木材細胞が剥離する。我々は ESR などによる解析からアルコキシラジカルやカーボンセンターラジカルが非フェノール性リグニンモデルの分解を起こすことを明らかにした[29]。これらのラジカルは，リグニンモデルのベンジル位から水素を引き抜く。生成したベンジルラジカルからは，$C\alpha$ カルボニル化合物などの分解物が生成する。ベンジルラジカルの一部はプロトネーションを介してアリルカチオンラジカルとなり，リグニン側鎖の $C\alpha$-$C\beta$ 開裂やリグニンユニット間の主要結合である β-O-4 結合の開裂を起こす。アルコキシラジカルやカーボンセンターラジカルは，ヒドロペルオキシドと金属錯体の反応でも生成させることができる。Cu(II) の 4-アミノピリジン錯体との反応では，アルコキシラジカルやカーボン

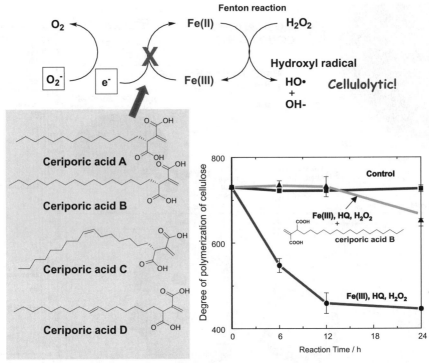

図5 *C. subvermispora* の代謝物 ceriporic acid によるフェントン反応系によるセルロース解重合の抑制
(▲) 0.5 mM FeCl₃, 0.25 mM HQ, 100 mM H₂O₂, 0.1 g 溶解パルプ, 2.5 mM ceriporic acid B
(■) 溶解パルプ, H₂O₂
(●) FeCl₃, H₂O₂, HQ, 溶解パルプ

センターラジカルがラジカル連鎖反応により生成する[30]。この反応系は，木材の脱リグニンを起こし，木材細胞壁中のセルロースを露出させる[31]。木材中のリグニンを温和な条件で化学分解するためには，反応を起こす物質を高効率で細胞壁に浸透させて，リグニン分解力をもつ活性分子を細胞壁内で生成させることが1つの課題となる。選択的白色腐朽菌は，常温，常圧で酵素も侵入できない細胞壁内に，低分子代謝物を侵入させてリグニンを分解するとともに，木材の分解物を菌糸に輸送する。この輸送には，シース（sheath）と呼ばれる細胞壁多糖のマトリックスと，物質の可溶化能をもつバイオサーファクタントが大きな役割を果たす。*C. subvermispora* のシースは，β-1,3-グルカンの主鎖に β-1,6 と β-1,2 結合の側鎖をもつ粘質性多糖を主成分とする[32]。温和な条件での高効率リグニン分解系の開発には，ラジカル生成系の解析とともに，物質の輸送や疎水性物質の可溶化に寄与するこれらの生体分子の機能解析が寄与するものと期待される。

第5章　リグニン処理の新戦略

文　　献

1) Messner, K., Srebotnik, E., *FEMS Microbiol. Rev.*, **13**, 351 (1994)
2) Fackler, K., *et al.*, *Food Technol. Biotechnol.*, **45**, 269 (2007)
3) 渡辺隆司, グリーンスピリッツ, **5**, 3 (2010)
4) 渡辺隆司, 菌学レビュー, **17**, 38 (2008)
5) 渡辺隆司, 木材学会誌, **53**, 1 (2007)
6) Baba, Y., *et al.*, *Biomass and Bioenergy*, doi: 10.1016/j.biombioe.2010.08.040 (2010)
7) Kamitsuji, H., *et al.*, *Biochem. J.*, **386**, 387 (2005)
8) Tsukihara, T., *et al.*, *Appl. Environ. Microbiol.*, **74**, 2873 (2008)
9) Amirta, R., *et al.*, *J. Biotechnol.*, **123**, 71 (2006)
10) Itoh, H., *et al.*, *J. Biotechnol.*, **103**, 273 (2003)
11) Mes-Hartree, M., *et al.*, *Appl. Microbiol. Biotechnol.*, **26**, 120 (1987)
12) Sawada, T., *et al.*, *Biotechnol. Bioeng.*, **48**, 719 (1995)
13) Hiroi, T., *et al.*, *Mokuzai Gakkaishi*, **27**, 684 (1981)
14) Nishida, T., *et al.*, *Mokuzai Gakkaishi*, **35**, 649 (1989)
15) Hatakka, A. I., *et al.*, *Eur J. Appl. Microbiol. Biotechnol.*, **18**, 350 (1983)
16) Keller, F. A., *et al.*, *Appl. Biochem. Biotechnol.*, **105**, 27 (2003)
17) Taniguchi, M., *et al.*, *J. Biosci. Bioeng.*, **100**, 637 (2005)
18) Masarin, F., *et al.*, *Holzforschung*, **63**, 259 (2009)
19) 渡辺隆司, バイオマスエネルギー高効率転換技術開発平成18年度成果報告会予稿集, 新エネルギー・産業技術総合開発機構, p.163 (2007)
20) Enoki, M., *et al.*, *Chem. Phys. Lipids*, **120**, 9 (2002)
21) Amirta, R., *et al.*, *Chem. Phys. Lipids*, **126**, 121 (2003)
22) Watanabe, T., *et al.*, *Biochem. Biophys. Res. Commun.*, **297**, 918 (2002)
23) Ohashi, Y., *et al.*, *Org. Biomol. Chem.*, **5**, 840 (2007)
24) Rahmawati, N., *et al.*, *Biomacromolecules*, **6**, 2851 (2005)
25) Nishimura, H., *et al.*, *Chem. Phys. Lipids*, **159**, 77 (2009)
26) Nishimura, H., *et al.*, *Phytochemistry*, **69**, 2593 (2008)
27) Watanabe, T., *et al.*, *Eur. J. Biochem.*, **267**, 4222 (2000)
28) Watanabe, T., *et al.*, *Eur. J. Biochem.*, **268**, 6114 (2001)
29) Watanabe, T., *et al.*, *J. Biotechnol.*, **62**, 221 (1998)
30) 大橋康典ほか, 第54回リグニン討論会講演集, p.142 (2009)
31) Messner, K., *et al.*, *ACS Symposium Series* 845 "Wood deterioration and preservation", American Chemical Society: Washington, DC, p.73 (2003)
32) 鈴木大介ほか, 第59回日本木材学会大会講演要旨集, p.69 (2009)

第6章 バイオエネルギーと新プラットフォーム形成

1 エタノール

近藤昭彦[*1], 荻野千秋[*2], 蓮沼誠久[*3]
田中　勉[*4], 中島一紀[*5]

1.1 はじめに

　温室効果ガス削減, すなわち低炭素社会の構築に向け, 再生可能な資源であるバイオマスを環境調和型プロセスにて変換し, 次世代燃料であるバイオ燃料やグリーン化学品などの多様な化学製品を統合的に生産する"バイオリファイナリー"の確立は, 地球温暖化を防ぐために早急に確立すべき技術である。バイオリファイナリー研究とは, バイオマスを原料として, 燃料, 汎用化学品の原料などを微生物 (バイオプロセス) にて発酵生産し, 多様な化学品応用へと展開するコンセプトである (第2章　図1を参照)。したがって, 石油資源枯渇の問題と相乗し, 石油資源からバイオマス資源への原料転換を可能とするバイオリファイナリーの実現に向かって世界情勢は急速に動き始めている。これは, 地球上の石油資源の95％以上がこれまでに発見されていると報告され, 石油埋蔵量には限界があることが明確に示されたことに由来する。特に1981年以来, 発見する速度よりも速い速度で石油を消費し, 現在では, 消費速度は発見される速度の4倍に達し, 危機的状況になってきている。さらに, 1バレルあたりの重油単価は上昇の一途をたどっており (現在50〜60ドル), このまま100ドルの壁を越えて価格上昇が起きると近い将来に石油資源からの物質生産と, バイオマス由来の物質生産は現状の技術を持ってもほぼ同等のコストとなると推算されている。したがって, 今後は長期的に, 石油資源に代わり植物資源を原料とした, バイオリファイナリー研究による様々なバイオ燃料・化学品原料に関する基盤研究に関心が高まることは確実である。欧米の研究者の予測では, ピークオイルから推測してバイオ燃料やバイオ化成品などが大規模に拡大するのは2020〜2030年頃になると予想されている。

[*1]　Akihiko Kondo　神戸大学　大学院工学研究科　教授；
　　　統合バイオリファイナリーセンター　センター長
[*2]　Chiaki Ogino　神戸大学　大学院工学研究科　准教授
[*3]　Tomohisa Hasunuma　神戸大学　自然科学系先端融合研究環　講師
[*4]　Tsutomu Tanaka　神戸大学　自然科学系先端融合研究環　助教
[*5]　Kazunori Nakashima　神戸大学　自然科学系先端融合研究環　助教

第6章 バイオエネルギーと新プラットフォーム形成

神戸大学では，このような社会的な情勢にいち早く対応し，バイオリファイナリーの学術基盤や技術体系を確立するとともに，それらの実用化・普及を行うことを目的として，平成19年12月に「統合バイオリファイナリーセンター」を設立した。本センターは国内では最初のバイオリファイナリーに関する研究センターである。本節では，この統合バイオリファイナリーセンターで推進されている，温室ガス削減に向けたバイオエタノール製造における様々な技術開発，そしてイオン液体を用いた低エネルギー型のバイオマス前処理技術について紹介したい。

1.2 CBPによるバイオエタノール製造に向けた酵母育種

著者らは，京都大学の植田充美教授らと，酵母における細胞表層技術の確立とバイオエタノール製造に向けた取り組みを開始している。バイオエタノールの生産には，バイオマスの前処理，酵素糖化，微生物によるエタノール発酵，の3つの工程が必要である（図1）。CBP（Consolidated Bio-Processing）とはこれらの工程を同時に1ステップで行うプロセスである[1]。現在，世界の開発の中心は平行複発酵（SSCF）である。米国では，様々な前処理とセルラーゼやヘミセルラーゼによる糖化を組み合わせたSSCFプロセスの開発が精力的に行われている。技術開発としては，プロセス全体をより簡略化する方向であるのは明白である。このためには，バイオマスの糖化に必要な酵素群を生産し，糖化によって得られる多様な糖類（キシロースとグルコース糖類の混合糖など）の発酵を同時に効率よく行えるような"スーパー微生物"によるCBP確立が極めて重要と言える。

バイオマスはグルコースを主成分とするセルロースと，キシロース・アラビノースなどを主な

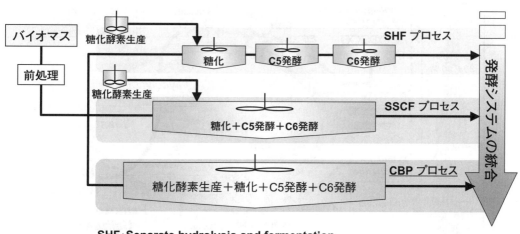

図1 CBP（Consolidated bioprocessing）とは

成分とするヘミセルロースが混在している（図2）。これまでに我々は，細胞表層技術を駆使し，セルラーゼ類を複数種類細胞表層に同時に提示することで，セルロースを直接資化可能とする酵母株を確立してきている[2,3]。

　また一方で，キシロース資化経路を導入したキシロース代謝酵母の創製も成功している。キシロースは，生体内に取り込まれてからキシルロース5リン酸まで変換されると，ペントースリン酸経路へ入りそこからエタノールへと代謝される。まず Xylose Reductase（XR）によりキシロースがキシリトールに変換され，続いて Xylitol Dehydrogenase（XDH）によりキシルロースに変換される。最後に Xylulokinase（XK）によりキシルロース5リン酸に変換され，ペントースリン酸経路に合流する（図2）。すなわち，キシロースの代謝には XR，XDH，XK の3種類の酵素が必要である。我々はこの3つの酵素の遺伝子を酵母へ導入し，酵母細胞内にこれら3つの酵素を発現する酵母を創製した[4]。具体的には，P. stipitis 由来の XR，XDH，および S. cerevisiae 由来の XK を実験室酵母 MT8-1 の染色体上に組み込み，3種類の酵素をいずれもその酵素活性を有した状態で細胞内に共発現させた。この酵母を用いて50 g/L のキシロースからのエタノール発酵を行ったところ，30℃，72時間で17.3 g/L のエタノールを生産することに成功した（理論収率の72.5%）。また，酵母の表層にキシラン分解酵素である Trichoderma reesei 由来 Xylanase II および Aspergillus oryzae 由来 β-xylosidase を提示させ，キシランからの1段階エタノール発酵にも成功している[5]。

　このように，我々は酵母の細胞表層技術を基盤技術として，セルロース画分，およびヘミセル

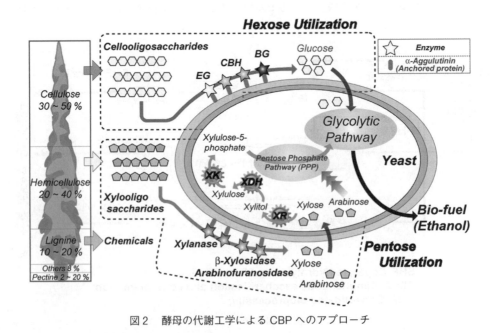

図2　酵母の代謝工学による CBP へのアプローチ

第6章　バイオエネルギーと新プラットフォーム形成

ロース画分の主な糖類をエタノールへと発酵変換できる酵母株の育種に成功してきている。しかしながら，実際のバイオマスを原料としたエタノール発酵に向けては，表層提示するセルラーゼの効率向上，種類や比率の改善，実バイオマスの前処理の際に生成するエタノール発酵に阻害を与える副産物への対処，実バイオマスの前処理との効率的，統合的組み合わせの開発などが必要となる。以下の項目で，それぞれの各論について我々の取り組みを紹介したい。

1.3　高温でのセルロースからのバイオエタノール生産に適した酵母育種

　上述の結果のように，従来用いられてきた実験用酵母による発酵の至適温度の30℃付近の条件下では，セルラーゼの酵素活性における至適温度よりも低いため，酵素活性が最大限に発揮できないという課題が残っている。そこで，耐熱性を有する酵母である *Kluyveromyces marxianus* を新たな宿主として細胞表層技術の導入を行った。この酵母を用いて高温条件下で発酵を行うことにより，セルロース分解能の向上を目指した[6]。

　まず，発酵に用いる耐熱性酵母 *K. marxianus* にUVを照射することによってUracil要求性を付与し，遺伝子組換えを可能にした *K. mar* ΔU 株を創製した。*K. mar* ΔU 株を用いてグルコースからの発酵実験を行ったところ，野生株と比べて同等のエタノール発酵能を示し，発酵開始後12 hで100 g/Lのグルコースから最大37 g/Lのエタノールを生産した。続いて，セルラーゼ発現耐熱性酵母を用いてセロビオースからの発酵実験を行った。その結果，温度を上昇させてもセロビオース分解能は向上しなかった。このことからBGLの酵素活性は温度上昇によって飛躍的な改善を受けないことが示された。この知見を踏まえ，上述のセルラーゼ発現耐熱性酵母を用いて高分子セルロースの一種である β-グルカンからの直接エタノール発酵実験を行った。その結果，発酵温度の上昇にともないエタノール生産速度が飛躍的に向上した（図3）。特に48℃では，発酵開始後12 hで10 g/Lの β-グルカンから4.24 g/Lのエタノールを生産し，仕込み糖に対するエタノール収率は理論値の82%だった。これは，発酵（＝酵素反応）温度の上昇によりEGの活性が大きく向上したためであると考えられ，β-グルカンからの発酵における律速反応はEGによる分解反応であることが示された。

　以上の結果から，セルラーゼ発現耐熱性酵母を用いた高温条件下での発酵プロセスはセルロース分解能を大きく向上させるため，セルロースからのエタノール発酵に非常に効果的なプロセスであることが示された。今後は，セルラーゼ発現量を向上させたり，表層提示するセルラーゼの種類を増やしたりすることによって，強固な結晶構造を有する結晶性バイオマスからのバイオエタノール生産プロセスへの応用が期待される。高温条件下で発酵を行うことができれば，工業的な観点からも，発酵装置の冷却コストの低減や雑菌の増殖防止が期待でき，セルロース系バイオマスからの安価で高効率かつ実用的なバイオエタノール生産プロセスの実現化に向けた一歩とな

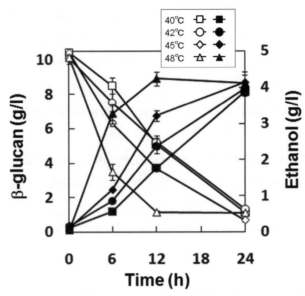

図3　セルラーゼ提示 K. marxianus による高温でのエタノール発酵

ると期待する。

1.4 カクテルδインテグレーション法によるセルラーゼ発現バランス最適化酵母の創製

　食料資源と競合しない木質系バイオマスから効率的にエタノールを生産するためには，酵母 S. cerevisiae へ強力なセルロース分解能を付与する研究が注目されている。セルロースを効率的に分解する糸状菌 Trichoderma reesei などは多種類のセルラーゼ遺伝子の発現バランスをコントロールしており，多様なセルラーゼが共存した場合に効率的なセルロース分解を行っている。我々は，この複数のセルラーゼ酵素がある一定の比で存在している場合に効率的にセルロースを分解することに着目し，この多様な酵素群を共存させる反応場として，細胞表層技術を利用した[7]。

　一般的に，複数の酵素遺伝子を酵母に異種発現させる場合，その個々の発現量をコントロールすることは非常に困難である。そこで，本研究では酵母染色体上に複数の遺伝子を導入可能なδインテグレーション法を応用した，カクテルδインテグレーション法によりセルラーゼ発現バランスを最適化することを検討した（図4）。具体的には，モデルバイオマスとしてリン酸膨潤セルロース（PASC）を用いた寒天培地を用い，PASC に対して最適な比率でセルラーゼを表層提示している酵母株の探索を試みた。その結果，探索した組換え酵母株は，通常のインテグレーション，およびδインテグレーションにより創製した組換え株と比較して，セルロース分解活性が向上していることが確認された（図5）。この結果から3種類のセルラーゼ発現バランスが基質である PASC に対して最適化されており，セルロースを効率的に分解可能であることが示唆

第6章　バイオエネルギーと新プラットフォーム形成

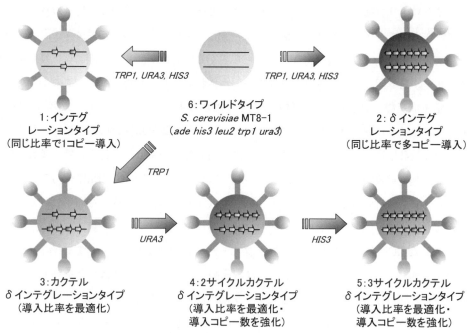

図4　カクテルδインテグレーション法による表層提示の最適化

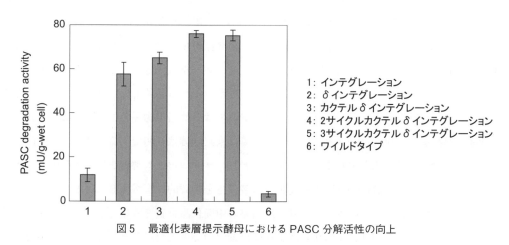

図5　最適化表層提示酵母におけるPASC分解活性の向上

された。今回，PASCに対して最適化が可能となったが，探索に用いる炭素源のバイオマスを変更することで，多様な実バイオマスに対する個別のセルラーゼ提示最適化酵母の構築が可能となる。

1.5　合成生物学による微生物工場の強化

現時点において，我々は酵母 S. cerevisiae においてグルコース（セロオリゴ糖）およびキシ

ロース（キシロオリゴ糖）からのエタノール発酵を可能にしている。今後，実際のバイオマスの前処理試料からのエタノール発酵を考慮すると，前処理プロセスにおいてリグニン由来成分やグルコース成分由来の様々な過分解物などが混入してくる可能性が高く，このような共存化合物によるエタノール発酵阻害が誘導される可能性が危惧されている。したがって，このような前処理における副生成産物に対する耐性の向上も大きな課題の1つとなっている。この解決に向けては，酵母内における代謝産物の解析（メタボロミクス）が代謝経路強化における鍵となる酵素に関して重要な設計指針を与えると考える。細胞内代謝成分の一斉解析を行うには，多数の代謝細分を分離し，個々の濃度を測定する必要がある。これを達成するにはHPLCやGCなどの分析装置に加え，質量分析装置を用いることで，個々の代謝産物の質量の違いを利用した分離能の向上が必要となる。神戸大学「統合バイオリファイナリーセンター」では，糖，有機酸，アミノ酸の検出に適したGC-MS（ガスクロマトグラフィー—質量分析計），糖リン酸などのイオン性化合物の検出に適したCE-MS（キャピラリー電気泳動—質量分析計）装置などを導入し，細胞内代謝産物解析の機器分析法の確立，並びにデータ処理法の開発を行っている。

一例ではあるが，リグノセルロース系バイオマスから効率よくエタノールを生産するためには，主要成分の1つであるキシロースを利用することが求められるが，酵母 *Saccharomyces cerevisiae* はキシロース資化能力が低いため，外来のキシロース代謝系遺伝子を機能発現する形質転換酵母が用いられてきた。しかしながら，組換え酵母のキシロース発酵はグルコース発酵と比べて発酵阻害物質（酢酸，ギ酸，フルフラール，フェノール性化合物など）による負の影響を強く受けることが明らかとなり，キシロースを単一炭素源とする発酵では，発酵阻害物質の存在がエタノール生産量を大きく減少させてしまう。筆者らは発酵阻害物質の中でも酢酸に注目したが，酢酸が発酵を阻害する分子メカニズムについては未だ詳細は不明である。そこで，酢酸添加により影響を受ける代謝因子の特定を目指すこととし，メタボローム解析を用いて酢酸存在下のキシロース発酵における酵母の細胞内代謝物質の蓄積量を網羅的に解析することとした。その結果，培地中への酢酸の添加はペントースリン酸回路の中間代謝物質を蓄積させることを明らかにした。ペントースリン酸回路に位置する酵素を酵母細胞内で過剰発現させたところ，酢酸存在下のエタノール生産量を増大させることに成功した。

微生物の能力を最大限に活用し，発酵プロセスを効率化するためには，細胞内の代謝メカニズムを機能的な方向に改変する必要があるが，微生物の細胞内代謝は遺伝子レベル，タンパク質レベル，代謝物質レベルで厳密に制御されているため，これらの生体内分子ネットワークの挙動を最適化する必要がある。筆者らは，近年飛躍的に発達したシステムバイオロジーを活用して，微生物の代謝系を網羅的に解析するとともに，遺伝子の強化や破壊，新たな代謝経路の導入を大規模に行うことにより，細胞の"ものづくり"代謝を画期的に強化できる合成生物工学を展開して

第6章　バイオエネルギーと新プラットフォーム形成

いる。代謝ネットワーク上の中間代謝物質の蓄積量を網羅的に解析するメタボローム解析は微生物の代謝状態をプロファイリングする上で極めて有用であり，物質生産能力を左右する鍵要素の抽出を可能にしてきた。また，代謝フラックスの変動を評価する解析技術（動的代謝プロファイリング，代謝フラックス解析）は物質生産における律速段階の特定を可能にする。筆者らの研究グループでは，このような代謝評価システムから得られる膨大な情報を高速に解析する情報処理技術を構築することにより，精密かつ複雑な細胞システムを定量的に数値化するとともに，*in silico* の代謝予測システムを用いて新しい機能性細胞の代謝経路をデザインし，遺伝子組換えにより目的物質（燃料や化学品原料）を大量に生産する微生物を創製することを試みている（図6）。

1.6　イオン液体によるバイオマス前処理

セルロース系バイオマスがバイオエタノール製造に向けた新たな非可食性エネルギー原料として期待されている。しかし，セルロースは非常に結晶性が高い天然高分子で酵素分解速度は極めて遅いため，前処理技術開発は実用化の大きなボトルネックとなっている。2002年にRogerらによってイオン液体がセルロースを溶解するという第一報が出て以来[8]，セルロースの可溶化剤（＝構造緩和剤）としてイオン液体が大きく注目を集めている。我々はセルロースの結晶構造を

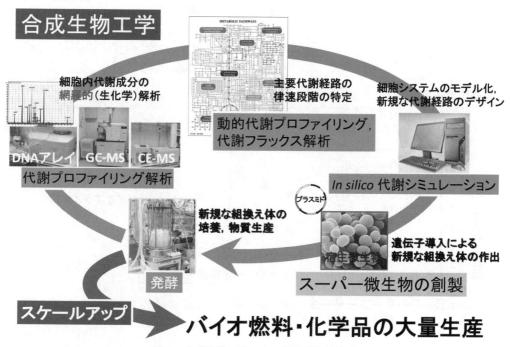

図6　合成生物工学による微生物育種戦略

緩和・脆化することができるこのイオン液体をバイオマスの前処理溶剤として用い，効率的な酵素分解およびエタノール発酵へと誘導する新プロセスの開発を推進している。イオン液体を用いた前処理により，結晶度の高いセルロースの構造が脆化し，酵素によって分解されやすくなったセルロース系バイオマスに対し，セルロース分解能とエタノール発酵能を兼ね備えた酵母を用いることで，効率的かつ低エネルギーでのバイオ燃料生産を行う Ionic liquid-based Consolidated Bio-Processing（i-CBP）の開発を推進中である。

　前述のように，我々はこれまでに細胞表層技術を利用し，目的に応じた多彩なタンパク質を酵母表層に提示する技術を確立してきた。本研究では，我々が開発したセルラーゼ表層提示アーミング酵母を用いて，イオン液体で前処理したセルロースからの直接エタノール発酵に関する検討を行っている。結晶性セルロース（アビセル）をイオン液体で前処理し，アーミング酵母による直接エタノール発酵を行った。結果として，コントロールとして未処理の結晶性アビセルからはエタノールが生産されないのに対し，イオン液体で前処理したセルロースからは非常に効率的にエタノールが生産されることが明らかとなった（図7）。現時点では，まだ実験室レベルでの知見であるが，イオン液体による前処理は，前処理における温度が他の熱水処理方法，希硫酸法，アンモニア爆砕法，アルカリ蒸解などと比べて低温で可能であり，イオン液体のコスト問題が解

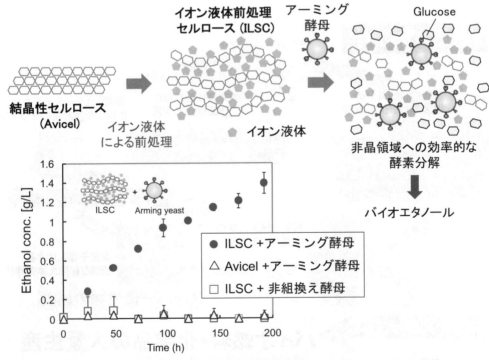

図7　バイオマスのイオン液体前処理と表層提示酵母による直接エタノール発酵

決されれば，今後注目の前処理プロセスとなると考えられる。

1.7 おわりに

我々は，低炭素社会の構築に向け，コア技術として開発してきている細胞表層技術のさらなる強化に加え，細胞内の代謝経路強化を合理的に行うために代謝経路の分析技術を確立するための合成生物工学に関しても研究展開を進めている。さらには，エタノール製造プロセスにおける原料の確保・前処理に関しても重要な事項であると考え，海洋バイオマスのエタノール製造への適応性，さらには低エネルギー入力による効率的なセルロース資源の前処理法の確立なども検討を行っている。現在は，バイオエタノール製造に向けた技術開発がメインであるが，我々は，既に化学品原料としての乳酸[9]，ジアミン[10]などの基幹化合物についても検討を行っており，本節で紹介した「細胞表層技術」×「合成生物工学」，そして「バイオプロセス」を統合するイノベーションを起こすことで，今後さらなる多様な化学品原料のバイオプロセスによる製造に向けた取り組みを加速させ，バイオマスからの"グリーン・イノベーション"を展開していく予定である。そして，より低酸素社会構築に向けた貢献を推進していきたいと考えている。

文　　献

1) Lynd, L. R., *et al.*, *Curr. Opin. Biotechnol.*, **16**, 577 (2005)
2) Fujita, Y., *et al.*, *Appl. Environ. Microbiol.*, **68**, 5136 (2002)
3) Fujita, Y., *et al.*, *Appl. Environ. Microbiol.*, **70**, 1207 (2004)
4) Katahira, S., *et al.*, *Appl. Microbiol. Biotechnol.*, **72**, 1136 (2006)
5) Katahira, S., *et al.*, *Appl. Environ. Microbiol.*, **70**, 5407 (2004)
6) Yanase, S., *et al.*, *Appl. Microbiol. Biotechnol.*, **88**, 381 (2010)
7) Yamada, R., *et al.*, *Microb. Cell Fact.*, **9**, 32 (2010)
8) Swatloski, R. P., *et al.*, *J. Am. Chem. Soc.*, **124**, 4974 (2002)
9) Okano, K., *et al.*, *Appl. Microbiol. Biotechnol.*, **85**, 413 (2010)
10) Tateno, T., *et al.*, *Appl. Microbiol. Biotechnol.*, **82**, 115 (2009)

2 組換え微生物による1-プロパノール生産

浦野信行[*1], 清水　昌[*2], 片岡道彦[*3]

2.1 はじめに

近年, 石油枯渇問題や環境中のCO_2濃度の増加に対する懸念などから, これまでその原料を化石資源に依存していた燃料類や各種化成品を, 再生可能な資源であるバイオマスから得ようとする試みが盛んに行われている。そのような状況の中, バイオマス資源を原料とするプロパノール（1-プロパノールあるいはイソプロパノール）, いわゆるバイオプロパノールの製造を目指した本格的研究開発も開始されている。

プロパノールは多目的な溶媒として様々な分野で使用されている化合物であり, 最近では燃料としての価値も認められている。バイオマス由来の燃料としては現在, バイオエタノールが最も有力であるが, バイオエタノールはオクタン価が高い一方で重量当たりのエネルギーが低く, ガソリンブレンド時に蒸気圧を上昇させるという性質を有している。一方で, バイオマス由来のブタノールもまた, 次期バイオ燃料の候補として重要性が増しているが, 蒸気圧上昇がない代わりにオクタン価が比較的低いという性質を有している。これらに対してプロパノールはエタノールとブタノールの中間的性質を有しており, 比較的高いオクタン価が得られると同時に蒸気圧の上昇も抑えられ, ガソリンブレンド用の燃料としての期待度が非常に大きい。さらにプロパノールは, 代表的汎用ポリマーであるポリプロピレンの単量体であるプロピレンに容易に変換できる化合物でもあり, バイオポリマー原料としても注目を集めている。これまでのバイオエタノールを中心とした燃料生産のためのバイオマス利用だけでなく, 汎用ポリマー原料としてのバイオマス利用が可能になれば, より長期間のCO_2固定という面においても大きな効果が期待できる。加えてプロパノールから得られるポリプロピレンは現在多くの製品に利用されており, ポリ乳酸など他のバイオポリマーと比較して市場に溶け込みやすい利点も有している。

本節では, グルコースを出発原料とした組換え微生物によるバイオプロパノール発酵生産プロセス開発に関して, 筆者らのグループの研究例を中心に紹介する。

[*1] Nobuyuki Urano　大阪府立大学　大学院生命環境科学研究科　応用生命科学専攻　博士研究員

[*2] Sakayu Shimizu　京都学園大学　バイオ環境学部　バイオサイエンス学科　教授

[*3] Michihiko Kataoka　大阪府立大学　大学院生命環境科学研究科　応用生命科学専攻　教授

第6章 バイオエネルギーと新プラットフォーム形成

2.2 プロパノール生産経路の設計

これまでバイオプロパノール生産に関する報告としては,アセトン・ブタノール・エタノール（ABE）発酵菌である Clostridium 属細菌を用いたイソプロパノール生産がある。この方法では ABE 発酵能に加えて,アセトン還元能を有する Clostridium beijerinckii により,ブタノール発酵と同時にイソプロパノールの生成が認められた[1,2]。さらに,C. beijerinckii のイソプロパノール生合成に関わる酵素遺伝子を大腸菌 Escherichia coli に導入することで,10 g/L 前後のイソプロパノールを発酵生産できることが報告された[3,4]。ABE 発酵を利用したものとは別に,遺伝子導入 E. coli を用いた方法として,イソロイシン生合成中間体である 2-ケト酪酸の脱炭酸による 1-プロパノール発酵生産法が報告され,3.5 g/L 程度の 1-プロパノール生産に成功している[5,6]。いずれの方法においても発酵の初発炭素源をグルコースとした場合,プロパノールのグルコースに対する最大理論収率は1.0モル/モルと算出される。これは図1に示すように,炭素数6のグルコースを解糖経路により2つの炭素数3の化合物（ピルビン酸）へと分割し,続いてこれら2つのC3ユニットの縮合と脱炭酸を伴ってプロパノールへと変換するからであり,いわば3段階の"もったいない"炭素放出ステップが存在しているからである。そこで筆者らは,対グルコース収率のさらに高いバイオプロパノール生産法の構築を目指して,プロパノール生合成経路の設計を行った。その結果,新規 1-プロパノール人工生合成経路として図2に示す経路,すなわち解糖経路の中間物質であるジヒドロキシアセトンリン酸（DHAP）を初発物質とし,1,2-プロパンジオール（1,2-PD）を中間物質とする経路を想定した。本経路ではグルコースより生じたC3ユニットを縮合や脱炭酸を経ずにそのまま 1-プロパノールへ変換する。そのため,グルコース

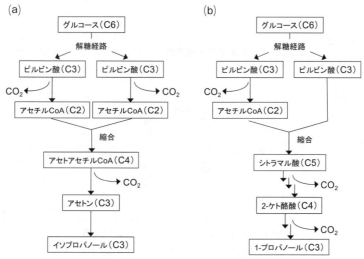

図1 ABE 発酵経路を利用したイソプロパノール発酵生産経路(a)と 2-ケト酪酸を中間体とする 1-プロパノール発酵生産経路(b)の概略

から解糖経路によりDHAPとともに生じるグリセルアルデヒド-3-リン酸（GAP）をDHAPへと変換し利用することで，1.0モルのグルコースより最大2.0モルの1-プロパノールを得ることが可能である。実際には，菌体の生命維持活動や本生合成経路に含まれる3段階のNAD(P)H要求性の還元反応などに必要となるエネルギーなどはGAPの代謝によって得ることを想定しているが，その場合でも以下の式(1)に示すように1-プロパノールの対グルコース理論収率は1.25モル/モルと試算され，前述の2つの経路によるプロパノール生産よりも高い収率が期待できる。

$$1 \times グルコース + 0.375 \times O_2$$
$$\rightarrow 1.25 \times 1\text{-プロパノール} + 1 \times H_2O + 2.25 \times CO_2 + 1.75 \times ATP \tag{1}$$

2.3　1,2-PD生産菌の育種

　グルコースから1,2-PDに至る発酵生産経路を人工的に構築した*E. coli*を利用した1,2-PD生産プロセスについてはすでにいくつかの報告がなされている[7,8]。この経路は図2にあるように，解糖経路でグルコースから生成するDHAPを初発物質とし，メチルグリオキサール（MG），ヒドロキシアセトン（HA）あるいはラクトアルデヒド（LA）を経て1,2-PDへと至る3段階の反応ステップ（MG合成反応（図2反応①），MG還元反応（同②，③），HA還元反応（同④）あるいはLA還元反応（同⑤））により構成される。これら反応ステップを触媒する酵素について，すでに報告のある酵素あるいは筆者らの研究室で所有しているカルボニル還元酵素ライブラリー[9]を用いて探索・評価を行い，本経路に適用可能な酵素の選抜を行った。選抜した酵素のうち図2の反応②を触媒する酵素（アルデヒド還元酵素）は反応⑤も，また図2の反応④を触媒する酵素（グリセロール脱水素酵素）は反応③も触媒することが可能であり，これらの酵素を用い

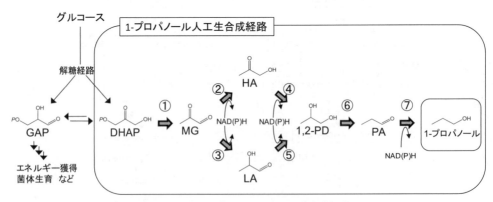

図2　新規1-プロパノール人工生合成経路

DHAP：ジヒドロキシアセトンリン酸，MG：メチルグリオキサール，HA：ヒドロキシアセトン，LA：ラクトアルデヒド，1,2-PD：1,2-プロパンジオール，PA：プロピオンアルデヒド，GAP：グリセルアルデヒド-3-リン酸

第6章 バイオエネルギーと新プラットフォーム形成

ることにより MG から HA または LA の両方を経由して 1,2-PD の生成が可能となると考えられた。こうして選抜した3種の酵素遺伝子を E. coli に導入した形質転換体を，グルコースを含む培地で嫌気的に培養したところ，培養上清中に 1,2-PD の生成が認められた（表1）。一方で，同じ形質転換 E. coli を好気的条件で培養したところ，1,2-PD の生成は認められたものの，その生成量は嫌気的条件で培養したときと比べ少量であり，これは解糖経路で生成する DHAP のほとんどが GAP に変換され好気的に代謝されてしまい，1,2-PD への変換に利用されていないためであると推測される。なお，これらの酵素遺伝子を導入していない E. coli は好気・嫌気いずれの培養条件においても 1,2-PD の生産は確認できなかった。これらの結果から，上記の3種の酵素を組み込んだ E. coli によりグルコースから 1,2-PD の発酵生産が可能なことが示された。

2.4 1-プロパノール生産菌の育種

1,2-PD を 1-プロパノールへ変換する反応，すなわち 1,2-PD の脱水反応によるプロピオンアルデヒド（PA）への変換反応（図2反応⑥）と続く還元反応による 1-プロパノールへの変換反応（同⑦）を触媒する酵素系としては，*Klebsiella* 属細菌など数種の腸内細菌に存在することが知られており，その酵素遺伝子は *dha* 遺伝子クラスターあるいは *pdu* 遺伝子クラスターに含ま

表1 組換え微生物による 1,2-PD および 1-プロパノールの生産（48時間培養）

宿主	導入反応ステップ[*1]	炭素源	通気条件	AdoCbl	1,2-PD 生成量(mM)	1-プロパノール生成量(mM)
E. coli	なし	グルコース[*3]	好気	無添加	0	0
		グルコース[*3]	嫌気	無添加	0	0
	①〜⑤	グルコース[*3]	好気	無添加	1.3	0
		グルコース[*3]	嫌気	無添加	20.6	0
	①〜⑦[*2]	グルコース[*4]	嫌気	無添加	17.2[*6]	0[*6]
		グルコース[*4]	嫌気	添加	1.9[*6]	16.9[*6]
E. blattae	なし	グルコース[*3]	嫌気	無添加	0	0
		グリセロール[*5]	嫌気	無添加	0	0.2
		グルコース[*3]＋グリセロール[*5]	嫌気	無添加	0	0
	①〜⑤	グルコース[*3]	嫌気	無添加	9.3	0
		グリセロール[*5]	嫌気	無添加	0	0.3
		グルコース[*3]＋グリセロール[*5]	嫌気	無添加	4.9	2.0

[*1] 各反応ステップは図2を参照。 [*2] 酵素再活性化因子および補酵素再生系を含む。 [*3] グルコース濃度100 mM（18 g/L）。 [*4] グルコース濃度200 mM（36 g/L），消費グルコース濃度約120 mM（約22 g/L）。 [*5] グリセロール濃度200 mM（18 g/L）。 [*6] 96時間培養。

れている[10]。このうち *dha* 遺伝子クラスターに含まれる酵素系に関しては，嫌気的条件下におけるグリセロール代謝に関与することが示唆されており[10]，本変換反応とは反応基質こそ異なってはいるが 1,3-PD の工業生産にも利用されている[11]。この 1,2-PD から 1-プロパノールへの変換反応系と前項で構築した 1,2-PD 生合成系を組合わせることで，グルコースからの 1-プロパノール生産が可能になるかどうかを確認するため，まず *dha* 遺伝子クラスターを有している *Escherichia blattae*[12] を宿主とする 1-プロパノール生産菌株の育種を試みた。*E. blattae* は，*E. coli* と同じ *Escherichia* 属細菌であり，*E. coli* で開発された多くの遺伝子組換えツールが使用可能である。この *E. blattae* を宿主として前述の DHAP から 1,2-PD に至る変換酵素系を導入することにより，*E. blattae* が有しているグルコースから DHAP の生成経路（解糖経路）と 1,2-PD から 1-プロパノールへの変換経路（*dha* 遺伝子クラスター）と合わせてグルコースから 1-プロパノールへの人工生合成経路が完成できると期待された。作成した組換え *E. blattae* を，グルコースとグリセロールの両方を炭素源として嫌気的に培養したところ（*dha* 遺伝子クラスターの酵素群はグリセロール存在下で発現誘導されることが報告されている[10]），培養上清中に 1,2-PD とともに 1-プロパノールの蓄積が確認できた（表1）。図3はその際の各物質の経時変化を示したものである。培養の初期段階ではグルコースの速やかな消費が見られ，同時に 1,2-PD の蓄積が認められる。グルコースが枯渇すると徐々にグリセロールの消費が開始され，

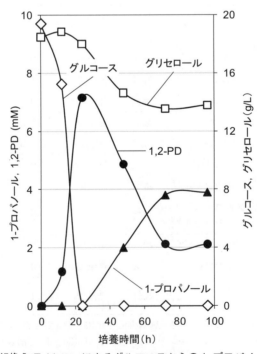

図3　組換え *E. blattae* によるグルコースからの 1-プロパノール生産

第6章 バイオエネルギーと新プラットフォーム形成

それと同時に1,2-PDの減少と1-プロパノールの生成が観察された。このとき，1,2-PD減少量と1-プロパノール生成量は等量ではなく，1,2-PD減少量の方が多く，減少した1,2-PDの一部は1-プロパノール以外の別の物質に代謝されていることが示唆された。一方で，本菌をグルコースのみを含む培地で培養したところ，1,2-PDの生成のみが認められ，1-プロパノールの生成は見られなかった（表1）。これらの結果から，E. blattaeに導入した酵素によって生成された1,2-PDは，グリセロール（あるいはその代謝産物）によって発現誘導される酵素群，すなわち*dha*遺伝子クラスターの酵素群によって1-プロパノールへと変換されたと考えられ，これらの酵素の組合わせでグルコースから1-プロパノールへ至る経路が構築可能と判断できた。なお，グリセロールのみを含む培地で培養した際の培養上清にもごく少量の1-プロパノール生成が観察される。これはDHAPから1,2-PDの変換酵素系を導入していない株を培養した場合にも観察されることから，グリセロールから1,2-PD（あるいは別の中間生成物）を経て1-プロパノールへと変換されていることが予想されるが，現在のところ詳細な変換経路は不明である。

　組換えE. blattaeによるグルコースからの1-プロパノールの生産は可能になったものの，1,2-PD生産量がE. coliと比べて少なく，生成した1,2-PDも全量が1-プロパノールに変換されず一部は別の代謝物に変換されていることが示唆されるなど改善の余地が見られた。そこでE. blattaeから1,2-PDを1-プロパノールに変換する酵素系遺伝子をクローニングし，前述の1,2-PD生産E. coliに導入することで1-プロパノール生産菌の育種を試みた。*dha*遺伝子クラスターにおいて1,2-PD脱水活性を有するグリセロール脱水酵素は*dhaBCE*により，またPA還元活性を有する酸化還元酵素は*dhaT*によりコードされている。このグリセロール脱水酵素はビタミンB_{12}補酵素（アデノシルコバラミン，AdoCbl）依存型の酵素であるが，反応を繰り返すと高頻度で不活性化される[13]。不活性化は酵素に固く結合しているAdoCblが損傷し，結合したまま外れないために生じ，連続的かつ効率的な変換反応には損傷補酵素を酵素本体から取り除く再活性化因子（*dhaFG*遺伝子産物）と損傷補酵素の再生系（E. coli内在性のコバラミン還元酵素および*dhaHI*遺伝子産物）が必要となる（図4）[13]。そのため，酵素本体をコードする*dhaBCE*と*dhaT*に加え，補酵素再生系として*dhaFG*と*dhaHI*のすべてを，前述の1,2-PD生産E. coliに導入した。E. coliはAdoCblを合成することができないため，作成した組換えE. coliをAdoCbl無添加の培地で培養すると1,2-PDの蓄積のみが観察されたが，培地中にAdoCblを添加して培養することにより培養上清中に1-プロパノールの蓄積が認められた（表1，図5）。この組換えE. coliを用いたグルコースからの1-プロパノール発酵生産は，バッチ培養144時間で消費グルコース132.6 mM（≒23.9 g/L），1-プロパノール生産量19.9 mM（≒1.2 g/L）であり，対グルコース収率は0.15モル/モル（≒0.05 g/g）であった。

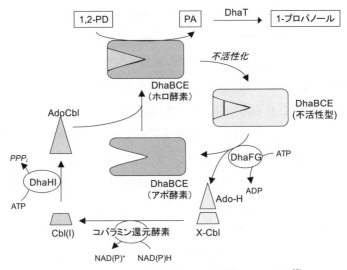

図4 グリセロール脱水酵素の再活性化メカニズム[13]
AdoCbl：アデノシルコバラミン，Ado-H：5'-デオキシアデノシン，
X-Cbl：不活性化コバラミン，Cbl(I)：コバラミン(I)

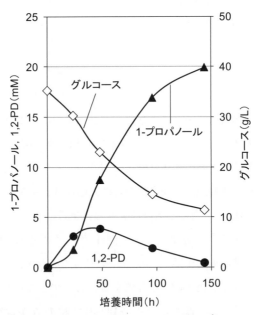

図5 組換え E. coli によるグルコースからの1-プロパノール生産

2.5 おわりに

再生可能な資源であるバイオマスから燃料あるいは汎用ポリマーを得る方法の1つとして，組換え E. coli を用いたグルコースからの1-プロパノール発酵生産法の開発を目的とした。1-プロパノールの人工的な生合成経路を設計し，それに必要となる酵素の探索と選抜を行い，さらにす

第6章 バイオエネルギーと新プラットフォーム形成

べての酵素系を1つの微生物に集約した組換え E. coli を作成した。この組換え E. coli により，グルコースから1-プロパノールを直接生産することに成功し，設計した1-プロパノール人工生合成経路が機能することが証明できた。

　今後，新たな酵素系スクリーニングやプロテオーム解析，酵素機能の改良などによる人工生合成経路の最適化，宿主微生物の変更や中間生成物代謝経路を破壊した宿主菌株の育種，1-プロパノール生産培養条件の最適化の検討などを行い，収量・収率をさらに高め実用化に近づけていきたい。

文　　献

1) J. S. Chen and S. F. Hiu, *Biotechnol. Lett.*, **8**, 371 (1986)
2) H. A. George et al., *Appl. Environ. Microbiol.*, **45**, 1160 (1983)
3) T. Hanai, S. Atsumi and J. C. Liao, *Appl. Environ. Microbiol.*, **73**, 7814 (2007)
4) T. Jojima, M. Inui and H. Yukawa, *Appl. Microbiol. Biotechnol.*, **77**, 1219 (2008)
5) C. R. Shen and J. C. Liao, *Metab. Eng.*, **10**, 312 (2008)
6) S. Atsumi and J. C. Liao, *Appl. Environ. Microbiol.*, **74**, 7802 (2008)
7) N. E. Altaras and D. C. Cameron, *Appl. Environ. Microbiol.*, **65**, 1180 (1999)
8) N. E. Altaras and D. C. Cameron, *Biotechnol. Prog.*, **16**, 940 (2000)
9) M. Kataoka et al., *Appl. Microbiol. Biotechnol.*, **62**, 437 (2003)
10) R. Daniel, T. A. Bobik and G. Gottschalk, *FEMS Microbiol. Rev.*, **22**, 553 (1998)
11) C. E. Nakamura and G. M. Whited, *Curr. Opin. Biotechnol.*, **14**, 454 (2003)
12) S. Andres et al., *J. Mol. Microbiol. Biotechnol.*, **8**, 150 (2004)
13) T. Toraya, *Cell. Mol. Life Sci.*, **57**, 106 (2000)

3 Clostridium 属細菌によるバイオブタノール生産

田中重光[*1]，小林元太[*2]

3.1 はじめに

近年，化石燃料の大量消費に伴う地球温暖化への対策から，バイオ燃料を導入する取り組みが注目されている。バイオ燃料には，バイオディーゼル（主原料は植物性油脂），バイオエタノールおよびバイオブタノールが含まれる。これらのうち，バイオエタノールとバイオブタノールは発酵法により生産されるが，バイオエタノールは既に一部で燃料として利用されている。一方，バイオブタノールは，菌体に対する毒性が強く，高濃度で生産できない問題点を抱えている。しかし，バイオブタノールは，バイオエタノールに比べて，エネルギー価が高く，難水溶性であるなど燃料として優れた特性を有しており，その効率的な生産法の開発が強く求められている。本節では，アセトン・ブタノール（ABE）発酵の特徴，ソルベント毒性とその回避の取り組みについて概説する。

3.2 アセトン・ブタノール菌の種類とその代謝

工業的アセトン・ブタノール菌は偏性嫌気性，芽胞形成能を有するグラム陽性桿菌 *Clostridium* 属細菌に属する。アセトン・ブタノール菌は，最も研究が進んでいる *C. acetobutylicum* に加え，*C. beijerinckii*，*C. saccharoperbutylacetonicum*，*C. saccharobutylicum* の4種が知られている[1,2]。これら菌株は，α-アミラーゼやα-グルコシダーゼ，β-アミラーゼ，β-グルコシダーゼ，グルコアミラーゼ，プルラナーゼ，アミロプルラナーゼなど，種々の炭水化物分解酵素を分泌し，デンプン質を発酵基質として利用可能である。また，炭水化物分解酵素の働きにより生じたヘキソースやペントースなど種々の糖類は，菌体内へと取り込まれ，解糖系あるいはペントースリン酸経路を経て代謝される。この時，グルコースやフルクトースなどの取り込み過程では，ホスホエノールピルビン酸依存性ホスホトランスフェラーゼ系（PTS）が主に寄与するが，ガラクトースに関してはATP依存性ガラクトキナーゼなどの非PTS系が寄与することが知られている[3,4]。アセトン・ブタノール菌の有用性は，エタノール生産に用いられる酵母とは異なり，デンプンやグルコースなどの食糧として利用可能な糖類以外にも広範な糖類を利用できることにある。

アセトン・ブタノール菌の代謝は非常に複雑であり，ABE発酵においては，菌体増殖期によってその代謝産物が大きく変化する。対数増殖期は，酢酸・酪酸を生産する酸生成期であるが，定

[*1] Shigemitsu Tanaka　佐賀大学　農学部　産学官連携研究員
[*2] Genta Kobayashi　佐賀大学　農学部　准教授

第6章 バイオエネルギーと新プラットフォーム形成

常期に至ると代謝転換が生じ，アセトン・ブタノール・エタノールを生産するソルベント生成期となるのである．図1にアセトン・ブタノール菌の代謝経路および代謝酵素を示す[5]．菌体内に取り込まれたグルコースなどのヘキソースは，解糖経路を経てピルビン酸へと変換される．また，ペントースに関しても，解糖経路中のフルクトース-6-リン酸あるいはグリセルアルデヒド-3-リン酸として代謝される．ピルビン酸はピルビン酸-フェレドキシンオキシドレダクターゼにより酸化的脱炭酸され，アセチルCoAへと変換される．アセチルCoAは，さらに二量化されアセトアセチルCoA，続いて脱水・還元によりブチリルCoAへと変換される．酸生成期においては，これらアセチルCoAおよびブチリルCoAから，それぞれ酢酸・酪酸が生成され，菌体増殖と代謝に重要なATPを2分子獲得する．一方，増殖が定常期に至るとソルベント生成へと代謝がシフトする．ひとたび代謝転換が起こると，それまでに生成した酢酸および酪酸を，それぞれアセチルCoA，ブチリルCoAへと再同化する．この反応は，CoAトランスフェラーゼの働きにより，アセトアセチルCoAからアセト酢酸に変換する反応と共役して起こる．さらに，アセチルCoAとブチリルCoAは，それぞれエタノールとブタノールに還元され，最終生産物として菌体外へと排出される．また，アセチルCoAとブチリルCoAの再同化の際に生じたアセト酢酸

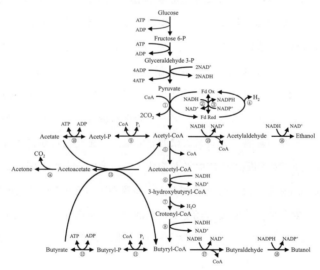

図1 アセトン・ブタノール菌の代謝経路図

①ピルビン酸-フェレドキシンオキシドレダクターゼ，②NADH-フェレドキシンレダクターゼ，③フェレドキシン-NADレダクターゼ，④ヒドロゲナーゼ，⑤チオラーゼ，⑥3-ヒドロキシブチリル-CoAデヒドロゲナーゼ，⑦クロトニルCoAヒドラターゼ，⑧ブチリルCoAデヒドロゲナーゼ，⑨ホスホトランスアセチラーゼ，⑩酢酸キナーゼ，⑪ホスホトランスブチリラーゼ，⑫酪酸キナーゼ，⑬CoAトランスフェラーゼ，⑭アセト酢酸デカルボキシラーゼ，⑮アセトアルデヒドデヒドロゲナーゼ，⑯エタノールデヒドロゲナーゼ，⑰ブチルアルデヒドデヒドロゲナーゼ，⑱ブタノールデヒドロゲナーゼ

は，アセト酢酸デカルボキシラーゼにより脱炭酸され，アセトンへと変換される。

ABE 発酵における各種最終代謝産物は，菌体にとって，代謝の過程で生じる余剰電子を廃棄する手段としての役割も担っている。解糖経路およびピルビン酸の酸化的脱炭酸反応において NADH が余剰電子として生じる。この NADH はアセトアセチル CoA からブチリル CoA への還元反応に用いられるほか，酸生成期ではヒドロゲナーゼの働きにより水素として放出される。一方，ソルベント生成期では水素の生成量は減少し，NADH はアセチル CoA とブチリル CoA からエタノール，ブタノール生成への還元力として用いられる。つまり，発酵のフェーズによって電子の受け渡し先を変更しつつ，そのバランスを保つことにより代謝を制御しているのである。アセトン・ブタノール菌のソルベントの生成比は，酢酸や酪酸および人工電子供与体を添加することで大きく異なることが知られている[6~10]。つまり，アセトン・ブタノール菌の代謝は，炭素および電子の流れのバランスにより厳密に制御されているのである。

3.3 ソルベント毒性

ABE 発酵における最大の問題点は，最終生産物であるソルベントが菌体増殖阻害を示すことにある。一般に回分培養における *Clostridium* 属細菌の代謝は，ソルベント濃度が約 20 g/L に到達すると阻害され，停止する。特にブタノールの生育阻害は強く，アセトンおよびエタノールの 50% 致死濃度が約 40 g/L であるのに対し，ブタノールは 7～13 g/L 程度で同様の阻害を示す[5]。また，各ソルベントの菌体に対する致死濃度は，アセトンが約 70 g/L，エタノールが約 50～60 g/L であるのに対し，ブタノールは約 12～16 g/L であり，*Clostridium* 属細菌の ABE 発酵における低濃度のソルベント生産は，ブタノールの細胞毒性によるところが大きい[5]。

菌体に対するブタノールの阻害メカニズムに関しては，いまだ明らかにされていない部分が多いが，ブタノール存在下での細胞膜の流動性が変化することに，主たる要因があると考えられている。Vollherbst-Schneck ら[11]は，低濃度ブタノール存在下（5 g/L）では菌体の膜の流動性に変化は見られないのに対して，高濃度（10 g/L）では 20～30% 増加する現象を見出した。この細胞膜の流動性の増加により，本来膜が担う物質輸送機能の崩壊が引き起こされるのである（図2）。

Moreira ら[12]は，ブタノールの添加が膜結合型 ATPase の働きを阻害することを報告した。膜結合型 ATPase は，プロトン転移反応を触媒することにより細胞内 pH の維持に重要な役割をはたす。これらが阻害を受けると ATP 合成や糖やアミノ酸の取り込みなどに必要な駆動力を欠くことになり，結果的に菌体の生育に重大な影響を及ぼす。Riebeling ら[13]は，膜結合型 ATPase の特異的阻害剤である N,N'-ジシクロヘキシルカルボジイミドを *C. acetobutylicum* 培養液中に添加すると，細胞内 pH の低下が生じ，高濃度（10^{-5} M）では完全に生育が阻害されることを示

第6章 バイオエネルギーと新プラットフォーム形成

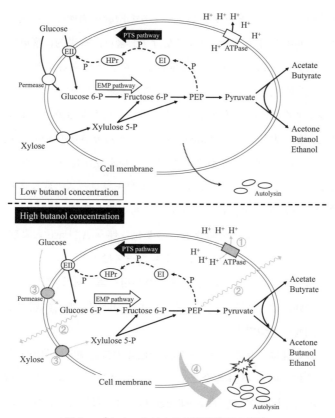

図2 ブタノールによる細胞膜機能の崩壊
①膜結合型 ATPase の阻害，②ホスホエノールピルビン酸（PEP）とグルコース-6-リン酸の漏出，③グルコース・キシロースパーミアーゼの阻害，④Autolysin 放出の亢進

した。このことと類似して，ブタノールの添加実験では，7 g/L 相当の添加により pH 勾配（ΔpH）は1.2から1.0以下に減少し，10 g/L 相当では完全に ΔpH が消失することが明らかにされた[14]。

偏性嫌気性グラム陽性細菌である ABE 産生 Clostridium 属細菌は，菌体内への糖の取り込みの手段を，PTS に大きく依存する[4]。ブタノールによる膜の流動性の増加は，上述の pH 勾配を駆動力とした能動輸送に加えて，PTS を利用した糖の取り込みにも影響を及ぼすと考えられている。PTS は，解糖系より得られる PEP のリン酸基を，細胞質酵素 Enzyme I, HPr から膜酵素 Enzyme II へ転移し，糖をリン酸化することにより細胞内に取り込む経路である。Hutkins と Kashket[15] は，グルコースのアナログである 2-デオキシグルコースを用い，ブタノールが C. acetobutylicum の PTS によるグルコース異化に及ぼす影響を調査した。その結果，2％ブタノール濃度までホスホトランスフェラーゼの活性は阻害されないものの，PEP および 2-デオキシグルコース-6-リン酸（DGP）の漏出が生じることを見出した。彼らは，これら PEP と DGP

の漏出は，ブタノールのカオトロピック効果，つまり細胞膜の崩壊により生じたものと結論付けている。このブタノールのPEP依存性PTSに及ぼす影響は，結果的に解糖におけるピルビン酸産生の低下を招く。このことは，BowlesとEllefson[16]の報告にあるブタノール存在下での細胞内ATPや，グルコース取り込みの低下が見られることと矛盾しない。

また，ブタノールによる糖の取り込み阻害の程度は，基質となる糖がグルコースとキシロースで大きく異なることが知られている。Ounineら[17]は，*C. acetobutylicum* の発酵基質にグルコースおよびキシロースを用いた場合，それぞれブタノール濃度が12 g/Lと8 g/Lで，生育が完全に阻害されることを報告した。また，グルコースおよびキシロースの取り込みの50％が阻害されるブタノール濃度は，それぞれ10.5 g/Lと7 g/Lであることを示した。このことから，これら糖の取り込み阻害は，ブタノールによる膜構造の変化に伴うATPaseおよびパーミアーゼの阻害に起因すると示唆された。キシロースおよびグルコースは，セルロースやヘミセルロースの構成単糖である。木質系バイオマスのABE発酵への利用を考える上で，これら基質によるブタノール阻害の度合いの強弱は，低濃度のブタノール生産の問題に加え，安定な発酵生産を行うためにも，憂慮すべき問題の1つである。

さらに，ブタノール毒性は，ソルベント生成期の菌体の自己融解に関与することが指摘されている。阻害濃度のブタノールが引き金となり，ソルベント生成期における自己融解酵素（autolysin）の放出が亢進するのである[5]。Allcockら[18]は，野生株ではブタノールの添加によりソルベント生成期の菌体の融解が促進されるのに対して，自己融解活性低下株では細胞の安定性に影響を受けないことを示した。また，Van der Westhuizenら[19]は，自己融解活性低下株ではブタノールに対する耐性が向上し，ブタノール生産量が，わずかに増加することを示した。

以上，ブタノールの菌体に対する毒性のメカニズムは十分には解明されていないものの，ブタノールが細胞膜に作用し膜透過性の増大や物質の漏出，細胞膜酵素などの重要な膜機能を阻害することに起因するものと考えられる。

3.4 ソルベント毒性回避の取り組み

ABE発酵の効率化にとって最大の課題は，ブタノールによる毒性をいかに回避するかという点にある。そこで本項では，アセトン・ブタノール菌におけるこれまでのブタノール毒性回避の取り組みについて概説したい。主な毒性回避の方法としては，ソルベント耐性株の取得および発酵プロセスにおけるソルベントの回収が試みられてきた。

従来のソルベント耐性株の取得には，変異処理が試みられてきた。AnnousとBlaschek[20]は，変異剤であるN-メチル-N,ニトロ-N-ニトロソグアニジンを用いて，*C. beijerinckii* NCIMB 8052の変異を行った。その結果，ブタノール致死濃度が11 g/Lである親株と比べて，23 g/Lへ

と向上した変異株BA101を取得した[21]。また，得られた変異株BA101では，ソルベントが29 g/L，ブタノールが19 g/Lへと生産能が向上することが示されている[22]。LinとBlaschek[23]は，C. acetobutylicum ATCC 824の変異処理および培地中のブタノールの選択圧により，変異株SA-1を取得した。SA-1株は，親株のブタノール致死濃度である15 g/Lで生育可能であり，ソルベント生産量は低下したものの，ブタノール生産の向上を示している。このように，アセトン・ブタノール菌の変異処理では，優れたブタノール耐性株が得られることが報告されている。しかし，これらランダムミューテーションにより得られた変異株では，耐性メカニズムの詳細については不明である。

その点，近年の遺伝子改変技術の向上は，個々の遺伝子を標的としたブタノール耐性付与を可能にし，その遺伝子発現のソルベント生産および耐性向上への寄与を評価することを可能にした。そのため，現在ではアセトン・ブタノール菌における種々遺伝子の発現抑制および亢進が盛んに試みられている。なかでもブタノール耐性については，種々の環境ストレスに対して，生体機能の恒常性維持に寄与するストレスタンパク質 groESL の過剰発現が，C. acetobutylicum ATCC 824におけるブタノールの生育阻害を85％軽減し，ブタノールおよびアセトンの生産が向上することが明らかにされた[24]。また，アンチセンスRNA法を用いた酪酸キナーゼの抑制により，野生株のブタノール致死濃度を超えた生産量が得られることや，ゲノムライブラリー法で得られたブタノール耐性株が，導入されたプラスミド中にアルコールデヒドロゲナーゼやCoAトランスフェラーゼの転写制御因子と推定される遺伝子を持つことも報告されている[25,26]。このように，ブタノール耐性あるいはそれに伴うブタノール生産向上株の取得に，ターゲットとなるタンパク質や酵素，転写因子などが，現在1つ1つ解明されてきている。

一方，ソルベント毒性回避には，発酵槽において連続的にソルベントを除去し，低濃度に維持する試みが盛んに行われている。従来の発酵ブロスからのソルベント回収には蒸留法が用いられてきたが，エネルギーコスト低減のため，代替法が模索されてきた。具体的には，浸透気化法，溶媒抽出法，ガスストリッピング法，吸着法がよく検討されている。各方法の特徴については，文献[27]を参照されたい。

3.5 おわりに

バイオ燃料としてバイオブタノールの実用化を実現するためには，発酵生産におけるブタノールの菌体毒性を回避することは必要不可欠である。ブタノールは，生育およびブタノール生産に関わる種々因子の広範にわたって影響を及ぼすため，高ブタノール耐性・生産株の人為的な作出には，高い相乗作用を示す標的遺伝子の組み合わせの特定が必要であろう。また，本節では，ブタノールの毒性メカニズムとその回避法に焦点を置き概説したが，連続発酵，菌体固定化，高密

度培養など培養システムの工夫によるブタノール生産の向上も検討されている[28,29]。これらを組み合わせた発酵プロセスによる生産効率の向上は，LCAを意識しながら今後さらに検討する必要がある。著者らは，㈱新エネルギー・産業技術総合開発機構（NEDO）「新エネルギー技術開発研究開発／バイオマスエネルギー等高効率転換技術開発（先導技術開発）」受託研究において，㈱産業技術総合研究所および九州大学，東京農業大学と共同研究を開始し，バイオブタノールの効率的な発酵生産法の開発に着手している。この研究開発項目には，高効率ABE発酵生産プロセスの開発，高性能ABE発酵菌株の分子育種およびバイオインフォマティクス技術を応用したABE発酵の代謝制御解析を挙げており，多面的なアプローチを行っている。

文　　献

1) Jones, D. T *et al.*, *FEMS Microbiol. Rev.*, **17**, 223（1995）
2) Keis, S *et al.*, *Int. J. Syst. Evol. Microbiol.*, **51**, 2095（2001）
3) Lee, J., Blaschek H. P., *Appl. Environ. Microbiol.*, **67**, 5025（2001）
4) Mitchell W. J., *Adv. Microb. Physiol.*, **39**, 31（1998）
5) Jones, D. T., Woods, D. R., *Microbiol. Rev.*, **50**, 484（1986）
6) Hartmanis, M. G. N *et al.*, *Appl. Microbiol. Biotechnol.*, **20**, 66（1984）
7) Chauvatcharin, S *et al.*, *Biotechnol. Bioeng.*, **58**, 561（1998）
8) Chen, C. K., Blaschek, H. P., *Appl. Environ. Microbiol.*, **65**, 499（1999）
9) Tashiro, Y *et al.*, *J. Biosci. Bioeng.*, **98**, 263（2004）
10) Tashiro, Y *et al.*, *J. Biosci. Bioeng.*, **104**, 238（2007）
11) Vollherbst-Schneck, K *et al.*, *Appl. Environ. Microbiol.*, **47**, 193（1984）
12) Moreira, A. R *et al.*, *Biotechnol. Bioeng. Symp.*, **11**, 567（1981）
13) Riebeling, V *et al.*, *Eur. J. Biochem.*, **55**, 445（1975）
14) Gottwald, M., Gottschalk, G., *Arch. Microbiol.*, **143**, 42（1985）
15) Hutkins, R. W., Kashket, E. R., *Appl. Environ. Microbiol.*, **51**, 1121（1986）
16) Bowles, L. K., Ellefson, W. L., *Appl. Environ. Microbiol.*, **50**, 1165（1985）
17) Ounine, K *et al.*, *Appl. Environ. Microbiol.*, **49**, 874（1985）
18) Allcock, E. R *et al.*, *Appl. Environ. Microbiol.*, **42**, 929（1981）
19) Van der Westhuizen, A *et al.*, *Appl. Environ. Microbiol.*, **44**, 1277（1982）
20) Annous, B. A., Blaschek, H. P., *Appl. Environ. Microbiol.*, **57**, 2544（1991）
21) Qureshi, N., Blaschek, H. P., *J. Ind. Microbiol. Biotechnol.*, **27**, 287（2001）
22) Formanek, J *et al.*, *Appl. Environ. Microbiol.*, **63**, 2306（1997）
23) Lin, Y. L., Blaschek, H. P., *Appl. Environ. Microbiol.*, **45**, 966（1983）
24) Tomas, C. A *et al.*, *Appl. Environ. Microbiol.*, **69**, 4951（2003）

第6章　バイオエネルギーと新プラットフォーム形成

25) Desai, R. P *et al.*, *Appl. Environ. Microbiol.*, **65**, 936 (1999)
26) Borden, J. R., Papoutsakis, E. T., *Appl. Environ. Microbiol.*, **73**, 3061 (2007)
27) Ezeji, T *et al.*, *Appl. Microbiol. Biotechnol.*, **85**, 1697 (2010)
28) Tashiro, Y *et al.*, *J. Biotechnol.*, **120**, 197 (2005)
29) Ezeji, T. C *et al.*, *Curr. Opin. Biotechnol.*, **18**, 220 (2007)

4 セルロース系バイオマスからのブタノール生産

三宅英雄*

4.1 はじめに

　化石燃料依存の石油化学産業は微生物などの生体触媒を用いた産業（ホワイトバイオテクノロジー産業）への技術革新が必要になっている。ガソリンに代わる燃料としてアメリカやブラジルを中心に"バイオエタノール"が急速に普及し始めているが，使用するバイオマスがデンプン質や糖質などの食料であるため食料問題と競合している。そのため，農作物の残渣や廃材などを利用したセルロース質からのバイオ燃料の生産など"バイオリファイナリー"への基盤形成が急務となっている。

　農林水産省と経済産業省のバイオ燃料技術革新協議会によると，草木系，木質系のリグノセルロースを出発原料とし，リグノセルロースに含まれるセルロース，ヘミセルロース，リグニンから中間体であるシュガープラットフォームとフェノールプラットフォームの構築が重要である[1]。シュガープラットフォームであるグルコース，ガラクトース，キシロースなどの単糖から発酵微生物を使ってエタノール，プロパノール，ブタノールなどのアルコールや酢酸，乳酸，コハク酸などの有機酸への変換と，フェノールプラットフォームである低分子量有機化合物，バイオオイル，リグノフェノールからアルキルベンゼン類，フェノール樹脂，水素，ポリマー（樹脂）への変換を行うことで，セルロース系バイオマスからのバイオリファイナリーを目指す（図1）。特に，セルロース，ヘミセルロースはリグノセルロースの構成成分の約3分の2を占め，シュガープラットフォームからアルコールや有機酸への早急な開発が急務となっている。

　そこで本節では，嫌気性菌である*Clostridium*属のいくつかの菌株は，リグノセルロースからシュガープラットフォームを形成する菌株やブタノールをはじめとするアルコールや酢酸や酪酸などの有機酸を生産する菌株があることが明らかとなっており，これらの微生物を活用したセルロース系バイオマスからのブタノール生産や有機酸獲得のための戦略について紹介する。

4.2 ABE発酵

　アセトン・ブタノール・エタノール（ABE）発酵は，酵母を使ったエタノール発酵に続いて実用化された発酵技術である[2]。第二次世界大戦後に化学合成法によるブタノール生産が開始され，安価な合成ブタノールが普及するにつれてABE発酵によるアセトン・ブタノール生産は世界的に衰退した。近年，化石燃料の高騰と地球温暖化における環境問題が注目されるようになり，イギリスの石油メーカーのBP社とアメリカの化学メーカーであるデュポン社が共同でバイ

＊　Hideo Miyake　三重大学　大学院生物資源学研究科　助教

第6章 バイオエネルギーと新プラットフォーム形成

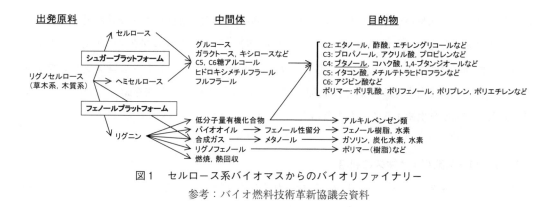

図1 セルロース系バイオマスからのバイオリファイナリー
参考：バイオ燃料技術革新協議会資料

オブタノールの生産に取りかかると発表されており，世界的に見てもバイオブタノール生産は注目されている。

ABE発酵は，アセトン・ブタノール菌として，グラム陽性芽胞形成桿菌であるソルベント生成 Clostridium 属が使われており，多種多様な糖を基質として嫌気発酵を行うことで最終産物としてアセトン，ブタノール，エタノールが生産される。その比率はおよそ3：6：1であり，それらの合計のソルベント濃度は，約20 g/L に達する[3]。ブタノールは，エタノールに比べ様々な利点を持っている。①エタノールと比べ，蒸気圧が低く，ガソリン混合において耐水性が高いため既存のガソリン流通および給油システムなどのインフラがそのまま使用できる。②エタノールより高い混合比でもエンジンの仕様を変えることなく使うことができる。③エタノールとの混合燃料と比べて燃費効率が優れており，エタノールでは燃焼する際にガソリンの75％程度のエネルギーしか発生できないが，ブタノールでは燃焼の際にガソリンの95％のエネルギーを発することができる。このような利点から，ガソリンの代替燃料としてブタノールは理想的である。

ABE発酵の主な菌株は，*Clostridium acetobutylicum*, *Clostridium beijerinckii*, *Clostridium saccharoacetobutylicum*, *Clostridium saccharoperbutylacetonicum* の4種に分類され[4]，その中でも *C. acetobutylicum* と *C. beijerinckii* の2種は研究例が多い。さらに，*C. beijerinckii* は *C. acetobutylicum* よりも生育 pH が広いため，ABE の生産効率が高く，応用研究が多数報告されている[5]。

アメリカのイリノイ大学のグループは，*C. beijerinckii* BA101を用いて，回分発酵，流加発酵，連続発酵によるブタノール生産の研究を行っている。回分発酵では，原料にグルコースやデンプンなどを使用した ABE 発酵の研究が行われているが，生成物阻害が生じるため時間当たりのABE 生産性は低く，1時間当たり0.34 g/L ほどしか生産することができない[6]。これらの問題を解決するためにパーベーパレイション法，ガスストリッピング法，逆浸透法，液—液抽出法などが開発され，培地から生成物であるブタノールを回収することが可能となった[5]。さらに，ガ

ススストリッピング法やパーベーパレイション法を組み合わせた流加発酵および連続発酵を行うことで，回分発酵に比べて大量の糖を利用することができ，時間当たりのブタノール生産性が向上することが報告されている[5]（表1）。アメリカでは安価に入手できるトウモロコシデンプンを使ったABE発酵技術も進んでおり，流加発酵とガスストリッピング法を組み合わせることで81.3 g/LのABEを生産することができる[7]。

4.3 セルロース系バイオマスの利用

ソフトバイオマス，ハードバイオマスに含まれるリグノセルロースには，主にセルロース，ヘミセルロース，リグニンなどから構成されており，約40％，30％，20％の割合でそれぞれ含まれているが，植物の種類や季節によってその割合は変動する。一般的にソフトバイオマスはハードバイオマスよりもリグニンの含有量が少ないため酵素による反応が促進しやすい。ヘミセルロースはセルロースに比べ様々な種類があるため，ヘミセルロースを糖化するには多種多様なヘミセルラーゼが必要である。ソフトバイオマスを完全分解し，発酵微生物を使ってアルコールや酸などに変換するためには，C6糖からなるセルロース，C5糖，C6糖からなるヘミセルロースをシュガープラットフォームであるグルコース，ガラクトース，キシロースなどの単糖にまで分解する必要がある。

ソルベント生成 *Clostridium* 属細菌は α-アミラーゼ，α-グルコシダーゼ，β-アミラーゼ，グルコアミラーゼ，プルラナーゼ，アミロプルラナーゼ，セルラーゼ，β-グルコシダーゼなどの多数の糖質分解酵素を生産するが，セルロース，ヘミセルロースの加水分解能力は低い。また，酵母では主にグルコースなどのC6糖を代謝し，キシロースなどのC5糖を直接代謝できないが，ソルベント生成 *Clostridium* 属細菌はC6糖，C5糖を直接取り込んで代謝することができる。セルロース系バイオマスであるコーンファイバー・キシランを原料とし，*C. acetobutylicum* P260とキシラナーゼを用いたABE発酵が行われている[8]。コーンファイバー・アラビノキシランとキシロースから9.67 g/LのABEが生成され，さらに加水分解，発酵，ガスストリッピング法を

表1 *C. beijerinckii* BA101によるABE生産[5]

発酵方法	ブタノール除去方法	グルコース (g)	ABE (g)	収率 (g)	生産性 (g/L per h)
回分発酵	—	59.8	24.2	0.42	0.34
回分発酵	パーベーパレイション法	78.2	32.8	0.42	0.50
回分発酵	ガスストリッピング法	161.7	75.9	0.47	0.60
流加発酵	パーベーパレイション法	384	165	0.43	0.98
流加発酵	ガスストリッピング法	500	233	0.47	1.16

培地1Lの場合

第6章 バイオエネルギーと新プラットフォーム形成

統合したプロセスで行うことで，24.67 g/L の ABE を生産することに成功している。しかしながら，トウモロコシ伐採残（コーンストーバー）にはセルロース，キシラン以外にも様々なヘミセルロースが含まれているため，これらを効率よく分解する手法が必要である。

一方，嫌気性菌を使ったエタノール生産においては，上記のような酵素法以外にも2種の微生物を用いた混合培養法による研究が精力的に行われている[9]。セルロソーム生産菌 Clostridium thermocellum を利用してセルロース繊維を分解してグルコースなどの C6 糖に糖化し，C. thermocellum だけでは分解が不完全なヘミセルロースの分解を促進するために，嫌気性菌 Thermoanaerobacterium saccharolyticum を合わせて混合培養することでキシランからキシロースなどの C5 糖の糖化も可能になる。さらに，T. saccharolyticum は C5 糖，C6 糖に対してエタノール発酵能を有することから糖化・発酵のプロセスが一貫して行える。ブタノール生産においても糖化効率を上げるためにセルロソーム生産菌との混合培養が有力な手法だと考えられる。特に中温菌セルロソーム生産性 Clostridium 属細菌との混合培養は，ソルベント生成 Clostridium 属細菌と生育温度が同じだけでなく，多種多様のセルラーゼやヘミセルラーゼの複合体であるセルロソームを構成する能力を有している。また，セルロソーム生産菌である C. cellulovorans は，代謝産物として，酢酸，酪酸，ギ酸，乳酸などの有機酸を生産することができ[10]，ソルベント生成 Clostridium 属細菌と組み合わせることでセルロース系バイオマスから直接アルコールや有機酸への変換が期待される。

4.4 バイオマス利用に関連した Clostridium 属のゲノム解析とその応用

C. acetobutylicum のゲノム解析については，2001年にマサチューセッツにある Genome Therapeutics 社によってゲノム解読が完了されている[11]。さらに，米国エネルギー省の Joint Genome Institute（JGI）では，2002年からゲノムの相互作用からエコシステムの変化まで，あらゆるレベルの知識の統合体を構築するという微生物を利用した国内のエネルギー需要に画期的な解決法の開発を目指す GTL（Genomes to Life）プログラムに取り組んでいる[12]。イリノイ大学の Blaschek らは，高ブタノール生産菌である C. beijerinckii のゲノム解読を JGI の支援によって完了している。さらに，マサチューセッツ大学の Leschine らは，糖化—エタノール発酵が可能な C. phytofermentans[13] に注目し，同じく JGI の支援によって本菌のゲノム解読を完了している。

セルロソーム生産性 Clostridium 属のゲノム解析では，中温菌である Clostridium cellulovorans に22 kb 以上にもおよぶセルロソーマルな遺伝子クラスターが発見された[14]。さらに，筆者らの研究グループは，2009年に本菌のゲノム解読を完了した[15]。C. cellulovorans と同じ中温菌である Clostridium cellulolyticum のゲノム情報も JGI によってゲノム情報が解読され，cipC を含むセルロソーマルな遺伝子クラスターが見つかっており[16]，中温菌である Clostridium *josui* にもセルロソーマルな遺伝子クラスター[17]が見つかっている。さらに興味深いことに，ソルベント生産菌である *C. acetobutylicum* は，セルロソーム生産菌ではないが，偽遺伝子として *cipA* が存在している[11]。これらはいずれもセルロソーマルな *Clostridium* 属に共通して保存された中温菌由来の遺伝子クラスターである（図2）。セルロソーマルな遺伝子クラスターを持つセルロソーム生産性菌のゲノム解析が完了し，これらの遺伝子情報と比較することで，*C. acetobutylicum* の *cipA* を機能させることが期待される。

　C. acetobutylicum のホスト・ベクター系については，*E. coli-C. acetobutylicum* のシャトルベクターが報告されており，強力なチオラーゼ遺伝子のプロモーターを用いて外来遺伝子を発現することが可能である[18]。フランスの BIP-CNRS とプロバンス大学のグループは，*C. cellulolyticum* 由来のマンナナーゼ *man5K* 遺伝子と *cipC*1 遺伝子を *C. acetobutylicum* ATCC 824に導入することで，ミニセルロソームを分泌させることに成功しており[19]，この技術を応用することで，様々な基質に対して糖化とブタノール発酵の両方が備わった組み換え体の創製が可能となるだろう。

4.5　まとめ

　ゲノム解析が進み，ソルベント生成 *Clostridium* 属やセルロソーム生産性 *Clostridium* 属の戦

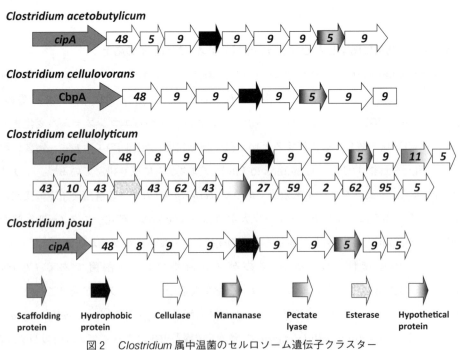

図2　*Clostridium* 属中温菌のセルロソーム遺伝子クラスター
矢印内の番号は，CAYz のファミリーナンバーを示す。

第6章　バイオエネルギーと新プラットフォーム形成

略が理解されつつある。ソルベント生成 *Clostridium* 属はセルロース系バイオマスをほとんど分解することはできないが，C6 糖以外にも C5 糖を代謝することができる。セルロース，ヘミセルロースの両方を糖化することができるセルロソーム生産性 *Clostridium* 属を組み合わせることで，バイオブタノールをはじめ，バイオリファイナリーへの基盤形成が期待される。

文　　献

1) 植田充美ほか，配管技術，**52**, 1 (2010)
2) D. T. Jones, D. R. Woods, *Microbiol. Rev.*, **50**, 484 (1986)
3) T. C. Ezeji *et al.*, *Appl. Microbiol. Biotechnol.*, **63**, 653 (2004)
4) S. Keis *et al.*, *Int. J. Syst. Evol. Microbiol.*, **51**, 2095 (2001)
5) T. C. Ezeji *et al.*, *Chem. Rec.*, **4**, 305 (2004)
6) P. J. Evans, H. Y. Wang, *Appl. Microbiol. Biotechnol.*, **54**, 1662 (1988)
7) T. C. Ezeji *et al.*, *J. Ind. Microbiol. Biotechnol.*, **34**, 771 (2007)
8) N. Qureshi *et al.*, *Biotechnol. Prog.*, **22**, 673 (2006)
9) L. R. Lynd *et al.*, *Nat. Biotech.*, **26**, 169 (2008)
10) R. Sleat *et al.*, *Appl. Environ. Microbiol.*, **48**, 88 (1984)
11) J. Nölling *et al.*, *J. Bacteriol.*, **183**, 4823 (2001)
12) http://www.jgi.doe.gov/
13) T. A. Warnick *et al.*, *Int. J. Syst. Evol. Microbiol.*, **52**, 1155 (2002)
14) Y. Tamaru *et al.*, *J. Bacteriol.*, **182**, 5906 (2000)
15) Y. Tamaru *et al.*, *J. Bacteriol.*, **192**, 901 (2010)
16) S. Pagès *et al.*, *J. Bacteriol.*, **178**, 2279 (1996)
17) T. Fujino *et al.*, *J. Ferment. Bioeng.*, **76**, 243 (1993)
18) S. Tummala *et al.*, *Appl. Environ. Microbiol.*, **65**, 3793 (1999)
19) F. Mingardon *et al.*, *Appl. Environ. Microbiol.*, **71**, 1215 (2005)

5 バイオガスの生物的生産および変換法

中島田　豊*

5.1　はじめに

　自然界では光合成機能により太陽エネルギーを用いて炭酸ガスから草木類や海藻などのバイオマスが合成される。これらは生命を全うしたのち，酸素の存在しない嫌気環境下で有機成分は微生物により炭酸ガス，水素，メタンなどのガス状分子（以下バイオガス）にまで分解される。これらバイオガスの中で，水素，メタンは再生可能資源としての活用が期待されている。ただ，回収される水素，メタンは，現状ではボイラー燃料または燃料電池に利用が考えられている程度である。しかし，再生可能資源をエネルギーとしてのみに最終利用するだけではなく，さらには付加価値の高い製品に変換できれば，資源循環型社会構築の一助になると考えられる。そこで本節では，最初に上記のバイオガスの生物的生産方法について概説したのち，バイオガスを生物的に変換する方法について紹介したい。

5.2　バイオガス生産

5.2.1　水素

　世界的に石油・天然ガスに代わるクリーンエネルギーとして水素が脚光を浴びている。水素は木材など含水率の低いバイオマスからは水蒸気改質法を用いて得られるが，微生物機能を活用した水素生産に関する研究も著しく進展している。表1に代表的な水素生産微生物を，図1に有機廃棄物からの生物的水素生産法の概要を示した。

(1)　発酵水素生産

　バイオマスというと，デンプンやセルロースなどの糖質を思い浮かべるかもしれないが，生体は糖質のみならず，脂質およびタンパク質も多く含んでおり，それぞれの生体分子に適した水素生産法を用いる必要がある。生体分子の中で糖質は水素生産のための最もよい基質である。 *Clostridium* 属細菌を始めとする偏性嫌気性微生物の多くは発酵水素生産能を持っており，1モルのグルコースから最大で4モルの水素を生産する。このとき，副産物として酢酸も一緒に生成する。

$$C_6H_{12}O_6 + 2H_2O \rightarrow 2CH_3COOH + 4H_2 + 2CO_2 \tag{1}$$

70〜80℃の高温で成育する好熱性偏性嫌気性菌 *Thermotoga maritima* では 4 mol/mol[1] とい

---

*　Yutaka Nakashimada　広島大学　大学院先端物質科学研究科　分子生命機能科学専攻　准教授

第6章 バイオエネルギーと新プラットフォーム形成

表1 水素生産微生物の例

	微生物(属)	利用基質
発酵水素生成微生物(暗条件下)		
偏性嫌気性菌	*Clostridium* *Thermotoga* *Caldicellulosiruptor*	各種の糖
始原菌	*Pyrococcus* *Thermococcus*	デンプン，ピルビン酸
通性嫌気性菌	*Escherichia* *Enterobacter*	各種の糖
光水素発酵菌(光合成関与)		
紅色非硫黄細菌	*Rhodospirillium* *Rhodopseudomonas* *Rhodobacter*	有機酸，アミノ酸
ラン藻	*Anabaena* *Synechococcus* *Spirulina*	水またはデンプン，グリコーゲン
緑藻	*Chlamydomonas* *Chlorella*	水またはデンプン，グリコーゲン

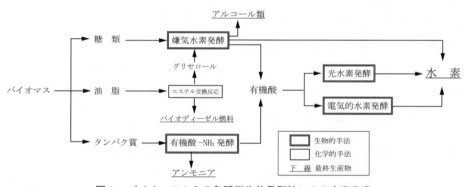

図1 バイオマスからの各種微生物発酵法による水素生産

う最大水素収率が報告されている。しかし，一般的には，酢酸以外の有機酸やアルコール類を同時に副生するので水素収率は 2 mol/mol 程度である。大腸菌などの通性嫌気性微生物も水素を生産できるが，偏性嫌気性微生物とは異なる代謝経路を持つため，1モルのグルコースから最大で2モルの水素生産となる。

$$C_6H_{12}O_6 + H_2O \rightarrow CH_3COOH + CH_3CH_2OH + 2H_2 + 2CO_2 \tag{2}$$

通性嫌気性微生物は水素収率の点で偏性嫌気性微生物に劣るが，厳密な嫌気操作を必要としな

いこと，水素分圧によって代謝産物の組成が変化しないなど取り扱いが容易な点，実用化を考えた場合に有利である。発酵水素生産の利点は水素生産速度が非常に速いことにあり，Kumar らは Enterobacter clocae IIT-BT08の固定化連続培養により，滞留時間60分で76 mmol/l/h という高速水素生産を報告している[2]。また，Rachman らは担体を用いず E. aerogenes 変異株 AY-2 凝集菌体を用いた固定床リアクターによる連続水素生産を報告している[3]。

　油脂はそのままでは嫌気性微生物が基質として用いることが難しい。しかし，油脂とメタノールのエステル交換反応により得られるバイオディーゼル製造時に副産物として排出されるグリセロールは水素生産のよい基質となる[4]。Ito らは，10 g/l グリセロール濃度に希釈したバイオディーゼル製造廃液を基質として（濃度），E. aerogenes HU-101株凝集菌体を用いた連続水素発酵を行い，滞留時間50分で60 mmol/l/h の水素生産速度，エタノール収率0.85 mol/mol グリセロールでの連続生産が可能であることを示した[5]。

　タンパク質は基本的には発酵水素生産には向かない。タンパク質が分解されたのち生ずるアミノ酸は，その種類により電子供与体または受容体として機能する。例えば，電子供与体としてアラニン，受容体としてグリシンを考えると，アラニンから放出される電子（NADH）はグリシンを還元するために用いられる。これをスティックランド反応という。この場合，水素は生成せず酢酸が主要代謝産物となる。通常のタンパク質混合物の場合，電子供与アミノ酸に対して，受容アミノ酸が10％足りない程度であることから，直接の水素生成は期待できない[6]。

(2) 外部エネルギー投入型生物的水素生産法

　上記の通り，発酵水素生産によって生成できる水素は最高でも4モルであり酢酸をさらに代謝して水素を作ることは通常できない。これは，酢酸からの水素生成反応が常温，常圧では自由エネルギーが正の吸エルゴン反応であるためである。

$$CH_3COOH + 2H_2O \rightarrow 4H_2 + 2CO_2 \quad (\Delta G^{o\prime} = +104.6 \text{ kJ/反応}) \qquad (3)$$

　しかし，何らかの手段でエネルギーを与えることができれば，酢酸からの水素生産は可能である。光合成微生物の中には光エネルギーを利用して乳酸や酢酸などの有機酸から水素を生成するものがいる（表1）。式(3)によると酢酸1モルからは水素4モルが生成するので，ブドウ糖からを考えると，発酵水素生産と合わせて1モルのブドウ糖から12モルの水素が生成する。三浦らは，デンプンを嫌気発酵し水素と有機酸を生成させたのち，有機酸から海洋性光合成細菌 Rhodovulum sulfidophilum W-1S 株により光水素生産させた[7]。その結果，W-1S 株による水素生産はポリヒドロキシ酪酸（PHB）の蓄積により理論値の40％程度にとどまったが，光水素発酵に直接関与する酵素であるニトロゲナーゼ活性を上昇させることにより，PHB の生成が抑えられ，水素生産収率を向上した。Miyake らは，Rhodopseudomonas sp. RV 株の固定化菌体を用

第6章 バイオエネルギーと新プラットフォーム形成

い酢酸，乳酸および酪酸からの光水素生産を検討し，それぞれ1.6，2.7，7.5 mol/mol- 基質という水素収率を得ている[8]。光水素発酵法は有機物から高収率に水素を生産できる環境調和型プロセスとして期待されたが，現状では容積あたりの水素生産速度が非常に遅いため実用化には至っていない。

　有機酸からの水素生産法としては，光水素発酵に加えて電気を補助エネルギーとした有機物からの電気的水素生産法が開発されている。微生物は酸素存在下で有機物を最終的に二酸化炭素と水にまで酸化分解する。このとき，有機物から取り出された電子は主に酸化型ニコチンアデニンジヌクレオチド（NAD^+）を還元するために使われNADHが生ずる。NADHに保存された電子は，通常，電子伝達系を経由し最終的に酸素に受け渡され水となるが，電気的水素生産の場合は代わりに微生物群が有機物から取り出した電子を培養槽に装着したアノード電極に受け渡す。アノード電位は基質の自由エネルギーに基づく酸化還元電位となり，酢酸の場合，中性pHでのアノード電位は標準水素電極に対して−0.3 Vとなる。カソード電極側に酸素が電子受容体として存在する場合，酸素の酸化還元電位は+0.8 Vなので，電子，水素イオン，そして酸素が反応して水を生じる。これが微生物燃料電池の原理であり，酢酸を基質とした場合，理論的には1.1 Vの電圧差が発生する。一方，電気的水素生産では水素イオンが電子受容体となる。しかし，水素イオンを水素に還元するために必要な酸化還元電位は中性pHで−0.41 Vなので，酢酸の酸化分解で微生物が発生するアノード電位−0.3 Vでは水素イオンを還元することはできない（図2）。そこで足りない電位差，原理的には0.11 V以上の印可電位を外部から与えることにより，カソード側で水素を発生させる。

　上記原理に基づいて，ペンシルバニア州立大学のB. E. Loganの研究グループは，微生物の固

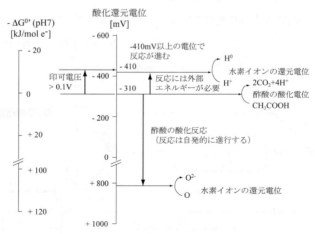

図2　電気的水素生産の酸化還元電位関連図
文献[10]を一部改変

定化能が高く，電力発生能力の高い高温アンモニア処理したグラファイト顆粒をアノード電極とし，0.2～0.8Vの印可電圧を加えることにより，酢酸1モルから2～3.95モルの水素を生産できたことを報告した[9]。これは，酢酸からの理論的水素収率の50～99％にもなる。また，0.6V印可したときの供給電力あたりのエネルギー効率は288％，酢酸の燃焼熱を計算に入れた場合では82％と，実際に有機酸が持つエネルギーを使った水素生産が行われていることを示した。電気的水素生産は最近開発されたばかりの技術であり，電極面積を大きくするための微細繊維電極の開発や，細胞—電極間の電子伝達能に優れた微生物の選択など様々な技術課題が残されているが，バイオマスを完全に水素に変換する方法として今後のさらなる研究開発が期待される。

5.2.2 メタン

メタン発酵法は古くから有機排水処理，エネルギー回収法として活用されてきた。特に，余剰活性汚泥の減量化・安定化を目的とした嫌気性汚泥消化法は現在でも広く用いられている。しかし，このような従来メタン発酵法は，関与する微生物が，けん濁・分散状態で操作されるため，特に増殖速度の小さなメタン生成菌を高濃度に保持できず，20～30日もの処理日数を必要とする低速プロセスであった。また，低含水率有機廃棄物の場合，アンモニアなど微生物の増殖阻害物質の蓄積によりメタン発酵は困難であったが，これらの問題を克服した高速，高性能なメタン発酵法がいくつか開発されている。そこで，本節ではメタン発酵の原理，高速メタン発酵法および乾式メタン発酵法について概説するが，近年，メタン発酵については多くの総説・解説が著されているので詳細は参考文献をお読みいただきたい[11]。

(1) 発酵原理

高分子有機物は嫌気性微生物の働きにより，まず単糖やアミノ酸まで加水分解されたのち取り込まれ，乳酸，酢酸，酪酸，プロピオン酸などの有機酸やエタノールなどのアルコールと水素に代謝される（図3）。酢酸以外の有機酸やアルコールは水素・酢酸生成菌の働きにより，さらに水素，CO_2 そして酢酸に分解される。メタン生成菌は，他の微生物が好む糖などを用いることはできず，成育できる基質は，水素—CO_2，ギ酸，酢酸，メタノール，メチルアミン類など比較的

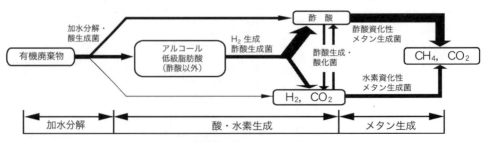

図3 有機物からのメタン生成経路
文献[12]を一部改変

第6章 バイオエネルギーと新プラットフォーム形成

少数の低分子化合物にとどまる。したがって，メタン発酵菌は有機物が分解されて生じた水素，CO_2と酢酸を基質としてメタンを生成する。

(2) 高速メタン発酵法

メタン発酵の高速化手法として，1990年代以降，メタン発酵生態系を形成している微生物群を高密度かつバランスよく処理槽内に保持する機構を持った発酵槽の開発が進められた。プラスチック，セラミックなどの担体を処理槽内に充填し，その担体表面に微生物を付着させ，廃水を上向流で供給する方法は上向流嫌気性固定床（Upflow Anaerobic Filter Process，UAFP）と呼ばれている。担体表面に過剰の微生物が付着することによる目詰まりを防ぐため液循環あるいはガス循環を行う。大きさ，形状，性状など担体の選定，および充填率，循環速度などの最適化が重要となる。実規模では，有機物（COD）負荷約10 kg/m^3/日で廃水（COD 濃度，約1万 mg/l）を約2日の滞留時間で処理（COD 除去率，70〜90%）でき，微生物濃度としては20 g/l 以上に維持されるという[13]。担体を用いずリアクター内に微生物を保持する方法として，Lettingaらは固定床処理槽底部に形成された顆粒化汚泥（グラニュール，径1〜3 mm 程度）に着目し，上向流嫌気性汚泥床（Upflow Anaerobic Sludge Blanket，UASB）法を提案した[14]。グラニュールは完全なメタン発酵微生物群を含み，リアクター内における沈降性が高く，槽底部に高密度（50〜100 g/l）に蓄積する。培養槽上部には上向流で上昇した汚泥，処理水およびガスを分離するための3相分離装置がある。現在，UASB リアクターは世界中で稼動しており，日本でもビール工場を主体に食品産業廃水に広く普及している。

高速メタン発酵法は，従来のメタン発酵法のイメージを大きく変えた。しかし，固形分の多い排水・廃棄物をそのまま供給した場合，固形分の加水分解速度が律速となる，未分解物がリアクター内に堆積し処理が不安定になるなどの問題が生じやすい。そこで，メタン生成と可溶化・酸生成が分離できることを利用して，メタン生成槽の前段に可溶化に最適化された槽を設けた二槽式メタン発酵プロセスが開発された。可溶化槽で発生した水素と可溶性有機物は，後段の高速メタン発酵槽で処理される。同じ二槽式プロセスでも，可溶化槽で発生した水素を積極的に回収するならば，この二槽式メタン発酵法は，水素・メタン二段発酵法としてとらえ直すことができる。その応用例については次節をご覧いただきたい。

(3) 乾式メタン発酵

原料中の全固形物（Total solid，TS）濃度はメタン発酵リアクターの形状および処理性能に大きな影響を与え，TS 濃度の違いで湿式（wet，〜10% TS），半湿式（semi-wet，10〜25% TS），そして乾式（dry，25〜40% TS）メタン発酵に分けられる[15,16]。これまでに低固形物含有排水の高速メタン発酵法に関して多くの研究がなされてきたが，バイオマスの有効資源化へのさらなる要求，およびメタン発酵後に排水処理設備を必要としない点から，乾式メタン発酵法の研究も進

みつつある。

　乾式メタン発酵法の適用が想定されるバイオマスとしては，余剰脱水汚泥，豚糞・鶏糞など家畜糞尿，そして生ゴミなどの有機廃棄物の他，稲わらや雑草などの水分含量の低い，いわゆるソフトバイオマスも対象となる。乾式メタン発酵ではメタン生成過程に加え固形有機物の加水分解過程も律束要因となり，従来型のメタン発酵と同様に処理には20〜30日を要する。ただし，従来の湿式法と比較して乾式法は有機物含量が高く，例えば余剰汚泥の場合，従来法では約2％の汚泥を処理するのに対して，乾式法ではその10倍の20％の汚泥を処理することになるので，発酵槽体積は単純に考えれば10分の1で済み，大きな排水処理設備も必要とされないなどの利点を有する。ただし現状では，固形分の可溶化速度の向上と，高濃度に蓄積するアンモニアによる発酵阻害の回避が乾式メタン発酵の大きな問題である。

　固形分の可溶化速度の改善法としては固形物を微細化することにより比表面積を増大させる，固形物中の高分子成分を微生物のみならず物理化学的方法によって分解・可溶化するなどの前処理法が有効である[17]。一方，アンモニアは処理対象物中に含まれるタンパク質分解に伴い不可避的に生成する。例えば，含水率80％程度の脱水余剰汚泥でもアンモニア濃度は8,000 mg-N/l に達し，メタン生成は顕著に阻害される。経験的にはアンモニア濃度3,000 mg-N/l 以下で運転することが望ましいとされている。発酵槽内アンモニアを低濃度に制御するためには，廃棄物中の窒素含量を測定し，水で希釈するなり，窒素含量の低い廃棄物と混合することが最も簡便な方法である[18]。現在稼働している実プラントにおけるアンモニア濃度制御は主に上記方法である。しかし，希釈は発酵槽容積の増加や水処理施設の大型化による建設コストの増大，加温のためのエネルギーコストの上昇を招く。また，剪定枝など窒素含量の低い廃棄物を混合するにしてもバランスよく収集できる場所・時期は限られる。アンモニア濃度制御法としてはストリッピング法によるアンモニア除去も検討されており，Nakashimada らは余剰脱水汚泥の半連続的嫌気消化時にアンモニア濃度が約8,000 mg-N/l に達することに着目し，遊離アンモニアを除去・回収したのちメタン発酵を行う，アンモニア—メタン二段発酵法を提案している（図4）[19]。本方法では，2日程度のアンモニア発酵後，汚泥のpHを11程度とし，加温しながら撹拌を行うことにより，3〜5時間程度でアンモニア濃度を8,000 mg-N/l から1,000 mg-N/l まで下げることができ，このアンモニア除去汚泥を用いて長期メタン発酵試験を行ったところ，汚泥滞留時間15日でガス収

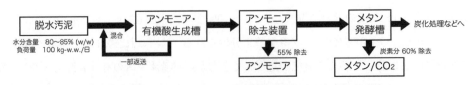

図4　脱水汚泥のアンモニア—メタン発酵（AM-MET）プロセスフロー

第6章 バイオエネルギーと新プラットフォーム形成

率は平均で0.41 Nm³/kg-VS（VS；揮発性固形分），アンモニアの濃度は2,000 mg-N/kg-質重量前後を推移し，安定的なメタン生成が確認できたという。本システムは脱水汚泥のみならず，これまで単独でのメタン発酵が困難とされてきた窒素含量の非常に高い鶏糞などの家畜糞尿での成功例も報告されている[20]。さらに，アンモニアストリッピングの装置コストや，アンモニア除去時に必要とされる酸やアルカリなどの薬剤コストを低減するために，メタン発酵しながらアンモニア除去が可能な一槽式プロセスも開発されている[21]。

5.3 バイオガスの生物変換

微生物の中には糖だけでなく，H_2やCO_2，メタン（CH_4）などのガス基質を利用できるものが知られている。例えば，CH_4を利用するメタン資化性菌は，好気発酵によってメタンをメタノールに変換することができる。化学的にメタンをメタノールに変換する場合，高温条件下でメタンを水素と一酸化炭素に変換したのち，高圧条件でメタノールに再合成する二段階の反応が必要である。一方，メタン資化性菌ではメタンはまずメタンモノオキシゲナーゼ（以下MMO）によりメタノールに水酸化されたのち，さらに代謝され最終的に二酸化炭素まで酸化される。Takeguchiらは，*Methylosinus trichosporium* OB3b株を用い，メタノール酸化を触媒するメタノールデヒドロゲナーゼの阻害剤であるシクロプロパノールとMMO活性に必要な還元力としてギ酸ナトリウムを添加することにより，約100時間の反応で15 mmol/g-dry cell（5.6 mM）のメタノール合成に成功した[22]。また，坪田らは，メタノール生産速度の改善とメタノールを気体で回収することを目的として，好熱性メタン資化性菌*Methylocaldum* sp. T-025株を活性炭などの担体に固定化した気相反応器を開発，60℃程度で気相にてメタノール合成反応を行い，反応器出口において8 ppm程度のメタノール生成を確認した。また，メタン資化性菌には生分解性プラスチック原料を生産するものも知られており[23]，CH_4を原料とした有用物質生産への応用が期待される。

一方，嫌気的条件下で水素をエネルギー源として利用できる微生物もいくつか知られている（表2）。先にも述べた通りメタン生産菌は，H_2-CO_2からCH_4を生産する。一方，Acetogenと呼ばれる嫌気性酢酸生産菌の一群は，H_2をエネルギー源（電子供与体）としてCO_2を固定して酢酸を生成する。本反応を行う微生物は1936年に初めて報告され，*Clostridium aceticum*と命名された。しかし，一度研究途中で失われ，1981年に再発見された[24]。また，1977年には第2の菌が発見され，胞子を形成しない偏性嫌気性，グラム陽性桿菌で，*Acetobacterium woodii*と命名された[25]。現在では，嫌気性酢酸生産菌は，*Acetobacterium*属や*Clostridium*属の菌を中心に多岐に渡って知られている。H_2-CO_2の代謝経路はHarland G. WoodとLars G. Ljungdahlによって詳細に研究され，アセチル-CoA経路（Wood-Ljungdahl pathway）と呼ばれている。本経路の

表2 嫌気性 H_2-CO_2, CO 資化性菌と代謝産物

	最適増殖温度(℃)	最適pH	生産物
中温菌			
Clostridium autoethanogenum	37	5.8〜6.0	Acetate, ethanol
Clostridium ljungdahlii	37	6	Acetate, ethanol
Clostridium carboxidivorans	38	6.2	Acetate, ethanol, butyrate, butanol
Oxobacter pfennigii	36〜38	7.3	Acetate, n-butyrate
Peptostreptococcus productus	37	7	Acetate
Acetobacterium woodii	30	6.8	Acetate
Eubacterium limosum	38〜39	7.0〜7.2	Acetate
Butyribacterium methylotrophicum	37	6	Acetate, ethanol, butyrate, butanol
中温性始原菌			
Methanobacterium formicium	37	7.4	CH_4
好熱性菌			
Moorella thermoacetica	55	6.5〜6.8	Acetate
Moorella thermoautotrophica	58	6.1	Acetate
Desulfotomaculum kuznetsovii	60	7	Acetate, H_2S
Desulfotomaculum thermobenzoicum subsp. thermosyntrophicum	55	7	Acetate, H_2S
好熱性始原菌			
Methanothermobacter thermoautotrophicus	65	7.4	CH_4
Archaeoglobus fulgidus	83	6.4	Acetate, formate, H_2S

特徴は，2分子の CO_2 から1分子のアセチル-CoAを組み立てる点である。アセチル-CoA 経路を持つ酢酸生産菌の中には，H_2-CO_2 の他に，ガス基質としてCOを利用できるものも知られている。

嫌気性酢酸生産菌酢酸菌による水素と CO_2 からの酢酸生産プロセスの検討はダイセル化学工業の河田らにより Acetobacterium 属細菌を用いて行われた。溶存水素濃度を上げるために加圧型発酵装置を用いて，連続的に水素および二酸化炭素を供給する連続培養を行った結果，水素および CO_2 の利用効率はそれぞれ90%および86%にもなり，酢酸生産速度は149 g/l/dに達したという[26]。

前述のように嫌気性酢酸生産菌は，通常，最終産物として酢酸のみを生産する。しかし，ある種の中温性酢酸生産菌 C. ljungdahlii strain PETC[27]，C. autoethanogenum[28]，Clostridium strain P11[29] などは，合成ガスからエタノールを生産することが報告されている。さらに，pH，培地組成などの最適培養条件や，基質ガスの培地への移動速度を高めたバイオリアクターを用いて培養することによってエタノール生産量を効果的に増加できたことも報告されている[30]。これ

第6章 バイオエネルギーと新プラットフォーム形成

らの報告からアセチル-CoA 経路を持つ酢酸生産菌の中で,ある種の中温性細菌はエタノール生産経路を有し,ある条件において機能していることが示唆される。一方で,好熱性酢酸生産菌におけるエタノール生成については,中温菌ほど検討されていなかったが,Sakai らにより,*Moorella* sp. HUC22-1 株が H_2 と CO_2 からエタノールを生産することが報告され[31],エタノール生成に関与すると考えられるアルコール脱水素酵素およびアルデヒド脱水素酵素の機能解析が行われた[32]。

さらに最近,*C. ljungdahlii* の全ゲノムが解読されるとともに,本菌の遺伝子組換え法が開発され,外来遺伝子導入による合成ガスからの微量ではあるがブタノール生産が報告された[33]。今後は,大腸菌などで行われている合成生物学的アプローチがバイオガス資化性菌の分子育種にまで派生することで,バイオガスから様々な有用物質が生産できるようになることが期待される。

文　献

1) C. Schröder *et al.*, *Arch. Microbiol.*, **161**, 460 (1994)
2) N. Kumar, D. Das, *Enzyme Microb. Technol.*, **29**, 280 (2001)
3) M. A. Rachman *et al.*, *Appl. Microbiol. Biotechnol.*, **49**, 450 (1998)
4) Y. Nakashimada *et al.*, *Int. J. Hyd. Ener.*, **27**, 1399 (2002)
5) T. Ito *et al.*, *J. Biosci. Bioeng.*, **100**, 260 (2005)
6) M. Nagase, T. Matsuo, *Biotechnol. Bioeng.*, **24**, 2227 (1982)
7) Y. Miura *et al.*, *Energy Conv. Manage.*, **38**, 533 (1997)
8) Y. Miyake *et al.*, *J. Ferment. Technol.*, **62**, 531 (1984)
9) S. Cheng, B. E. Logan, *Proc. Nat. Acad. Sci. USA.*, **104**, 18871 (2007)
10) 中島田豊,西尾尚道,エネルギー・資源,**30**,41 (2009)
11) 西尾尚道,中島田豊監修,バイオガスの最新技術,シーエムシー出版 (2008)
12) P. M. McCarty, Anaerobic Digestion (Hughes, D. E. 監修), p 3, Elsevier, Amsterdam (1982)
13) N. P. Cheremisinoff, Handbook of heat and mass transfer, Vol. **3**, Catalysis, Kinetics, and Reactor Engineering (1989)
14) G. Lettinga *et al.*, *Biotechnol. Bioeng.*, **22**, 699 (1980)
15) IEA, Biogas from municipal solid waste: Overview of systems and markets for anaerobic digestion of MSW, Report of International Energy Agency Task XI (1994)
16) 四蔵茂雄,原田秀樹,廃棄物学会誌,**10**,241 (1999)
17) M. P. J. Weemaes, W. H. Verstraete, *J. Chem. Technol. Biotechnol.*, **1998**, 83 (1998)
18) M. Kayhanian, *Environ. Technol.*, **20**, 355 (1999)
19) Y. Nakashimada *et al.*, *Appl. Microbiol. Biotechnol.*, **79**, 1061 (2008)

20) F. Abouelenien *et al.*, *Appl. Microbiol. Biotechnol.*, **82**, 757 (2009)
21) F. Abouelenien *et al.*, *Biores. Technol.*, **101**, 6368 (2010)
22) M. Takeguchi *et al.*, *Appl. Biochem. Biotechnol.*, **68**, 143 (1997)
23) K. D. Wendlandt *et al.*, *J. Biotechnol.*, **86**, 127 (2001)
24) M. Braun *et al.*, *Arch. Microbiol.*, **128**, 288 (1981)
25) W. E. Balch *et al.*, *Int. J. Syst. Bacteriol.*, **27**, 355 (1977)
26) 河田, 平成10年度'未来バイオ技術'勉強会調査報告書, 39 (1999)
27) J. L. Vega *et al.*, *Appl. Biochem. Biotechnol.*, **20-1**, 781 (1989)
28) J. Abrini *et al.*, *Arch. Microbiol.*, **161**, 345 (1994)
29) D. K. Kundiyana *et al.*, *J. Biosci. Bioeng.*, **109**, 492 (2010)
30) K. T. Klasson *et al.*, *Fuel.*, **70**, 605 (1991)
31) S. Sakai *et al.*, *Biotechnol. Lett.*, **26**, 1607 (2004)
32) K. Inokuma *et al.*, *Arch. Microbiol.*, **188**, 37 (2007)
33) M. Kopke *et al.*, *Proc. Nat. Acad. Sci. USA.*, **107**, 13087 (2010)

6　食品廃棄物を用いた水素製造技術

岡田行夫[*1], 三谷　優[*2]

6.1　はじめに

　2009年9月に行われた国連気候変動首脳会合において，2020年までに温室効果ガスの25%（1990年比）を削減することが我が国の中期目標として表明されて以降，環境問題，エネルギー問題は益々注目を浴びている。バイオエタノールや風力発電，太陽光発電などの石油代替エネルギーへの転換は，環境問題やエネルギー問題を解決する手段として重要であり，水素エネルギーはこれら石油代替エネルギーの1つとして期待されている。すなわち，水素は，エネルギーとして利用する際に水以外の物質が生成せず，また燃料電池として利用することにより電気としても利用できることから，環境への影響をトレードオフとしない次世代エネルギーとして注目されている。実際，国内主要エネルギー会社，主要自動車メーカーなどにより構成される燃料電池実用化推進協議会は，燃料電池自動車および水素ステーションの2015年からの普及開始を宣言しており[1]，水素エネルギーを身近に感じるのも決して遠い将来ではないことが予想される。

　一方で水素はその軽さと高い拡散性のため地球上に単体としてはほとんど存在せず，何らかの一次エネルギーから製造する必要がある。現在の水素製造方法の主流は，天然ガスなどの化石資源を原料とした水蒸気改質法であり，必ずしも環境影響の点で優れるとは言えない。水素社会への転換期においては，各種インフラなどの面における優位性からこれら化石燃料の改質による水素の利用が現実的であるが，循環型社会の構築を目指すならば，化石燃料からの水素製造は過渡的な利用に留めておくべきである。ゼロエミッションの観点から将来的には，風力や太陽エネルギーなどの自然エネルギーを利用した水からの水素製造が期待されているが，それらと共に期待されているのがバイオマスからの水素製造である。すなわち植物を代表とするバイオマスは，大気中の二酸化炭素を光合成（太陽エネルギー）によりデンプンなどの炭水化物として固定することでエネルギーを貯蔵している。したがってバイオマス由来エネルギーの利用に際し放出される二酸化炭素は，元を辿れば大気由来であり，カーボンニュートラルとして温室効果ガス排出にカウントされない。

　食品メーカーであるサッポロビール㈱はエネルギーバイオマスとして食品廃棄物に注目し，微生物を用いた生物学的な方法（発酵）による食品廃棄物からの水素製造技術の開発を行っている。2009年3月31日に農林水産省により公表された「食品循環資源の再生利用等実態調査結果の概要（平成19年度結果）」によれば，2007年度の食品産業全体における食品廃棄物などの年間発生量は

[*1]　Yukio Okada　サッポロビール㈱　価値創造フロンティア研究所　上級研究員
[*2]　Yutaka Mitani　サッポロビール㈱　価値創造フロンティア研究所　研究主幹

1,134万3千トンであり、このうちの422万9千トンは再利用などが行われないまま廃棄処分されている[2]。また食品製造業においては年間492万8千トンの食品廃棄物が発生し、このうちの14％にあたる69万4千トンが再利用されずに廃棄されている。これら食品廃棄物は一般的に含水率が高くかさばった状態にあるため、廃棄処理のための収集、運搬、焼却に多大なエネルギー、コストを要する。したがってこれら食品廃棄物を用いてエネルギーを積極的に回収・利用することが可能となれば、処分に要するエネルギー面のみならずコスト面においてもメリットとなる。

本節では食品残渣である製パン廃棄物、レストラン残渣、オカラをエネルギーバイオマスとして用いた水素製造技術開発について述べる。

6.2 微生物による食品廃棄物からの水素生産の意義

バイオマスのエネルギー変換手段は、熱化学的方法と生物的方法に大別される。このうち微生物によりバイオマスをエネルギーに変換する生物的方法は、熱化学的方法に比べて温和な条件（低温、常圧）、すなわち少ない投入エネルギーでエネルギー生産を行うことができることから、一般に食品廃棄物など含水率の高いバイオマスのエネルギー変換技術としては有利である。生物的方法によるエネルギー回収が実用化されている典型例としてビール工場における排水処理システムとしても用いられているメタン発酵処理が挙げられる。一般にビール製造においてはその製造量の5～6倍のビール製造排水が生じ、この排水には原料（植物）由来の有機物が含まれている。この排水を処理するため、サッポロビール㈱では業界に先駆けて UASB（Upflow Anaerobic Sludge Blanket）[3] などの高速メタン発酵による嫌気発酵処理設備を導入し、ここで得られたメタンガスをコジェネレーションシステムで利用することにより工場での使用エネルギーを賄うと共に、省エネルギーを通じて環境への負荷軽減に努めている。

メタン発酵の特徴として、構成成分が雑多な有機廃棄物を同時に処理できることが挙げられるが、一方で易溶性有機物に比べ難溶性有機物（高分子化合物）ではその分解速度が極端に遅いといった課題がある。したがって難溶性有機物を多量に含む食品廃棄物をビール製造排水と同様にメタン発酵処理するには、分解速度が遅い分、設備容積を大きくする必要があり、これに伴いイニシャルコストやランニングコストが増加する。そこで筆者らが注目したのが微生物による水素生産である。水素生成微生物群にはセルラーゼやアミラーゼなど有機固形分の加水分解を可能とする酵素を生成する微生物が含まれる。したがって食品廃棄物中の有機固形分は水素生産菌により速やかに低分子化、代謝され、水素生成を伴いながら有機酸類にまで分解される。得られた水素ガスは燃料電池などによりエネルギーとしての利用が可能である。一方で、有機酸レベルにまで分解された食品廃棄物は容易にメタン発酵できることから、水素発酵の後段にメタン発酵工程を加えることにより、メタンガスを回収、ボイラー利用することも可能となる。この水素・メタ

第6章 バイオエネルギーと新プラットフォーム形成

ン二段発酵システムにおいては，メタン発酵単独のシステムに比べ食品廃棄物の処理速度が向上するため，装置のコンパクト化が可能となると共に，設備建設費の低コスト化およびランニングコストの低減が期待できる。また，天然ガスなどの化石燃料を利用した燃料電池においては水素ガスを得る際に改質器が必要であるが，本システムでは改質器なしに水素ガスが得られる。したがって改質器を省略できる分，エネルギー効率の向上，燃料電池のコンパクト化・低コスト化が可能となる[4]。

なお筆者らが水素発酵工程で用いている水素発酵フローラは，嫌気性消化汚泥由来の水素発酵微生物群集を水素生産に特化するために馴養して得られた中等度好熱菌群よりなる菌叢であり，*Thermoanaerobacterium thermosaccharolyticum* が主たる構成微生物である。本節で紹介する試験結果はいずれもこの水素発酵フローラを用いて行っている。

6.3 水素・メタン二段発酵におけるエネルギー回収の有効性について

水素・メタン二段発酵システムがエネルギー回収において優れていることを示すために，ビール製造排水のうち懸濁固形成分（SS）が多く含まれるスペントモルト搾汁液（ビール仕込み工程で排出される麦芽粕を搾ったもの）を原料液として用い，水素・メタン二段発酵のエネルギー回収率をメタン発酵単独システムと比較した[5]。メタン発酵にはビール工場排水処理設備より採取したメタン生成に適した微生物群（グラニュール汚泥）を用いた。実験条件および結果を表1に示す。水素・メタン二段発酵システムはメタン発酵単独システムと比較して，エネルギー回収

表1　ビール製造排水（スペントモルト搾汁液）を原料液として用いた水素・メタン二段発酵システムとメタン単独発酵システムの比較試験結果

	二段発酵システム		メタン発酵単独
	水素発酵 （第一ステージ）	メタン発酵 （第二ステージ）	
運転条件	Working Volume：14 L Feed rate：7,000 mL/day pH control：6.0〜6.5 Dilution rate：0.5/day	Working Volume：400 mL Feed rate：200 mL/day pH control：7.0 Dilution rate：0.5/day	Working Volume：400 mL Feed rate：200 mL/day pH control：7.0 Dilution rate：0.5/day
ガス発生量 （供給原料液あたり）	2.2 L-H_2/L	2.2 L-CH_4/L	2.5 L-CH_4/L
エネルギーバランス （供給原料液あたり）	24 kJ/L	79 kJ/L	90 kJ/L
	103 kJ/L		
マスバランス	SS removal 14%	CODcr removal 88%	CODcr removal 86%

ビール製造排水性状：CODcr；15,000 mg/L，SS；21,000 mg/L，pH：3〜5

率においては上回り,またCODcr低減率においても同等以上の結果となった。さらに,二段発酵前段の水素発酵工程ではSSが14％減少していた。SS減少は汚泥の減量に繋がり,排水処理コストの削減という点でも本システムの有効性が証明された。

6.4 製パン廃棄物を原料とした水素生産（900Lパイロットスケール）

水素・メタン二段発酵による食品廃棄物のエネルギー変換の実用化に向け,筆者らはまず製パン廃棄物をモデル原料としてパイロットプラント規模の水素発酵を実施した。今日大規模なパン・菓子製造業では1事業場平均で年間約2,000トンの食品製造残渣が排出されている[6]。その何割かは飼料として利用されているものの,多くは再利用されない処分方法がなされており,新たな処理方法が求められている。

試験に用いたパイロット設備を写真1に,そのプロセスフローを図1に示す。原料液貯槽で製パン廃棄物25〜50 kgをそのまま水道水に懸濁して1 kLとし,発酵液体積500 L,発酵槽温度60℃,原料供給量250〜500 L/日の条件で連続発酵を行った。pH調整液として水酸化ナトリウム水溶液を自動添加し,槽内のpHを6.0に制御した。

約300日間の連続運転の発酵経過を図2に,マテリアルおよびエネルギーフローを図3に示した。1日あたり12.5 kgの製パン廃棄物から,平均で約1.6 kL（最大で約2.5 kL）の水素が発生した。このバイオガスをPSA膜で精製し,燃料電池で発電を行った場合,平均1,450 Whの電力が得られると試算された。パン廃棄物からの水素生産はパンに含まれる糖質に主に由来し,糖消費量に対する水素収率を算出すると,最大理論収率4.0 mol-H_2/mol-構成糖に対し平均3.2 mol-H_2/mol-構成糖という高いレベルの水素生産成績であった。

写真1　900 L水素発酵パイロット設備

第6章　バイオエネルギーと新プラットフォーム形成

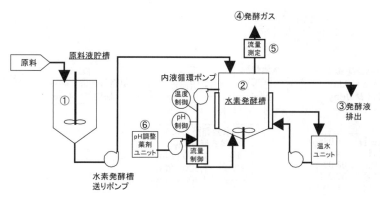

図1　900 L水素発酵パイロット設備プロセスフロー

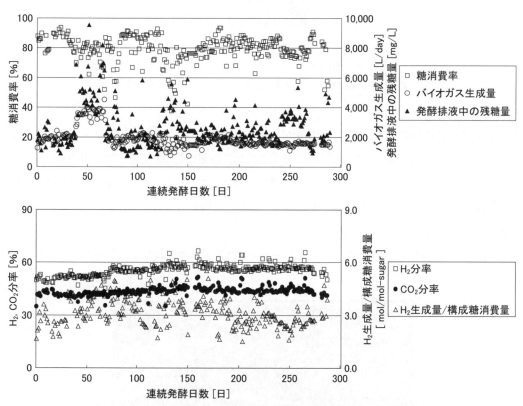

図2　900 L水素発酵槽による製パン廃棄物を原料とする連続発酵経過

6.5　食品廃棄物を用いた水素製造技術の普及を目指して

　食品廃棄物のエネルギー変換を行うにあたり，筆者らは水素・メタン二段発酵システムを事業場に併設し，事業場内で食品廃棄物処理およびエネルギー回収するモデルを提案している。すなわち設備を事業場内に設置することで，事業場内で発生した食品廃棄物は速やかに処理が可能と

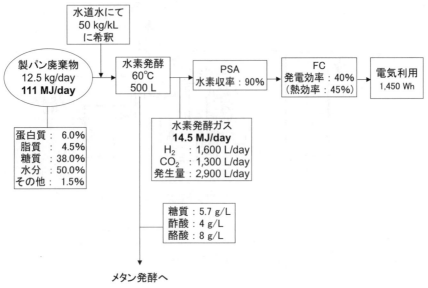

図3　本実証試験におけるマテリアルおよびエネルギーフロー

なり，廃棄物の腐敗による衛生上の問題や廃棄物の運搬に必要なエネルギーやコストの問題を解決することができる。このコンセプトを普及するには，設備の処理能力を実際に求められるレベルに近づけ，上記コンセプトを想定した実証試験を行う必要がある。そこで筆者らは製パン工場内に5 kLの水素発酵装置（写真2）を設置し，実際に工場から排出された製パン廃棄物を事業場内にて処理・エネルギー変換を行った。

一方でシステムの普及のためには，実証レベルでの装置の運転に加え，製パン廃棄物以外の

写真2　5 kL 水素発酵設備（広島県北広島町）

第6章　バイオエネルギーと新プラットフォーム形成

様々な食品廃棄物においてもシステムが適用可能であることを示すべきである。筆者らは製パン廃棄物以外の食品廃棄物として、レストラン残渣およびオカラを用いて試験を実施した。今日外食産業においては年間304万8千トンの食品廃棄物が発生し、全食品産業における食品廃棄物のおよそ3割を占めている。しかし、このうち再生利用に仕向けられているのは約3割であり、他の食品産業における再生利用率に比べ低いことから[2]、レストラン残渣のエネルギー変換はこれら残渣の再生利用の幅を広げる上で意義がある。一方で食品廃棄物には植物性原料由来のもので、植物細胞壁の構成成分で難溶解性有機物であるセルロース類を多く含む原料も存在する。オカラはセルロースを多く含む事業系食品廃棄物の代表例とも言える。オカラは処理専門の事業者などが収集、乾燥などして飼料や肥料を製造しているが、排出される全量を肥飼料として処理することは困難で、一部は焼却処理や埋設処理される。豆腐製造業者から排出されるオカラの含水率は85％もあり、乾燥あるいは焼却には多量の加熱エネルギーを必要とする。したがって投入エネルギーが少なくてすむ水素発酵生産などのエネルギー転換処理策はオカラの有効利用策を増やす意味で意義深い。

本試験で得られた結果を表2に示す。製パン廃棄物およびデンプン質の比較的多いレストラン残渣については5 kLの水素発酵装置を用いて試験を行った。レストラン残渣には不溶性成分が含まれるため、可溶化のためアルカリ処理を行っている。セルロースを多く含み原料としての難易度が高いオカラについては、30 Lのセミパイロット設備による試験を行った。オカラはアルカリ処理による可溶化後、酵素剤処理により食物繊維の発酵性糖への分解を行い、原料液とした。

表2　各種食品廃棄物を用いた水素発酵試験結果

使用原料	製パン廃棄物	レストラン残渣	オカラ
発酵タンクサイズ　[L]	5,000	5,000	30
実液量　[L]	5,000	5,000	15
原料供給（希釈率）　[/day]	0.4	0.4	0.5
試験期間　[日間]	10	10	16
原料濃度　[g/L]	25	25～30	35
原料液全糖濃度　[g/L]	10.9	11.8	17.7
排液全糖濃度　[g/L]	1.6	2.4	6.7
水素ガス生成量　[L/day]	6,230	5,960	15.7
水素収率　[mol-H_2/mol-消費糖]	2.9	2.4	2.8
ガス化率*　[％]	85	80	67

＊　ガス化率 ＝（1 －［排液全糖濃度／原料液全糖濃度］）× 100

製パン廃棄物（25 g/L，全糖10.9 g/L）では1日あたり2 kLの原料液を供給することにより，平均6.2 kLの水素ガスを得ることが可能であった。このときの消費糖あたりの水素収率は2.9 mol-H_2/mol-構成糖であり，また供給した原料中の糖質の85％がガス化された。レストラン残渣（25〜30 g/L，全糖11.8 g/L）においては1日あたり2 kLの原料液を供給することにより，平均6.0 kLの水素ガスが生成，消費糖あたりの水素収率は2.4 mol-H_2/mol-構成糖となり，供給した原料中の糖質の80％がガス化された。一方，30 Lセミパイロット設備で実施したオカラにおいても，ガス化率は67％と製パン廃棄物やレストラン残渣に比べれば劣ったものの，消費糖あたりの水素生産収率は2.8 mol-H_2/mol-構成糖と良好な結果を得ることができた。

6.6 今後の課題

本節で記載したとおり，製パン廃棄物については900 L設備を用いての長期運転に成功した。このことから水素発酵はエネルギー生産を伴う製パン廃棄物の処理法として有効な方法であることが証明できた。さらにレストラン残渣やオカラについても水素発酵が適用可能であることが証明された。一方で今回製パン廃棄物およびレストラン残渣で実施した5 kLスケールの試験は期間的にはまだまだ短期であり，またオカラについては30 Lの試験に留まっている。水素発酵の安定性はメタン発酵に比べて低く，実用化のためには水素発酵フローラの制御技術の開発が重要とされているが[7]，5 kLスケールやそれ以上のスケールにおける長期連続運転による実証を行うことで，このような問題を含めた各種課題の抽出，対策を行い，発酵法による食品廃棄物からの水素生産の実用化への足がかりとしたい。また近年バイオディーゼル燃料製造に伴い発生する副生グリセリンの水素化分解の研究が行われているが[7]，バイオディーゼル排液からの水素製造など筆者らの技術を食品廃棄物に留まらない各種廃棄物にも展開することで，発酵法による水素製造技術の普及をはかっていきたい。

文　　献

1) 燃料電池実用化推進協議会2008年7月4日付 Press Rerease
   http://fccj.jp/pdf/20080704sks1j.pdf
2) 農林水産省大臣官房統計部，農林水産統計「食品循環資源の再生利用等実態調査結果の概要（平成19年度結果）」
3) G. Lettinga, *Antonie van Leeuwenhoek*, **67**, 3（1995）
4) Y. Mitani *et al.*, *Master Brewers Assoc. Am. TQ*, **42**, 283（2005）

第 6 章　バイオエネルギーと新プラットフォーム形成

5)　渥美亮ほか，日本機械学会年次大会講演論文集，**3**，257（2004）
6)　食品需給研究センター，食品需給レポート，p 220（2001）
7)　㈱新エネルギー・産業技術総合開発機構　「NEDO 再生可能エネルギー技術白書　〜新たなエネルギー社会の実現に向けて〜」，p 171（2010）
　　http://www.nedo.go.jp/library/ne_hakusyo/all.pdf

第7章　バイオプロダクトと新プラットフォーム形成

1　トルラ酵母 *Candida utilis* を用いた L-乳酸の発酵生産

玉川英幸[*1]，生嶋茂仁[*2]

1.1　はじめに

　ポリ乳酸はポリコハク酸ブチル（PBS），ポリヒドロキシ酪酸（PHB）などと同様に生分解性を有する環境負荷の小さいグリーンプラスチックである。しかしながらポリ乳酸はこれらの中でも比較的容易にバイオマスから生産できるため，種々のバイオマス・プラスチックの中でも特に注目を集めている。ポリ乳酸の物性はポリスチレン樹脂やポリエチレンテレフタレート樹脂に近く，現在使用されているプラスチックの代替として用いることが可能である。また，様々な成形加工を施すことで新しい汎用樹脂となる可能性を秘めている[1]（図1）。さらには，汎用プラスチックとしての展開をかなえるべく，これまで課題とされていた耐熱性や耐衝撃性などは，近年の技術進歩でかなりの部分が解決されてきている。一例を挙げると，高光学純度の L-乳酸ポリマーと D-乳酸ポリマーのスレテオコンプレックス型ポリ乳酸は融点や強度が向上することが知られており，高い強度や安定性が要求される自動車部品などにも応用が可能になりつつある。

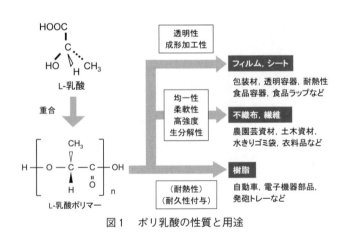

図1　ポリ乳酸の性質と用途

---

*1　Hideyuki Tamakawa　キリンホールディングス㈱　技術戦略部　フロンティア技術研究所　研究員

*2　Shigehito Ikushima　キリンホールディングス㈱　技術戦略部　フロンティア技術研究所　研究員

第7章 バイオプロダクトと新プラットフォーム形成

このようにポリ乳酸は物性や炭素循環性の観点から有望な素材であるにも関わらず，一部の日用品を除くと爆発的な普及には至っていない。それは高光学純度の乳酸を低コストで製造することが非常に難しいことに起因する。ポリ乳酸のモノマーである乳酸にはL体とD体の2種類の光学異性体が存在しており，乳酸の光学純度はポリ乳酸の融点や強度に大きな影響を与える。現在，主流となっているのはL-乳酸ポリマーであるが，最も融点が高いグレードのものでも1.3〜1.4％のD-乳酸が共重合されている[1]。

乳酸は石油由来の原料であるナフサから製造される乳酸ニトリルを加水分解すれば低コストで生産することができる。しかしながら，本手法で生産された乳酸にはL体とD体が混在しており，光学活性がないために高機能のポリ乳酸製造には不向きである。キラルカラムなどを用いて乳酸の光学異性体を分離することは不可能ではないが，ポリ乳酸を大量生産するためにこうした処理を行うことはコストの面で現実的ではない。何より原油からポリ乳酸を製造してはカーボン・オフセット性が欠けてしまう。そこで，高光学純度の乳酸を発酵法で生産する技術の開発が活発に行われている。本節ではその成果と今後の展望について記載する。

1.2 微生物を用いた乳酸の生産

従来，発酵による乳酸の生産は，乳酸菌や糸状菌（ex. *Rhizopus oryzae*）など元々乳酸への変換効率の高い微生物を用いたプロセスが主流であるため，乳酸の製造にまとめられた文献には，これらの菌群にフォーカスして記述されたものが多い。Hofvendahlらによる総説[2]では，乳酸菌はL体とD体を同時に生産する株が多く，栄養要求性が複雑で多くの副原料（窒素源，ビタミン類など）が必要であることがわかる。例えば，*Streptococcus bovis* 148株を用いて生産されたL-乳酸の光学純度は95.6％である[3]。また，*R. oryzae* はデンプンとわずかな無機塩類でなる培地から高い光学純度でL-乳酸を作ることができるが，本菌種はエタノールなどの副産物を同時に生産する[4]。乳酸以外の化合物の副生は発酵収率を低下させるだけでなく，精製工程を複雑化する要因となるために，解決すべき重要な課題として捉えられる。現在までにこれらを素材とした研究開発は積極的に行われ，前述した問題が改善された点もあるが，本来乳酸をあまり生産しない微生物を用いて乳酸を製造しようとする取り組みに関しても目覚ましい成果が創出されている。例えば大腸菌を用いた研究では，組換え技術を用いて代謝改変を行うことにより，pHを7.0にスタットした条件で無機塩培地から99％以上の光学純度のD-乳酸が高収率で生産された[5]。このように，遺伝子組換えによって多くの課題を克服し，効率的に乳酸生産を行う微生物を育種しようとする試行も現在では多数なされている。

酵母で最初に乳酸高生産のための遺伝子工学的育種が行われたのは，筆者の知る限り，1994年にDequinらの報告である[6]。Dequinらは産業だけでなく，分子生物学的な研究にも多用される

Saccharomyces cerevisiae で乳酸菌 *Lactobacillus casei* の L-乳酸脱水素酵素遺伝子 L-*LDH* を発現させることにより，50 g/l のグルコースを含む培地で10 g/l 程度の L-乳酸を生産させることに成功した。しかし一方で，15 g/l のエタノールも作られたため，酵母での L-乳酸の高効率生産を実現するには，副産物であるエタノールの生産能を低減させることが必須であると考えられた。その後，多くの研究が積み重ねられた結果，L-*LDH* と基質の競争関係にあるピルビン酸脱炭酸酵素 PDC の活性を低減させた上で L-*LDH* を発現させることにより，エタノールの生産量を低下させ，L-乳酸の収率を高められることが明らかにされてきた。現在までに多数の酵母種でこのような戦略を基本とした検討が行われてきている（図2）。

　S. cerevisiae を用いた研究は数多くなされているが，本段では特にワイン酵母を素材とした報告を取り上げる。なお，本酵母種には PDC をコードする遺伝子が3種類存在しており（*ScPDC1*，*ScPDC5*，*ScPDC6*），このうち *ScPDC1* と *ScPDC5* を二重で破壊して PDC 活性を低下させた場合，重篤な生育阻害が引き起こされる。Ishida らは *ScPDC1* 遺伝子が破壊された株にウシ（bovine）由来の L-*LDH* 遺伝子6コピーを染色体に組込み，さらに変異処理によって生育能が回復した株を構築した[7,8]。この結果，酵母エキスが添加された約20％の糖を含むサトウキビ搾汁培地で，pH を5.2に保って発酵させることにより，99.9％以上の光学純度の L-乳酸 122 g/l が48時間で得られた。ただ，40 g/l 程度のエタノールも副生されており，さらなる改善の余地も見られた。さらに Ishida らは *S. cerevisiae* が有する3種の PDC 遺伝子のうち *ScPDC1* と *ScPDC5* を二重で欠損させた株にウシ由来の L-*LDH* 遺伝子を発現させることにより，100 g/l のグルコースを含む富栄養培地（1％酵母エキスと2％ペプトンを含む）から82.3 g/l の L-乳酸を生産させることに成功した[9]。エタノールの副生量は2.8 g/l と低く，高い収率での乳酸の生産が実現された。しかし *ScPDC1* と *ScPDC5* の二重破壊株は増殖と糖消費において大きな速度低下が認められ，乳酸の濃度がプラトーに達するまでに192時間の時間を費やした。

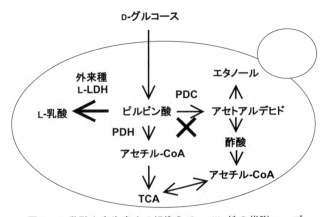

図2　L-乳酸を高生産する組換え *C. utilis* 株の代謝マップ

第7章 バイオプロダクトと新プラットフォーム形成

他の酵母を用いた取り組みとして Kluyveromyces lactis を用いた報告もある。本種の場合，PDC をコードする KlPDC1 遺伝子の破壊によって PDC 活性がほぼ完全に失われた pdc 欠損株でも，野生株とほぼ同じ速度で増殖することが知られており，これまでに，Klpdc1 欠損株にウシ由来の L-LDH 遺伝子を導入した株が構築された研究報告がなされている[10]。この株は pH を 4.5 にスタックした培養条件でエタノールを全く生産しなかったが，消費されたグルコースから L-乳酸への変換効率は 60 % 程度であり，収率の改善が必要であると考えられた。次にピルビン酸脱水素酵素（PDH）複合体の構成因子をコードする KlPDA1 遺伝子の破壊が追加されたところ，L-乳酸への変換率は 85 % にまで上昇した[11]。しかし KlPDA1 遺伝子の破壊によりグルコース消費速度と乳酸の生成速度が大きく低下し，この発酵では乳酸 60 g/l の生産に 500 時間を費やした。さらに高い効率での乳酸の生産を実現するためには，発酵速度の低下の問題を解決することが必要であると考えられる。

1.3 トルラ酵母 Candida utilis を用いた乳酸の生産

1.3.1 トルラ酵母 Candida utilis

トルラ酵母 Candida utilis は，S. cerevisiae や Kluyveromyces fragilis とともに，アメリカ食品医薬局（FDA）が食品添加物として安全性を認めた食用酵母である。また，Saccharomyces 属とは異なり，充分に酸素を供給した培養条件下ではエタノールを産出せず，それによる増殖阻害も受けないことから，高密度での連続培養による効率的な菌体生産が可能である。また，無機窒素の同化能に優れる上にキシロースの資化能を有することから，かつてはタンパク質源として注目され，広葉樹の糖化液や亜硫酸パルプを糖源とした菌体の工業生産が実施されたことがある[12~14]。これらの菌体は SCP（single cell protein）として主に家畜用の飼料，あるいは菌体から抽出されたグルタチオンやリボ核酸は調味料などに利用されている。

C. utilis は高次倍数体であり，胞子も形成しないなどの理由から，S. cerevisiae に比べて遺伝子工学的技術蓄積は遥かに乏しい。しかしながら，1990 年代に本酵母を宿主とした電気パルス法による形質転換系と異種タンパク質の高生産システムを構築された[15~17]。また，海洋細菌由来の遺伝子を複数導入した代謝工学的改変により，カロテノイドの生産にも成功している[18~20]。複雑な代謝経路工学を行うためには形質転換時の選択マーカーが少ないなどの課題を解決する必要はあるが，本酵母を使った研究開発にはさらなる発展の可能性がある。そこで筆者は C. utilis を素材として L-乳酸生産株の育種を行った。

1.3.2 C. utilis の多重形質転換システムの構築[21,22]

高次倍数体である C. utilis を用いて代謝工学を行うためには選択マーカーの再利用系は必須であるため，筆者は S. cerevisiae や K. lactis などの利用されている Cre-loxP システムを C. utilis

でも利用することを試みた。両端に34塩基の loxP 配列導入したハイグロマイシン B（HygB）耐性遺伝子（HPT）を含む選択マーカーカセットを作製した。相同組換えでこのカセットの染色体への導入を行った後，Cre 組換え酵素発現用の自律複製型プラスミド（G418耐性を付与する APT 遺伝子を有する）を発現させることで染色体中の HygB 耐性遺伝子発現カセットを除去する。また，このプラスミドは非選択培地で数世代培養することで脱落する（図3）。このシステムを用いたモデルケースとして C. utilis NBRC0988株を原株としてオロチジン5′リン酸脱炭酸酵素をコードする CuURA3 遺伝子の破壊を試みたところ，4回の破壊操作により Cuura3 完全欠損株（ウラシル要求性株）を構築することに成功した。つまり，2種類のマーカーを利用することによって，多重遺伝子破壊が可能であることが実証された。本遺伝子組換え法は1.3.3のL-乳酸を高生産する酵母の構築を遂行する上で鍵となる技術である。

1.3.3 L-乳酸を高生産する C. utilis 株の構築[23]

C. utilis NBRC0988を原株としてL-乳酸高生産のための代謝工学を試みた。L-乳酸の生産製造時には副産物とみなされるエタノールの生産量を低減させるために PDC 遺伝子の破壊を行った。先に開発した Cre-loxP 系による多重形質転換システムを用いて当該遺伝子の破壊を4回行い，CuPDC1 完全欠損株（Cupdc1Δ4）を構築した。その結果，野生株では検出された PDC 活性が，この完全破壊株では検出できないほど低くなっていた（図4）。これに矛盾せず，培地中のアセトアルデヒド濃度は極めて低く，エタノール濃度も検出限界以下であった。また，この

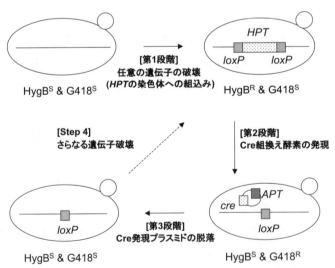

図3 C. utilis における Cre-loxP 系を利用した遺伝子の多重破壊
HygB はハイグロマイシン B を示す。
HygB と G418の右肩の「R」と「S」はそれぞれの薬剤に対して耐性あるいは感受性であることを表す。

第7章　バイオプロダクトと新プラットフォーム形成

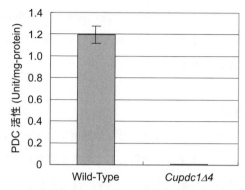

図4　野生株および *CuPDC1* 完全欠損株の PDC 活性

培養開始9時間後の培養液から菌体を集め，PDC の比活性を求めた。
本図では，1分間に1μmole の NADH を NAD$^+$ に変換する酵素活性を
1 Unit と定義した。

Cupdc1 欠損株は，*S. cerevisiae* の場合とは異なり，重篤な増殖遅延は示さなかった。
　次に，本来の酵母にはない代謝経路を付与するため，*CuPDC1* 遺伝子のプロモーター下流に連結されたウシ由来の L-乳酸脱水素酵素遺伝子（L-*LDH*）を *Cupdc1* 遺伝子座に導入した。なお，L-*LDH* 遺伝子を2回組込まれた株（*Cupdc1Δ4-LDH2*）は，1回しか組込まれていない株（*Cupdc1Δ4-LDH1*）よりも高い LDH 活性を示した（図5）。そこで前者の株を炭酸カルシウムでの中和条件下で，108 g/l のグルコースを含む富栄養培地での発酵に供したところ，33時間後には99.9％を超える光学純度の L-乳酸が103 g/l，つまり95％の収率で生産された。さらに，グルコース以外の栄養源を 1/10 に抑えた培地や炭素源をモラセスの主要構成糖であるスクロース

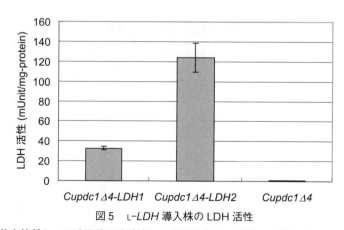

図5　L-*LDH* 導入株の LDH 活性

菌体を接種して8時間後の培養液から菌体を集め，LDH の比活性を求めた。
本図では，1分間に1μmole の NADH を NAD$^+$ に変換する酵素活性を1 Unit
と定義した。

とした培地での発酵も行ったところ，先と同様の高い効率でL-乳酸が生産された。以上のことから，これまでに報告されている乳酸生産性酵母と比べても極めて高いL-乳酸の生産能を有する株の構築に成功したと言える（表1）。

1.4 L-乳酸生産の今後の課題

本節では生産する乳酸の光学純度，発酵効率と発酵速度にフォーカスした有用菌株の開発について概説してきたが，実際にバイオマスを原料として物質生産を行うには多分に依然として改善の余地があると言える。例えば，乳酸生産において低pHで発酵させることは中和剤の使用量を減らすことになり，生産コストの削減に大きく貢献しうる。ただ，低pHでの培養は乳酸を生産する株にも多大な影響（ダメージ）を与えることには注意が必要であろう。特に，非電離型の乳酸は細胞膜を通過しやすいため，低pHでの発酵は，乳酸生産株の細胞内pHに大きく影響し，その発酵能にも負の効果をもたらすと考えられる。今後は低pHでも乳酸を高効率で生産できる酵母株を構築しようとする取り組みが活発になるであろう。

カーボン・オフセット性の観点からは木質系バイオマスを原料とした生産技術の開発も重要である。ただ，乳酸を作る微生物の中で，当該バイオマスに含まれるリグノセルロースやヘミセルロースを直接資化する能力に長ける菌種はあまり多くない。特に酵母のほとんどはこれらの主要な構成単糖の1つであるキシロースでさえも発酵性糖として利用することができない。この中で，S. cerevisiae に Aspergillus aculeatus 由来の β-グルコシダーゼを発現させることによって，本来ならば資化できないセロビオースからL-乳酸に直接変換できる株を構築したとの報告[24]や，キシロース発酵性酵母である Pichia stipitis にL-乳酸能を付与したとの報告がなされている[25]。

表1　酵母による乳酸の生産

Strain	gene disruption	L-Lactic acid production (g/L)	Yield (g/g D-glucose)	Fermentation time (hour)	Reference
Saccharomyces cerevisiae[*1]	pdc1Δ pdc5Δ	82.3	0.82	216	9
Kluyveromyces lactis[*1]	pdc1Δ	109	0.59	137	10
Kluyveromyces lactis[*1]	pdc1Δ pda1Δ	60	0.85	500	11
Pichia stipitis[*1]		41	0.44	45	25
Pichia stipitis[*2]		58	0.58	147	25
Candida utilis[*1]	pdc1Δ4	103.3	0.95	33	23

*1　糖源としてグルコースを用いたときの乳酸生産量
*2　糖源としてキシロースを用いたときの乳酸生産量

第7章　バイオプロダクトと新プラットフォーム形成

特に後者の取り組みでは，収率や発酵速度において課題が残されているものの，キシロースから乳酸を比較的高い効率で生産させた点で高い価値がある。筆者も現在，木質系バイオマスを原料として乳酸を高生産することができる *C. utilis* 株の構築を進めているが，本来なら利用できない糖から乳酸を作らせる取り組みも今後，積極的に行われると予想される。

1.5　おわりに

乳酸は比較的単純な有機酸の1つでありながら産業的に極めて重要な化合物である。その用途の1つとして，低炭素社会の実現に貢献しうるバイオマス・プラスチックの素材になることから，乳酸の重要性は今後ますます高まっていくと考えられる。そこでこれまで乳酸菌や糸状菌が乳酸の製造に用いる主たる微生物であった中，近年ではさらに優れた生産システムの構築を目指し，その他の微生物を用いた研究も進められている。本節ではこのような状況の下，特に酵母を素材とした研究開発に注目し，遺伝子工学技術を用いて高い乳酸生産能を持つ株が構築された事例を紹介してきた。酵母はハンドリングに優れ，ストレス耐性なども強いなどのメリットがあるものの，現在のところはいずれの酵母にも乳酸製造における課題が散見されている。しかしながら，酵母の強みを最大限に活かし，散在する課題を1つ1つ解決していくことでよりよい乳酸生産プロセスの確立が期待される。

文　献

1) ㈶機械システム振興協会，バイオマス・プラスチックの普及を実現する技術システムの開発に関するフィージビリティスタディ報告書—要旨—（システム開発19-F-9）（2008）
2) K. Hofvendahl and B. Hahn-Hägerdal, *Enzyme Microb. Technol.*, **26**, 87 (2000)
3) J. Narita *et al.*, *J. Biosci. Bioeng.*, **97**, 423 (2004)
4) R. P. John *et al.*, *Appl. Microbiol. Biotechnol.*, **74**, 524 (2007)
5) S. Zhou *et al.*, *Appl. Environ. Microbiol.*, **69**, 399 (2003)
6) S. Dequin *et al.*, *Bio/Technology*, **12**, 173 (1994)
7) N. Ishida *et al.*, *Appl. Biochem. Biotechnol.*, **131**, 795 (2006)
8) S. Saitoh *et al.*, *Appl. Environ. Microbiol.*, **71**, 2789 (2005)
9) N. Ishida *et al.*, *Biosci. Biotechnol. Biochem.*, **70**, 1148 (2006)
10) D. Porro *et al.*, *Appl. Environ. Microbiol.*, **65**, 4211 (1999)
11) M. M. Bianchi *et al.*, *Appl. Environ. Microbiol.*, **67**, 5621 (2001)
12) H. Boze *et al.*, *Crit. Rev. Biotechnol.*, **12**, 65 (1992)

13) C. P. Kurtzman *et al.*, "The yeast, a taxonomic study" Fourth edition, Elsevier Science B. V., Amsterdam (1998)
14) G. R. Lawford *et al.*, *Biotechnol. Bioeng.*, **21**, 1163 (1979)
15) K. Kondo *et al.*, *J. Bacteriol.*, **177**, 7171 (1995)
16) K. Kondo *et al.*, *Nat. Biotechnol.*, **15**, 453 (1997)
17) Y. Miura *et al.*, *J. Mol. Microbiol. Biotechnol.*, **1**, 129 (1999)
18) Y. Miura *et al.*, *Appl. Environ. Microbiol.*, **64**, 1226 (1998)
19) Y. Miura *et al.*, *Biotechnol. Bioeng.*, **58**, 306 (1998)
20) H. Shimada *et al.*, *Appl. Environ. Microbiol.*, **64**, 2676 (1998)
21) S. Ikushima *et al.*, *Biosci. Biotechnol. Biochem.*, **73**, 879 (2009)
22) S. Ikushima *et al.*, *Biosci. Biotechnol. Biochem.*, **73**, 152 (2009)
23) S. Ikushima *et al.*, *Biosci. Biotechnol. Biochem.*, **73**, 1818 (2009)
24) K. Tokuhiro *et al.*, *Appl. Microbiol. Biotechnol.*, **79**, 481 (2008)
25) M. Ilmén *et al.*, *Appl. Environ. Microbiol.*, **73**, 117 (2007)

2　D-乳酸，イソプロパノール，グリコール酸生産

和田光史[*1]，田脇新一郎[*2]

2.1　はじめに

　触媒は「欲しいものを作る道具」である。我々の身近にあるものの多くは，実は触媒から作られている。例えば肥料の原料として重要なアンモニアが，空気中の窒素と水素から作られるようになったのは，ハーバーとボッシュが発見した鉄触媒のお陰である。当時の人々が「空気からパンを作った」と絶賛したことからも，その功績の大きさが伺い知れよう。また現在見られる様々なプラスチック製品がこれほど普及したのも，元を辿ればチーグラーとナッタが発見したチタン触媒に端を発する。なお触媒は上記のような化学触媒のみではない。微生物（生体触媒）による発酵生産もまた触媒反応である。生体触媒によってグルコースから抗生物質や種々のアミノ酸の生産が可能となり，有用な医薬品や健康食品が提供されるようになった。

　このように触媒は人類を飢餓と病気から救い，快適で豊かな生活の実現に大きく貢献してきた。今後触媒は，さらに地球環境への貢献が期待されている。石油資源の枯渇や地球温暖化といった問題を克服するため，触媒の果たす役割は益々大きくなるであろう。その1つがバイオマス資源からの有用化学品の生産である。石油から作られている化学品の原料転換を図ることで，石油消費量と二酸化炭素排出量を減らすことが狙いである。現在三井化学では，非可食バイオマス資源のグルコースへの変換と，グルコースからの有用化学品（プラスチック原料）の製造技術開発に取り組んでいる（図1）。

　本節では，グルコースからの有用化学品製造技術開発について紹介する。ここで成功の鍵となるのは，高生産性・高選択性の生体触媒の獲得である。我々は大腸菌の代謝ルートを合目的に遺伝子レベルで改変することによって，目的とする有用化学品のみを効率よく生産できる触媒の創出に取り組み，以下に述べる3種類の新規大腸菌触媒の開発に成功した。

2.2　D-乳酸生産大腸菌触媒の開発

　現在市場にあるポリ乳酸はL-乳酸のポリマーである。ポリL-乳酸はその物性（例えば融点が170℃）から用途が限定的であった。そのような状況下，D-乳酸はポリL-乳酸の改質剤として注目されている。具体的にはポリD-乳酸はポリL-乳酸とのステレオ・コンプレックス形成を介しポリ乳酸の熱安定性を向上させることができる。高品質のステレオコンプレックスポリ乳酸を形成させるためには，高い光学純度と低コストのD-乳酸モノマーが必要となるが，従来の乳酸

[*1]　Mitsufumi Wada　三井化学㈱　触媒科学研究所　主席研究員
[*2]　Shinichiro Tawaki　三井化学㈱　触媒科学研究所　所長

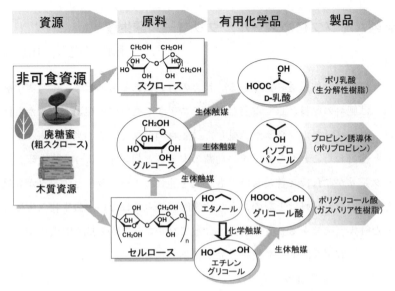

図1　三井化学が取り組んでいる非可食資源からの有用化学品製造まとめ

菌やカビを用いる方法では製造することが困難であった。

　我々は工業実績のある大腸菌をベースに，大腸菌の代謝を合目的に改変する技術ができれば高生産性と高選択性を両立する大腸菌触媒が創出できると考え，まず大腸菌のゲノム遺伝子に外来遺伝子を部位特異的且つ高効率に導入する技術開発に取り組んだ。その結果，従来技術よりも100倍以上高い効率で，狙った大腸菌ゲノム遺伝子部位に目的外来遺伝子を導入できる新規な遺伝子相同組換え技術を開発した[1]。

　我々はこの技術を利用して，D-乳酸のみを選択的に高生産する組換え大腸菌の創出に取り組んだ。野生型大腸菌は元来D-乳酸を生産できるがその生産性は低く，且つ副生する有機酸（酢酸，ピルビン酸，コハク酸，ギ酸，フマル酸など）の量が多い。そこで我々がまず行ったのは，野生型大腸菌MG1655株の副生有機酸の生産ルートを遺伝子レベルで破壊することであった。我々が新たに開発した上記遺伝子相同組換え技術を用いることで，解糖系やクエン酸回路に関わる多くの酵素遺伝子の単独破壊効果およびその組合わせ効果を短期間で検証することができた。結果としてピルビン酸ギ酸リアーゼ（pfl），NAD非依存性D-乳酸デヒドロゲナーゼ（dld），リンゴ酸デヒドロゲナーゼ（mdh），アスパラギン酸アンモニアリアーゼ（aspA）の4つの酵素活性を遺伝子破壊によって同時に消失させることで，主たる副生有機酸の生産性を全て1 g/L未満にまで低減させることに成功した[2]。

　次に行ったのが，D-乳酸の生産性を高めるためにグルコースからD-乳酸に至る生産反応ルートの律速酵素を特定することである。最終的にその律速酵素がNADH依存性D-乳酸デヒドロゲ

第7章　バイオプロダクトと新プラットフォーム形成

ナーゼ（ldhA）であることを突き止め，その酵素遺伝子を新たに大腸菌ゲノムへ導入することによって，100 g/L（24 h）を超えるD-乳酸生産性を実現した[2]。

さらに光学純度低下の原因となるL-乳酸（工業用培地原料であるコーンスティープリカーに含まれている）を効率よく分解する2種類の酵素，即ちNAD非依存性L-乳酸デヒドロゲナーゼ（lldD）と Enterococcus sp. 由来のL-乳酸オキシダーゼ（LOX）の遺伝子をD-乳酸生産大腸菌に導入し，24時間培養後に光学純度100％のD-乳酸を実現した[3]（図2）。

上記の一連の成果により，グルコースから高光学純度D-乳酸を高選択的かつ高生産する大腸菌触媒が完成したが，この触媒はスクロース（廃糖蜜の主成分）を原料とすることができない。なぜなら野生型大腸菌（MG1655, W3110など）はスクロースを資化できないからである。そこで我々はスクロース分解酵素の遺伝子をD-乳酸生産大腸菌に導入することによってスクロースからのD-乳酸生産に成功し，培養・反応条件の最適化を通して，工業用触媒として十分な高生産性，高光学純度を有することを確認した[4]。

2.3　イソプロパノール（IPA）生産大腸菌触媒の開発

現在，世界中の自動車メーカーや家電メーカーが環境に優しい植物由来プラスチックに熱い視線を注いでいる。特に汎用性の高いポリプロピレンについては期待も大きいが，いまだその工業製法は見出されていない。我々は植物由来ポリプロピレンを実用化するためには，糖からイソプロパノール（IPA）を高選択的に高生産可能な生体触媒を確立すべきと考えた。なぜならIPAは既存の脱水反応技術でプロピレンに変換でき，さらに既存の重合反応技術でポリプロピレンへ

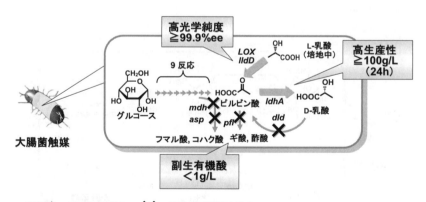

図2　D-乳酸生産大腸菌の代謝経路図

と変換できるからである。勿論IPAを経由しない方法，例えば植物由来エタノールを脱水してエチレンに変換し，さらにエチレン二量化とメタセシス反応によって植物由来プロピレンを合成することは可能である。しかし我々が試算したところでは，コスト面とCO_2排出量削減の両面でIPAを経由する方法が最も有利であるという結果となった。

　自然界に存在するIPA生産細菌としては，クロストリジウム属細菌がよく知られている。しかしその生産性は最高でも7.2 g/Lと低く，またブタノールやエタノールなどの他のアルコール類を副生するため実用化レベルには遠く及ばなかった[5]。そのような背景下，我々はクロストリジウム属細菌が持つIPA合成に関わる酵素遺伝子群を大腸菌に導入し十分に機能させることができれば，アルコール類を副生しないIPA高生産触媒が可能になると考えた。そして実際にクロストリジウム属細菌または野生型大腸菌が保有する4種類のIPA合成酵素，即ちチオラーゼ（atoB），CoAトランスフェラーゼ（atoAおよびatoD），アセト酢酸デカルボキシラーゼ（adc），IPAデヒドロゲナーゼ（IPAdh）の各遺伝子を野生型大腸菌B株に組込み，大腸菌によるIPA生産に成功した[6]（図3）。さらに培地成分の検討を詳細に行い，結果として窒素源の添加によってIPA生産性28.4 g/Lを達成した[6]。なお我々が考案したIPA培養は，通気システムを備えた培養装置を用いることにより，排気ガス中に含まれる高純度IPAが水でトラップされるようになっている。この工夫によって，発酵液中のIPAは低濃度で維持され，大腸菌触媒に対する悪影響も回避可能となる[6]。

　現在我々はコンピューターシミュレーションを用いた触媒設計技術をフル活用し，さらなる高生産性IPA生産大腸菌の開発に成功しており，そのIPA生産性は100 g/Lを超えるレベルに到達している（特許出願中）。

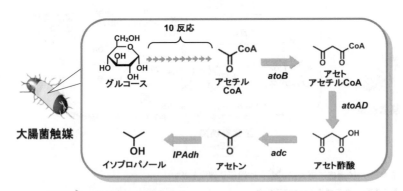

図3　イソプロパノール生産大腸菌の代謝経路図

2.4 グリコール酸生産大腸菌触媒の開発

ガスバリア性ポリマー原料として重要なグリコール酸は,ペットボトル用材料として注目されている。現在グリコール酸は有機合成法により工業生産されているが,純度と価格の点から樹脂原料用途には見合わない。そこで我々は野生型大腸菌にグリコール酸合成酵素遺伝子を導入すると同時に不要な遺伝子を破壊することで,エチレングリコールを原料とした全く新規なグリコール酸製造用組換え大腸菌を構築しようと試みた。

具体的には,グリコール酸合成に関わる2種類の酵素遺伝子(*fucO*, *aldA*)を野生型大腸菌MG1655に導入し,さらに大腸菌に内在するグリコール酸オキシダーゼ遺伝子(*glcDEF*)を破壊した。これによって野生株の16倍まで生産性を高めることに成功した[7]。しかし実用化にはさらなる生産性の向上が必要であった。

そこで次に着目したのが,大腸菌内の酸化還元バランスを制御することであった。大腸菌内で行われているグリコール酸生産反応には,補酵素である酸化型ニコチンアミドアデニンジヌクレオチド(NAD^+)が必要であり,高生産性を実現するにはNAD^+が常に一定量菌体内に存在する必要があるが,実際にはNAD^+が枯渇状態にあることが判明した。そこでNAD^+濃度を向上させるために,2つの方策を用いた。1つは還元型のNADHからNAD^+を再生すること,もう1つはNAD^+生合成能を高めることである。再生についてはNADHデヒドロゲナーゼ遺伝子(*ndh*)の遺伝子導入により,空気中の酸素を用いてNADHから高効率でNAD^+を再生することができた[8]。また生合成能の向上についてはNAD^+の生合成を負に制御する遺伝子(*nadR*)の破壊により,菌体内NAD^+含量が向上することを見出した[9](図4)。以上の補酵素制御技術

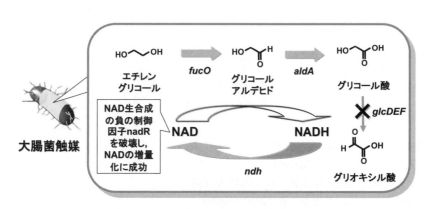

は遺伝子導入, ✗は遺伝子破壊を表す
遺伝子略語の正式名称は以下の通り。
fucO:ラクトアルデヒドレダクターゼ　　*glcDEF*:グリコール酸オキシダーゼ
aldA:ラクトアルデヒドデヒドロゲナーゼ　*ndh*:NADHデヒドロゲナーゼ

図4　グリコール酸生産大腸菌の代謝経路図

により生産性はさらに7.6倍向上し，野生株の実に121倍もの生産性を可能とする生産株を開発するに至った。即ち，野生株の生産性1.8 g/L/44時間（0.04 g/L/時間）に対し，構築した生産株では110 g/L/22時間（5.0 g/L/時間）を達成した。このときグリコール酸選択率99％，対エチレングリコール収率99％であった。

なおエチレングリコールについては，現在ではバイオエタノールから製造されたものが実用化されている。ここで紹介したグリコール酸製造大腸菌はエチレングリコールを原料としているが，エチレングリコールはバイオエタノールを経由してグルコースから製造できるため，今回の成果によってグルコースを原料としたグリコール酸製造が可能となる。

2.5 おわりに

我々は野生型大腸菌の代謝ルートを，遺伝子レベルで合目的に改変することによってD-乳酸，イソプロパノール，グリコール酸の各有用化学品を高選択的に高生産させることに成功した。これらの成果は，大腸菌が上記3種類の化学品のみならず，さらに広範な化学品の生産に応用可能であることを示唆している。

現在三井化学はこれらの大腸菌触媒を利用しながら，当社にとってインパクトある化学製品群の事業展開を図っている。また現在開発中の「非可食バイオマス資源からのグルコース製造技術」と，今回紹介した大腸菌触媒とを組合わせることによって，非可食バイオマス資源からの有用化学品生産が実現可能となる。我々は地球温暖化問題の有効な解決策として持続可能な循環型化学産業の実現を目指しており，今回紹介した大腸菌触媒はその実現化に大きく貢献するものと期待される。

文　献

1) 徳田淳子ほか，特許第4394925号
2) 和田光史ほか，特許第4473219号
3) 和田光史ほか，公開国際出願，WO2010/032697
4) 森重敬ほか，公開国際出願，WO2010/032698
5) 大沼俊一ほか，公開特許公報，昭61-67493
6) 竹林のぞみほか，公開国際出願，WO2009/008377
7) 和田光史ほか，公開国際出願，WO2005/106005
8) 森重敬ほか，公開国際出願，WO2007/129466
9) 森重敬ほか，公開国際出願，WO2007/129465

3 アミノ酸全般

稲富健一[*1], 乾　将行[*2], 湯川英明[*3]

3.1 はじめに

アミノ酸は生体タンパク質の構成単位で，アミノ基とカルボキシル基の両官能基をα炭素原子に結合した有機化合物である。栄養，呈未，反応性などの機能があり，飼料，調味料，機能性食品，医薬品，化粧品などに利用されている。アミノ酸の市場は，90年代後半からのサプリメントブームでアミノ酸飲料やサプリメント市場が拡大し，近年は新興国向け，特にアジアでの家畜飼料用アミノ酸市場の拡大が注目されている。リジンとスレオニンは豚，メチオニンとリジンはトリの制限アミノ酸として重要である。2005と2009年の飼料用アミノ酸市場規模を図1に示す。人口および所得が急増したアジア諸国の畜産需要の拡大が続いており，また，環境規制による家畜排せつ物削減やBSA対策も要因の1つとなっている。世界の豚の半数は中国で飼育されており，そのため中国では，豚の第一制限アミノ酸リジンの国内製造が盛んである。新興国では安価にアミノ酸が製造されており，その影響で日本のメーカーも激しい価格競争にさらされている。

アミノ酸の工業的製造法の中心は微生物発酵である。一部のアミノ酸発酵は，すでに技術的に完成の域に達していると言われているが，新興国との競争を踏まえて，より効率的で経済性が高いアミノ酸製造技術が必要であり，コアとなる技術開発がアミノ酸生産菌の育種である。近年，

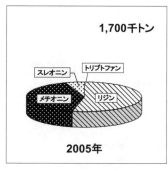 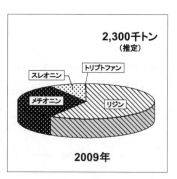

図1　飼料用主要アミノ酸 世界市場規模

出典　リジン，スレオニン，トリプトファン：味の素HP，決算参考データより
　　　メチオニン：2005年データ，「アミノ酸の市場動向」，**24**，83-89，月刊バイオインダストリー（2007）
　　　2009年 http://www.fefana.org/resources/documents/news/10-05-06_int_binder_feedinfo.htm

---

[*1]　Ken-ichi Inatomi　㈶地球環境産業技術研究機構　バイオ研究グループ　副主席研究員
[*2]　Masayuki Inui　㈶地球環境産業技術研究機構　バイオ研究グループ　副主席研究員
[*3]　Hideaki Yukawa　㈶地球環境産業技術研究機構　バイオ研究グループ
　　　　　　　　　　理事，グループリーダー

この分野は新しい技術開発ステージを迎えている。即ち，ゲノム情報からのアプローチである。2003年に代表的なアミノ酸生産菌である *Corynebacterium gultamicum* の全ゲノム配列が決定され，現在3株の *C. glutamicum* ゲノム配列が公開されている[1,2]。ゲノム情報を利用した育種では，アミノ酸生産に有効な変異を特定して野生株でそれらを再構築する合理的な育種や代謝デザインが可能になる。改良すべき箇所も，例えばリジン生産では，末端代謝系，中央代謝系，排出系，酸化還元バランス，グローバルレギュレーション，エネルギー代謝などであることがわかってきた[3]。また，昨年には *C. glutamicum* の網羅的解析結果に基づいて構築された代謝モデルネットワークが発表され，実験データとの比較から，今後のアミノ酸代謝設計への応用が期待されている[4,5]。

　本節では，実用的に広く利用されている *C. glutamicum* を中心に，アミノ酸生産に関わる最近の研究やトピックスを紹介する。後半で省エネルギーな生産法として期待されている嫌気条件下でのアミノ酸生成について，筆者らのグループの研究成果を紹介する。*C. glutamicum* は好気性として知られるグラム陽性細菌で，運動性はなく胞子も形成しない。図2に微生物における代表的なアミノ酸生合成経路を示した。

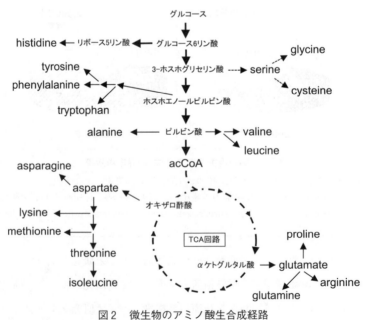

図2　微生物のアミノ酸生合成経路
Akashi H, Gojobori T, *PNAS*, **99**, 3695-3700 (2002) などを参考に作成

第7章　バイオプロダクトと新プラットフォーム形成

3.2 近年のアミノ酸生産技術の進歩
3.2.1 グルタミン酸

　L-グルタミン酸がコリネ型細菌（*C. glutamicum*）によって発酵生産できることがわかってから半世紀以上が経過し，現在，年間200万トンを超えるL-グルタミン酸が発酵法で生産されている。突然変異法を駆使した育種により工業的な生産法は確立しているが，L-グルタミン酸の過剰生産のメカニズムについては，現在も研究が続けられている。*C. glutamicum* 生育因子であるビオチンは，過剰に存在するとL-グルタミン酸の蓄積を抑制する。安価な糖蜜原料にはビオチンが含まれていることから，界面活性剤やペニシリンなどの添加でL-グルタミン酸の生産を誘導する方法が開発された。当初は，これらの誘導条件で細胞膜の透過性が変化し，L-グルタミン酸が細胞膜から漏出すると考えられていた。近年，変異株の研究から，L-グルタミン酸を排出する輸送担体が存在し，その活性化によってL-グルタミン酸の過剰生産が引き起こされるというメカニズムが発表された[6]（図3）。この説では，前述した誘導条件もこの担体の活性化に繋がっている。さらに，生産効率の向上に役立っていると考えられるのが，2-オキソグルタル酸脱水素酵素（ODHC）の活性低下である。本酵素はTCA回路上にあり，L-グルタミン酸生成の分岐となる2-オキソグルタル酸を酸化する。このODHC阻害の調節因子（OdhI）が発見されており，ペニシリン処理でもこの因子が増加することが報告されている[7,8]。最近の代謝工学的アプローチには，炭素安定同位体を用いたL-グルタミン酸代謝フラックス解析による活性化経路の同定

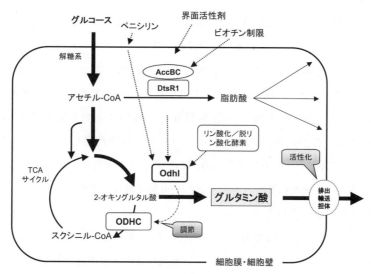

図3　*Corynebacterium glutamicum* のグルタミン酸生産の模式図
　　　文献[6,10]などを参考に作成．
　　　AccBC, DtsR1（アセチルCoAカルボキシラーゼ），ODHC
　　　（オキソグルタル酸脱水素酵素），OdhI（ODHC調節因子）

や，プロテオミクス解析による ODHC サブユニットタンパク質の発現解析などがある[9]。このような一連の基礎研究により，過剰生産メカニズムの解明やさらなる育種ポイントに繋がる成果が期待される。

3.2.2 リジン

L-リジンは，家畜飼料を中心に需要が伸び，L-グルタミン酸に次いで100万トンを超える生産量となっている。工業的には，*C. glutamicum* などのリジン生産菌を好気的に培養し，培養液のpHや供給空気量などを制御して多量のリジンを培養液の中に蓄積させる。生合成は細菌に広く分布するジアミノピメリン酸経路で，主にフィードバック阻害によって調節されている。リジン生合成に関与する酵素としては，アスパルトキナーゼ（AK）など数種が知られており，初発酵素である AK が高濃度のリジンとスレオニンによりフィードバック阻害を受けるため，工業的にはこのフィードバック阻害耐性変異株が用いられている。最近，この酵素にリジンとスレオニンを結合した阻害型 AK の結晶構造が解析され，構造変化による基質結合性の変化が耐性の原因とするメカニズムが提唱されている[11]。一方，池田らのグループは，リジン生産菌の合理的な育種に取り組んでいる。生産菌のゲノム情報を解析してアミノ酸生産に有効な変異を特定し，それらを野生株ゲノム上に順次構築して有効変異のみからなるリジン生産菌株を育種した[3]。最終的な6点変異株のリジン生産量は100 g/L に達している。また，*C. glutamicum* の代謝ネットワークモデルからもリジンの生産性が検討されている[4]。

3.2.3 アラニン

アラニンは食品添加物や医薬品原料として需要が伸びているアミノ酸であり，製造法としてはストレッカー反応による合成法（DL体）や発酵法，酵素法がある。発酵法の場合は，解糖系から生成したピルビン酸を基質としたアミノ基転移反応や還元的アミノ化反応で生産される。還元的アミノ化反応では，アラニン脱水素酵素（AlaDH）により L-アラニンを生産することができる。酵素法は，L-アスパラギン酸のβ-脱炭酸反応を利用する。工業的には，*Pseudomonas dacunhae* の L-アスパラギン酸β-デカルボキシラーゼ活性を利用した固定化菌体と，固定化 *Escherichia coli* のアスパルターゼ活性と組み合わせ，フマル酸とアンモニアから L-アラニン生産が行われている[12]。安価な糖蜜などを原料とした直接発酵は，石油資源を利用しないので（フマル酸は石油由来）近年注目されている。天然より分離されたアラニン生産菌としては，*Arthrobacter oxydans* が報告されており，NADH 依存性 AlaDH が存在する[13]。*C. glutamicum* は，ピルビン酸とグルタミン酸などからのアミノ基転移反応を利用して好気的にアラニンを生成している。代謝工学を利用した嫌気条件での L-アラニン生産の研究については別項で紹介する。

3.2.4 分岐鎖アミノ酸

イソロイシン，ロイシン，バリンはいずれもメチル基の側鎖を持ち，化学的構造や性質が似て

いるため，まとめて分岐鎖アミノ酸に分類される。必須アミノ酸であり，近年，健康飲料や輸液などの医薬品への需要が好調である。また，分岐鎖アミノ酸の中間体からバイオ燃料が生産できることが発表され注目を集めている[14]。生合成経路は，イソロイシンはアスパラギン酸，バリンはピルビン酸，ロイシンは，バリン生合成中間体のα-ケトイソ吉草酸を経由して生合成される。分岐鎖アミノ酸の生合成調節も他のアミノ酸と同じくフィードバック阻害と抑制である。フィードバック阻害を受ける酵素は，イソロイシンではL-スレオニンデアミナーゼとアセトヒドロキシ酸シンターゼ，バリンではアセトヒドロキシ酸シンターゼ，ロイシンではα-イソプロピルリンゴ酸シンターゼなどが知られている[12]。これらの酵素をターゲットとした代謝調節変異株の開発や遺伝子工学による変異形質導入により，現在では分岐鎖アミノ酸は直接発酵法で生産されている。近年，データベースから有用な遺伝子を選択し，ゲノムを合理的に設計する手法が注目されている。例えば，*C. glutamicum* のバリン生産ではバリン生合成遺伝子の過剰発現，酸化還元バランスの調節，アラニン副生抑制などによるL-バリン生産の向上が報告されている[15]。また，糖消費速度の向上を目的として *C. glutamicum* の H^+-ATPase 変異株が作製されており，H^+-ATPase の活性低下により糖消費速度が向上し，バリン生産の増加に繋がっている[16]。嫌気的なアミノ酸生産を目指したバリン生産については別項で紹介する。

3.2.5 アルギニン

アルギニンは塩基性アミノ酸の1つで，その前駆体はシトルリンとオルニチンであり，3者とも古くから発酵生産されている。アルギニンは肝機能促進剤などの医薬品や食塩代替品として注目されており，シトルリンやオルニチンも健康食品などで需要がある。工業的には発酵法で生産されており，*C. glutamicum* から誘導された変異株などで生産されている。微生物のアルギニンの生合成経路は2経路（linear と recycle 型）が知られており[17]，*C. glutamicum* などのグルタミン酸生産菌は，アセチルオルニチンのアセチル基をリサイクルする経路を利用する。アルギニンの調節機構は，初発酵素のN-アセチルグルタミン酸シンターゼ（*argA*）と，2番目のN-アセチルグルタミン酸キナーゼ（*argB*）が，アルギニンによってフィードバック阻害を受ける。アルギニン生産性の向上には，アルギニン生合成系の抑制やフィードバック阻害の解除，生合成酵素活性の強化，膜透過性の向上などの変異が有効であることがわかってきた。アルギニン生産を高めた研究としてアルギニン生産株の育種を紹介する。まず，アルギニン過剰生産株（*C. glutamicum*）3株の *arg* オペロンの有効な変異を同定し，次にその変異に最適なホスト株を選択し，最後にフィードバック阻害を受ける *argB* を，阻害を受けない大腸菌 *argB* に変換してアルギニン生産株を構築した。その結果，最終的に400 mM（70 g/L）を超えるL-アルギニンの蓄積が報告されている[18]。最近，偏性好気性細菌 *Viteroscilla* のヘモグロビン遺伝子を導入したコリネ型細菌で最大35.9 g/L のL-アルギニン生産が報告された。酸素の供給が増加するためと予

想されている[19]。

3.2.6 セリン

L-セリンは必須アミノ酸ではないが、アミノ酸代謝の中央に位置し、また核酸や細胞膜の原料であるリン脂質の生合成にも深く関与している。また、優れた保湿性を示すことから化粧品や輸液などの医薬品原料としても利用されている。工業的には、グリシンをセリンに変換する酵素（セリンヒドロキシメチルトランスフェラーゼ（SHMT））活性が高い微生物を利用した生産方法などが実用化されている。セリンの生合成系は、グリセリン-3-リン酸（3PG）を原料にする経路と、グリシンとメチレンテトラヒドロ葉酸（メチレンTHF）からSHMTにより生成される2つの経路が知られている。3PGのリン酸化経路がセリンによりフィードバック阻害を受けることから、生理的にはこの系がセリンの主要生合成経路と考えられている[12]。セリンはアミノ酸の中では直接発酵法が難しいアミノ酸の1つだが、代謝工学を利用して安価な糖類を原料とする直接発酵を目指した高生産株の育種が試みられている。開発されたのは、C. glutamicum のL-セリンからグリシンを生成するSHMT遺伝子（glyA）のプロモーター変換によりSHMT発現を制御して、L-セリン蓄積を増大させる方法や[20]、同じくTHF合成遺伝子を破壊し、葉酸への栄養要求性からSHMTを制御する方法である。この結果、36 g/L のL-セリンの蓄積が報告されている[21]。SHMT遺伝子の転写レギュレーター（GlyR）が最近 C. glutamicum で同定されている[22]。

3.3 嫌気条件下におけるアミノ酸生産

工業的アミノ酸発酵は好気プロセスで実施されており、原料は安価な糖蜜（モラセス）やスターチ加水分解物が利用されている。このプロセスは、微生物の増殖に必要な栄養や曝気（エアレーション）に加え、撹拌、冷却などのエネルギー投入が必要である。さらに、生産量が最も多いL-グルタミン酸の場合でも、対糖収率は45～55%であり[23]、糖の半分が副生成物に転換されている。したがって、生産物収率やエネルギー効率を改善し、かつ経済的なアミノ酸生産プロセスの開発が期待されている[24]。

3.3.1 コリネ型細菌の硝酸呼吸増殖とアミノ酸生産

コリネ型細菌は好気性微生物と認識されているが、本菌の全ゲノム配列から、細菌に広く保存されている硝酸トランスポーターや硝酸還元酵素系に相同性の高い narKGHJI 遺伝子クラスターが認められた。そこで、筆者らのグループは C. glutamicum の嫌気条件における硝酸呼吸による細胞増殖や nar オペロンの発現調節機構について検討を行った。その結果、本菌は、硝酸塩を含む無機塩培地で嫌気的に生育できることがわかった。また、nar オペロンの一部を欠損した株では生育せず、硝酸塩から亜硝酸塩を生成する能力も失った。これらの結果から、嫌気条

第7章　バイオプロダクトと新プラットフォーム形成

件下における C. glutamicum の硝酸呼吸が示唆され，nar オペロンが硝酸塩存在下による嫌気生育に関与していることが明らかになった[25,26]。硝酸塩存在下の嫌気的アミノ酸生産については，同じく C. glutamicum 変異株において，寒天プレート上で L-リジンと L-アルギニンの生産が報告されている[27]。嫌気的または酸素抑制条件でアミノ酸生産が可能になれば，曝気や撹拌エネルギーが減り，対糖収率が改善されて CO_2 の排出も低減されるなど多くの利点がある。いままでコリネ型細菌の嫌気条件下における細胞増殖や遺伝子発現制御に関する知見はほとんどなく，今後の嫌気的条件での増殖速度向上など，基礎的知見の集積が期待される。

3.3.2　嫌気条件下におけるアラニン，バリン生産

筆者らのグループでは，酸素抑制条件下でバイオ燃料や化学品を生産する独自のバイオプロセス「増殖非依存型バイオプロセス」の基盤技術を確立した。本プロセスは，C. glutamicum が嫌気的な条件では増殖しないが，有機酸生成などの糖代謝機能は維持することを利用したバイオプロセスである。高効率のキーは，従来プロセスが微生物の増殖に依存して物質生産を行うのに対して，微生物細胞の生育を人為的に停止した状態であたかも化学触媒のように細胞を利用し，化合物を製造させることにある。増殖しないため副生物もほとんどなく，化学プロセスと同等，またはそれ以上の生産性（STY：Space Time Yield）が可能になった[28,29]。

本プロセスをアミノ酸生産に適用するため，L-アラニンをターゲットにして研究を行った。まず，有機酸副生に関わる遺伝子（ldhA, ppc）を不活性化し，カーボンフラックスをアラニン生産に直結させた。次に，嫌気条件でアラニンを生産するため，*Lysinibacillus sphaericus* からアラニン脱水素酵素（AlaDH）遺伝子を導入して過剰発現させた。さらに，グルコース消費を改善するため，グリセルアルデヒド-3-リン酸脱水素酵素（GAPDH）をコードする gapA を過剰発現させた。最後に，アラニンラセマーゼ遺伝子を不活性化させた。その結果，酸素抑制条件下で無機培地を用いてフェッドバッチ方式で，光学純度99.5％の L-アラニンが98 g/L（32 h）生産された[30]（図4）。この結果は，大腸菌に AlaDH を導入して嫌気的に L-アラニンを生産させた報告を上回った[31]。

現在，次のターゲットとして，必須アミノ酸バリンの嫌気条件下での生産を目指している。アラニンと同じく，競合代謝経路遺伝子の破壊，生合成経路の強化，フィードバック阻害の解除，細胞内酸化還元バランスの調節などを検討し，酸素抑制条件で従来の好気性発酵と比べて高いバリン生産性を示すことを確認した[32]。以上，酸素抑制下でのアミノ酸の高生産性が示されたことにより，生産収率やエネルギー効率，経済性に優れた嫌気性プロセスの開発に道が開かれたと考えられる。

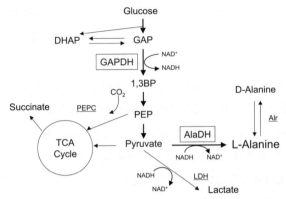

図4 組換え *C. glutamicum* における L-アラニン生産経路
不活性化した酵素は下線，過剰生産した酵素は四角で囲んだ
GAP: glyceraldehyde3-phosphate，1,3BP: 1,3-bisphospho-D-glycerate，PEP: phosphoenolpyruvate，GAPDH: glyceraldehyde 3-phosphate dehydrogenase，PEPC: phosphoenolpyruvate carboxylase，AlaDH: alanine dehydrogenase，LDH: lactate dehydrogenase，Alr: alanine racemase

3.4 原料の利用能拡大

アミノ酸発酵の工業原料は，穀物，糖蜜，甜菜モラセス，コーンやキャッサバの加水分解物であるが，近年は，食料と競合しない原料が求められる。世界で最も賦存量が多い非可食バイオマスはリグノセルロースであり，アミノ酸発酵の原料として期待されている。しかし，リグニンを除いた後のリグノセルロース加水分解物は，6炭糖（D-グルコース）と5炭糖（D-キシロース，L-アラビノース）を含む混合糖であり，両炭糖を同時利用できることが，原料を効率的に利用する重要なキー技術である。*C. glutamicum* も含めて工業用微生物の野生株は5炭糖を発酵基質として利用できない菌が多い。したがって，*C. glutamicum* に5炭糖資化能を付与する研究が行われた。それぞれの5炭糖利用遺伝子クラスターを導入した結果，組換え *C. glutamicum* は，D-グルコースに加えて，L-アラビノース，D-キシロース，D-セロビオースを利用することが可能になった[33~35]。しかし，これらの5炭糖消費速度は低濃度では遅くなり，好気条件ではグルコース存在下で抑制された。この課題を解決するため，筆者らのグループは，L-アラビノースを唯一の炭素源として生育可能な *araBDA* 遺伝子クラスターを持つ *C. glutamicum* ATCC 31831株を調べた。その結果，クラスターの上流にアラビノース輸送遺伝子 *araE* が存在することを見出した[36]。この ATCC 31831株由来の *araE* 遺伝子を，5炭糖利用遺伝子クラスター導入株に導入したところ，5炭糖の消費速度が大きく改善された[37]（図5）。*araE* 遺伝子導入の結果，導入株では酸素抑制下だけではなく，好気条件でも同時代謝に必要な6炭糖と5炭糖の糖消費速度が得られた。この混合糖を同時利用できる *C. glutamicum* 株を用いた増殖非依存型バイオプロセスは，リグノセルロース原料の前処理で副生されるフルフラールなどの発酵阻害物質の影響を受け

第7章 バイオプロダクトと新プラットフォーム形成

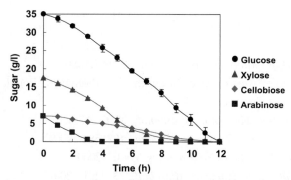

図5 組換え *C. glutamicum* による酸素制限下での混合糖（D-グルコース，D-キシロース，L-アラビノース，D-セロビオース）の同時消費[37]

ないなど優れた特徴を示した[38]。一方，5炭糖からのアミノ酸生産に関しては，大腸菌の *araBDA* 遺伝子を導入した *C. glutamicum* において，アラビノースからの L-グルタミン酸や L-リジンなどの生産が報告されている[39]。今後，リグノセルロース由来の混合糖原料を利用できる能力を活かしたアミノ酸生産への応用が期待される。

3.5 おわりに

グルタミン酸発酵の発見以来，半世紀以上が経過した。近年のバイオテクノロジーの急速な進展で，アミノ酸生産菌のゲノム構造が明らかになり，遺伝子やタンパク質，代謝物の解析技術も飛躍的に進歩した。アミノ酸の代謝調節機構も遺伝子やタンパク質，代謝物のレベルで細かい追跡が可能になった。一部のアミノ酸発酵は技術的にも完成の域に達していると言われているが，本節でも紹介した新しい研究開発の流れがすでに始まっている。ゲノム情報に基づいて有効な変異を野生株に集めて再構築する合理的な育種，代謝フラックス解析などの代謝工学による合理的な代謝デザイン，ゲノム工学を駆使したシステムバイオロジー，高度なセンサーや制御技術を利用した効率的発酵プロセス，非可食バイオマス（リグノセルロース）原料の使用，炭素源としての CO_2 の利用，嫌気性プロセスなど，さらなる技術改良の余地は大きい。新興国では，家畜飼料や飲料，健康食品，医療など，アミノ酸需要はますます大きくなると予想される。成熟した技術は，新興国での安価な生産による価格競争にさらされるのは間違いなく，今後とも着実な技術改良が期待される。

文　献

1) M. Ikeda et al., *Appl. Microbiol. Biotechnol.*, **62**, 99 (2003)
2) H. Yukawa et al., "Amino Acid Biosynthesis- Pathways, Regulation And Metabolic Engineering", p. 349, Springer (2007)
3) M. Ikeda et al., *J. Ind. Microbiol. Biotechnol.*, **33**, 610 (2006)
4) K. R. Kjeldsen, J. Nielsen, *Biotechnol. Bioeng.*, **102**, 583 (2009)
5) Y. Shinfuku et al., *Microbial Cell Factories*, **8**(43) (2009)
6) J. Nakamura et al., *Appl. Environ. Microbiol.*, **73**, 4491 (2007)
7) A. Niebisch et al., *J. Biol. Chem.*, **281**, 12300 (2006)
8) J. Kim et al., *Appl. Microbiol. Biotechnol.*, **86**, 911 (2010)
9) J. Kim et al., *Appl. Microbiol. Biotechnol.*, **81**, 1097 (2009)
10) H. Shimizu et al., "Amino Acid Biosynthesis- Pathways, Regulation And Metabolic Engineering", p. 8, Springer (2007)
11) A. Yoshida et al., *J. Biol. Chem.*, **285**, 27477 (2010)
12) 相田ほか, アミノ酸発酵, 学会出版センター (1986)
13) S. Hashimoto, R. Katsumata, *Appl. Environ. Microbiol.*, **65**, 2781 (1999)
14) S. Atsumi et al., *Nature*, **451**, 86 (2008)
15) T. Bartek et al., *J. Ind. Microbiol. Biotechnol.*, **37**, 263 (2010)
16) M. Wada et al., *Biosci. Biotechnol. Biochem.*, **72**, 2959 (2008)
17) R. Cunin et al., *Microbiol. Rev.*, **50**, 314 (1986)
18) M. Ikeda et al., *Appl. Environ. Microbiol.*, **75**, 1635 (2009)
19) M. Xu et al., *Appl. Biochem. Biotechnol.*, Sep 11 (2010, Epub)
20) P. Peters-Wendisch et al., *Appl. Environ. Microbiol.*, **71**, 7139 (2005)
21) M. Stolz et al., *Appl. Environ. Microbiol.*, **73**, 750 (2007)
22) J. E. Schweitzer et al., *J. Biotechnol.*, **139**, 214 (2009)
23) M. Ikeda, *Adv. Biochem. Eng. Biotechnol.*, **79**, 1-35 (2003)
24) H. Yasueda, *Seibutsu-Kogaku Kaishi*, **86**, 525 (2008)
25) T. Nishimura et al., *Appl. Microbiol. Biotechnol.*, **75**, 889 (2007)
26) T. Nishimura et al., *J. Bacteriol.*, **190**, 3264 (2008)
27) S. Takeno et al., *Appl. Microbiol. Biotechnol.*, **75**, 1173 (2007)
28) M. Inui et al., *J. Mol. Microbiol. Biotechnol.*, **7**, 182 (2004)
29) M. Inui et al., *Microbiology*, **153**, 2491 (2007)
30) T. Jojima et al., *Appl. Microbiol. Biotechnol.*, **87**, 159 (2010)
31) X. Zhang et al., *Appl. Microbiol. Biotechnol.*, **77**, 355 (2007)
32) 長谷川ほか, 日本農芸化学会年会, p. 95 (2009), p. 203 (2010)
33) H. Kawaguchi et al., *Appl. Environ. Microbiol.*, **72**, 3418 (2006)
34) H. Kawaguchi et al., *Appl. Microbiol. Biotechnol.*, **77**, 1053 (2008)
35) M. Sasaki et al., *Appl. Microbiol. Biotechnol.*, **81**, 691 (2008)
36) H. Kawaguchi et al., *Appl. Environ. Microbiol.*, **75**, 3419 (2009)

第 7 章　バイオプロダクトと新プラットフォーム形成

37)　M. Sasaki *et al.*, *Appl. Microbiol. Biotechnol.*, **85**, 105 (2009)
38)　S. Sakai *et al.*, *Appl. Environ. Microbiol.*, **73**, 2349 (2007)
39)　J. Schneider *et al.*, *J. Biotechnol.*, Jul 16. [2010, Epub]

4　光学活性アミン類の合成

満倉浩一[*1], 吉田豊和[*2]

4.1　はじめに

　キラルアミンは，医薬品，農薬，光学分割剤，触媒のリガンドなどの合成中間体として用いられており[1]，簡便かつ効率的な合成法の開発が望まれている。キラルアミンの化学的調製法のうち，最も一般的な方法としてジアステレオマー塩法がある。これは，分割したいラセミアミンに酸性光学分割剤（例えば，リンゴ酸[2]，マンデル酸[3]，酒石酸[4]，10-カンファスルホン酸[5]）を作用させ，生成したジアステレオマー塩の溶解度の違いを利用して分別晶出する方法である。しかしながら，光学分割には基本的にアミンと等モル量のキラルカルボン酸が必要であり，さらに生成塩の光学純度が低い場合には複数回の再結晶が必要となる。一方，イミンあるいはエナミンの不斉還元は，理論的に収率100％で光学活性アミンを調製できる。不斉還元反応に用いる遷移金属触媒や有機触媒は，デザイン次第で種々の(R)-あるいは(S)-アミンを合成できるため，有機化学者の注目を集めている。近年，触媒的不斉還元による光学活性アミンの合成が数多く報告されている[6,7]。

　一方，キラルアミンの酵素合成は，化学合成法に代わる選択肢の1つである[8]。生体触媒（酵素）は，立体選択性が高い，反応は温和な条件下（一般的に常温，常圧，中性水系）で進行し，重金属を必要としないなどの特徴を持っている。これらの優れた特徴を活かしてキラルアミン生産も行われている。そこで本節では，①～④に示した生体触媒を利用したキラルアミン合成について紹介する。

① 加水分解酵素による速度論的光学分割（Kinetic Resolution）と動的光学分割（Dynamic Kinetic Resolution）
② アミノ基転移酵素による反応
③ アミン酸化還元酵素による反応
④ イミン還元酵素による不斉合成

4.2　加水分解酵素による速度論的（動的）光学分割

　北口らが1989年にリパーゼとプロテアーゼを用いたラセミアミン類の光学分割を報告した[9]。これを端緒として，リパーゼ，アミノアシラーゼ，プロテアーゼなどの加水分解酵素を利用した光学活性アミン合成が徹底的に研究されてきた[10,11]。現在，加水分解酵素は，光学活性アミン生

[*1] Koichi Mitsukura　岐阜大学　工学部　生命工学科　助教
[*2] Toyokazu Yoshida　岐阜大学　工学部　生命工学科　准教授

第7章 バイオプロダクトと新プラットフォーム形成

産の有効な手段の1つとなっている。

4.2.1 リパーゼの利用

リパーゼ（EC 3.1.1.3）は，トリアシルグリセリドの加水分解を触媒する酵素として報告されている[12]。しかしながら，リパーゼの中には，広い基質特異性と高いエナンチオ選択性を示すものが存在し，水系ではエステルやアミド類の加水分解，有機溶媒中ではアシル化を触媒する[13]。例えば，*Burkholderia cepacia*[14]，*Burkholderia plantarii*[15]，*Candida antarctica*[16]，*Candida rugosa*[17]，*Pseudomonas fluorescence*[18] 由来のリパーゼは，ラセミアミンの速度論的光学分割に用いられている。

光学活性アミンを効率的に合成する方法として動的光学分割（DKR）が検討されている[19]。DKRは，理論的には収率100％で光学活性アミンを得られる。この方法は，パラジウム[20]，ルテニウム[21]あるいはイリジウム[22]触媒あるいはチイルラジカル種[23]存在下で，リパーゼを用いてラセミアミンのアシル化（速度論的光学分割）を行うと，一方のエナンチオマーが優先的にアミドへと変換され，未反応の光学活性アミンは反応系中でラセミ化する（光学活性 *N*-アシルアミンはラセミ化しない）という仕組みである。DKRによる光学活性 *N*-アシルアミンの合成例を図1に示した。

4.2.2 アミノアシラーゼの利用

Aspergillus melleus 由来の市販アミノアシラーゼⅠ（EC 3.5.1.14）は，ラセミ *N*-アセチルアミノ酸だけでなく[12]，アミノ酸エステルやアミドも L-選択的に加水分解することが報告されている[24]。また，ラセミ二級アルコールに対して高エナンチオ選択的なアシル化も触媒する[25]。一方，1-アミノインダンのようなラセミアリールアルキルアミンのアシル化では，そのエナンチオ選択性は，中程度（E値で約9）にとどまる[26]。

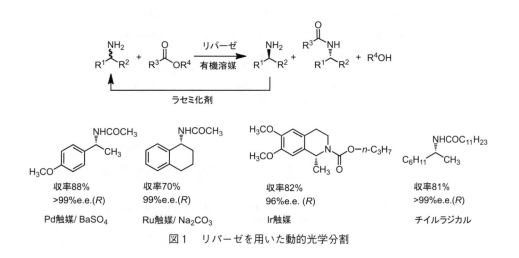

図1　リパーゼを用いた動的光学分割

4.2.3 プロテアーゼの利用

近年，ラセミ環状アミンのオキサミン酸エステルをプロテアーゼ（EC 3.4群）で加水分解して光学活性環状アミンを得る方法が報告されている[27]。2位置換ピロリジンやピペリジンのオキサミン酸エステルに *Aspergillus* 属，*Bacillus* 属，*Streptomyces* 属由来プロテアーゼを作用させるとエナンチオ選択的に加水分解し対応するカルボン酸が得られる。生成した酸と基質エステルを精製分離した後，塩酸加熱処理を行うと，2位に置換基を導入したピロリジンあるいはピペリジン化合物が高い光学純度で得られる（図2）。

4.3 アミノ基転移酵素による反応

アミノ基転移酵素（EC 2.6.1群）は，補酵素としてピリドキサール-5'-リン酸あるいはピリドキサミン-5'-リン酸を要求し，アミンからケトンへの変換あるいはその逆反応を触媒する[12]。平衡定数は1に近く，ほとんどの反応が可逆的である。この酵素の特徴を利用したラセミアミンの光学分割やプロキラルなケトンから光学活性アミンへの不斉合成が検討されている（図3）。例えば，ラセミシクロプロピルエチルアミンの光学分割[28]やメトキシアセトンから (S)-メトキシイソプロピルアミン（除草剤メトラクロールの合成中間体）の不斉合成がある[29]。

光学活性アミンの合成に利用されるアミノ基転移酵素は，ω-トランスアミナーゼが多く，そのほとんどが (S)-選択性を示す[30]。一方，岩崎らは，(R)-3,4-ジメトキシアンフェタミンを単一窒素源とする培地を用いて，土壌から (R)-選択的アミノ基転移反応を触媒する細菌

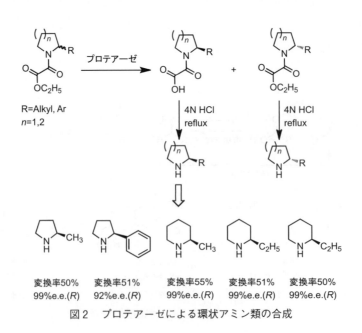

図2　プロテアーゼによる環状アミン類の合成

第7章　バイオプロダクトと新プラットフォーム形成

光学分割

不斉合成

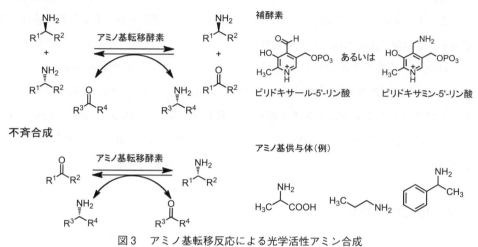

図3　アミノ基転移反応による光学活性アミン合成

Arthrobacter sp. KNK168を分離した[31,32]。その酵素は，培地にイソプロピルアミン，*sec*-ブチルアミン，3-アミノ-2,2-ジメチルブタンを加えると強く誘導される。最適反応条件下，菌体反応によって3,4-ジメトキシフェニルアセトンから対応する(R)-アミンへの効率的な合成（変換率82%，>99% e.e.）に成功した[32]。最近，Kroutilらは，(R)-選択的アミノ基転移酵素 ATA-117を用いた(R)-アミンの合成を報告している[33]。

ケトンにアミノ基供与体としてL-あるいはD-アラニンを用いてアミノ基転移反応を行うと，光学活性アミンの生成に伴ってピルビン酸が蓄積する。ピルビン酸が反応系に存在すると生成したアミンからケトンへの変換（逆反応）が進むためピルビン酸変換法が検討された（図4）。ピ

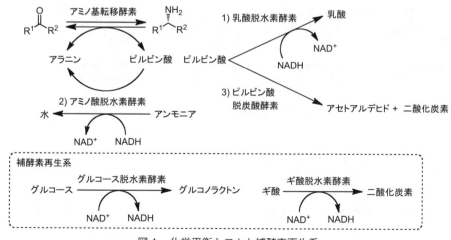

図4　化学平衡シフトと補酵素再生系

ルビン酸変換には，①乳酸脱水素酵素，②アミノ酸脱水素酵素，③ピルビン酸脱炭酸酵素などが用いられる。①～③のいずれの場合も，アミン合成方向に化学平衡をシフトできる。③は，補酵素を必要としないが，①と②はどちらも補酵素としてニコチンアミドアデニンジヌクレオチド還元型（NADH）を必要とする。しかしながら，①と②の反応系に補酵素再生系を組み込むとNAD$^+$からNADHへの再生が可能となる。使用する基質や反応条件に応じて適切な反応系を構築することで種々のアミンをエナンチオ選択的に調製できる[33,34]（図5）。最近，Kroutilらは，ラセミアミンに(R)-選択的と(S)-選択的ω-トランスアミナーゼ，L-乳酸脱水素酵素，グルコース脱水素酵素の複合酵素系で，効率的な光学活性アミンの合成法を提案している[35]。

4.4 アミン酸化酵素の利用

ラセミアミンの一方のエナンチオマーを酸化あるいは，カルボニル化合物をアンモニア存在下でエナンチオ選択的にアミノ化できれば，光学活性アミンを合成できる。

4.4.1 アミン脱水素酵素による反応

アミン脱水素酵素（AMDH）（EC 1.4.99.3）は，一級アミン（最適基質はメチルアミン）の酸化的脱アミノ化とカルボニル化合物への還元的アミノ化を触媒し，補酵素としてトリプトファ

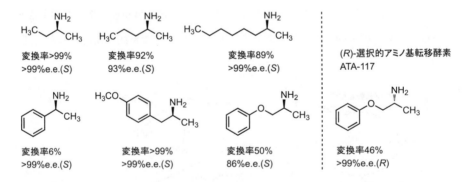

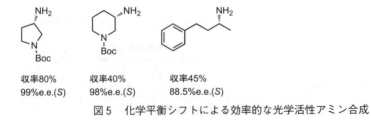

図5　化学平衡シフトによる効率的な光学活性アミン合成

ン—トリプトフィルキノン（TQQ）を含んでいることがわかっている[12]。伊藤らは，放線菌 *Streptomyces virginiae* IFO 12827からAMDH活性を新たに見出し，その酵素の精製と特徴解析を行った[36]。サブユニット分子量46,000でホモダイマーからなるこのAMDHは，TQQ型AMDHとは異なりNAD$^+$依存AMDHであった。この酵素は，アミンだけでなくアミノ酸やアミノアルコールに対して酸化的脱アミノ化とその逆反応を触媒することが示された。また，2-アミノ-1-プロパノールとアスパラギン酸の酵素合成も行われた。

4.4.2 エナンチオ選択的モノアミンオキシダーゼと化学還元

Turnerらは，モノアミンオキシダーゼN（MAO-N）（EC 1.4.3.4）を用いたラセミアミンの脱ラセミ化による光学活性アミン合成法を開発した。(S)-選択的モノアミンオキシダーゼは，(S)-アミンを対応するイミンへと酸化し，生成したイミンは非立体選択的な還元剤によりラセミアミンへと変換される（図6）。これらの反応が完全に遂行されると，100％に近い収率で(R)-アミンが得られる。脱ラセミ化に使用した野生型MAO-Nは，*Aspergillus niger*由来のフラビン酵素であり，1-ブチルアミンやベンジルアミンのようなアキラルな一級アミンに対して高い酸化活性を示す[37]。一方，キラルアミンに対する酸化活性は非常に微弱であった。そこで，進化分子工学手法による野生株MAO-Nの改変が行われた[38]。ランダム変異によって得られたMAO-N変異体（Asn336Ser）は，その酵素活性が野生株のものと比べて約50倍向上し，また光学活性一級アミンに対して広い基質特異性を獲得した[39]。また，(Ile246Met/Asn336Ser)変異体は，環状アミンに対して高い酸化活性を示し，光学活性二級アミンの効率的な調製に成功した[40]。さらなる変異導入によって作製されたMAO-N-D5（Ile246Met/Asn336Ser/Met348Lys/Thr384Asn/Asp385Ser）変異体は，光学活性一級アミンに加えて，光学活性二級アミンと三級アミンに対する酸化活性も獲得した[41]。MAO-N変異体遺伝子を発現させた組換え大腸菌とアンモニアボラン還元系の構築は，図7に示すラセミアミンから対応する(R)-アミンへの合成を可能にした[40〜42]。最近，MAO-N-D5変異体のX線結晶構造解析が行われた。その結果，補酵素

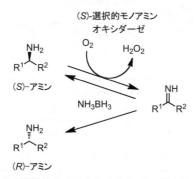

図6　エナンチオ選択的モノアミンオキシダーゼを用いた脱ラセミ化

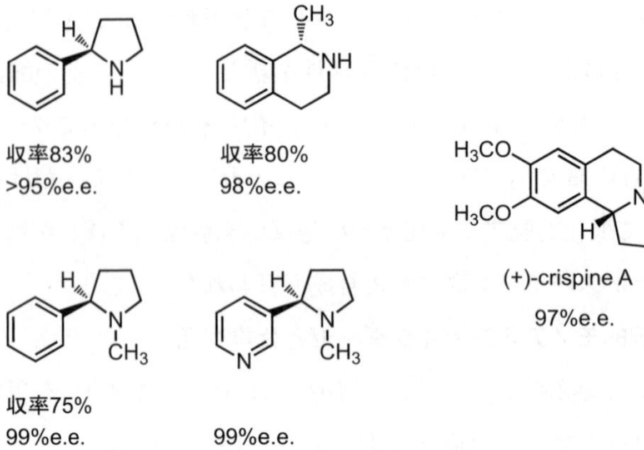

図7 脱ラセミ化プロセスによる光学活性アミン類の合成

フラビンアデニンジヌクレオチド（FAD）は，芳香族ケージに位置すること，Ile246Met は基質結合部位の自由度を向上させること，Asn336Ser は，芳香族ケージの430番目のトリプトファンとの間に生じる立体障害を緩和すること，Thr384Asn と Asp385Ser は，活性部位に遠隔的に作用していることなどが明らかとなった[43]。

4.5 微生物触媒によるイミン不斉還元

最近，Vaijayanthi と Chadha らによって，酵母 *Candida parapsilosis* ATCC 7330菌体によるアリールアミン類の不斉還元が報告された[44]。*C. parapsilosis* は，種々のアリールイミン類に対して (*R*)-選択的還元を触媒し，高い光学純度で (*R*)-アリールアミンが合成された（図8）。

著者らは，環状イミン 2-メチル-1-ピロリン（2-MPN）に対してエナンチオ選択的イミン還元活性を示す微生物の探索を試みた（図9）。微生物菌体を 2-MPN に作用させ，生成した 2-メチルピロリジン（2-MP）の濃度と光学純度を調べた結果，土壌放線菌 *Streptomyces* sp. において，

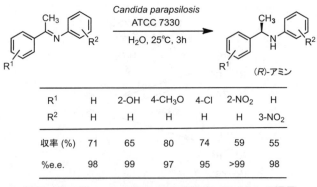

R^1	H	2-OH	4-CH_3O	4-Cl	2-NO_2	H
R^2	H	H	H	H	H	3-NO_2
収率 (%)	71	65	80	74	59	55
%e.e.	98	99	97	95	>99	98

図8 *Candida parapsilosis* によるアリールイミンの還元

第7章 バイオプロダクトと新プラットフォーム形成

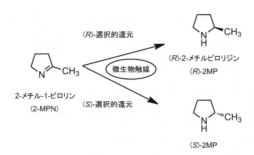

図9 微生物触媒による 2-MPN の不斉還元

(R)-選択性と(S)-選択性を示すイミン還元活性をそれぞれ見出した。中でも，GF3587株は，2-MPN に対して最も高い(R)-選択性を示し，99％ e.e. 以上の光学純度で，(R)-2-MP を生成した。一方，GF3546株は，唯一，(S)-選択性を示すイミン還元活性菌であった。これら両菌株の培養および反応条件を最適化したところ，どちらのイミン還元酵素も構成酵素であること，また，菌体内の補酵素再生のエネルギー源としてグルコースが効果的であることが明らかになった。最適反応条件下で，菌体による 2-MPN 還元反応を行ったところ，最終的に GF3587株は，変換率91％で(R)-2-MP (99.2% e.e.) を生産し，GF3546株は，変換率92％で(S)-2-MP (92.3% e.e.) を生産した[45] (図10)。

4.6 おわりに

生体触媒（酵素や微生物）による光学活性アミン合成法について紹介した。広い基質特異性や

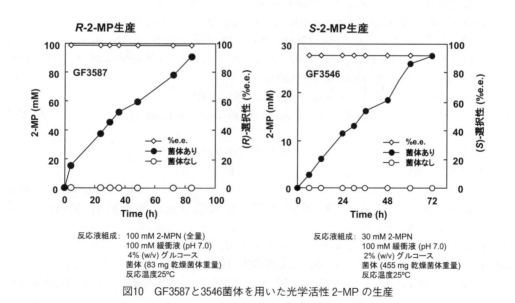

図10 GF3587と3546菌体を用いた光学活性 2-MP の生産

高いエナンチオ選択性を示し，安定で基質や生成物による酵素活性阻害を示さないなどの特徴を持った酵素であれば，1つの酵素でたくさんのキラル化合物を調製できるため大変魅力的な触媒と言える。しかしながら，これらの条件をすべて満たす酵素は，決して多くない。現在，光学活性アミン合成法は，化学的手法も含め多岐にわたる。今後，生体触媒（酵素）を有効に活用するためには，積極的な新規酵素探索，品揃えの充実，酵素安定性の向上，有機溶媒耐性の付与，進化分子工学的手法による酵素の改変・改良などを図り，光学活性アミンの酵素合成における問題点を着実に解決していくことが求められる。

文　　献

1) a) N. J. Turner and R. Carr, Biocatalysis in the Pharmaceutical and Biotechnology Industries, p 743, CRC Press LLC (2007); b) D. Pollard and J. M. Woodley, *Trends Biotechnol.*, **25**, 66 (2007); c) J. M. Woodley, *Trends Biotechnol.*, **26**, 321 (2008); d) N. Ran *et al.*, *Green Chem.*, **10**, 361 (2008); e) R. N. Patel, *Coord. Chem. Rev.*, **252**, 659 (2008)
2) A. W. Ingersoll, *Org. Synth.*, Coll. Vol. II, p 506 (1950)
3) K. Hagiya *et al.*, EP 0735018 (1997) H. Hirotoshi, JP 11106368 (1997)
4) a) A. Ault, *Org. Synth.*, Coll. Vol. V, p932 (1973); b) G. Gottarelli and B. Samori, *J. Chem. Soc. B*, 2418 (1971)
5) M. J. O'Neil (ed.), The Merck Index 14th Ed., p1734, Merck Research Laboratories (2006)
6) T. C. Nugent (ed.), Chiral amine synthesis, Wiley-VCH (2010)
7) I. Ojima (ed.), Catalytic Asymmetric synthesis, John Wiley and Sons (2010)
8) a) N. J. Turner, *Curr. Opin. Chem. Biol.*, **14**, 115 (2010); b) M. Höhne and U. T. Bornscheuer, *Chem Cat Chem*, **1**, 42 (2009); c) V. Gotor-Frenández and V. Gotor, *Curr. Opin. Drug Discovery Dev.*, **12**, 784 (2009)
9) H. Kitaguchi *et al.*, *J. Am. Chem. Soc.*, **111**, 3094 (1989)
10) U. T. Bornscheuer and R. J. Kazlauskas, Hydrolases in Organic Synthesis, Wiley-VCH (2006)
11) M. Breuer *et al.*, *Angew. Chem. Int. Ed.*, **43**, 788 (2004)
12) 八木達彦（編集）ほか，酵素ハンドブック第3版 (2008)
13) a) 広瀬芳彦，キラルテクノロジーの進展，p247, シーエムシー出版 (2006); b) R. N. Patel, *Enzyme Microb. Technol.*, **31**, 804 (2002); c) K-E. Jaeger and M. T. Reetz, *Trends Biotechnol.*, **16**, 396 (1998)
14) L. T. Kanerva *et al.*, *Tetrahedron: Asymmetry*, **7**, 1705 (1996)
15) F. Balkenhohl *et al.*, *J. Prakt. Chem.*, **339**, 381 (1997)
16) a) F. Messina *et al.*, *J. Org. Chem.*, **64**, 3767 (1999); b) A. Goswami *et al.*, *Tetrahedron:*

第 7 章　バイオプロダクトと新プラットフォーム形成

　　　Asymmetry, **16**, 1715（2005）; c）V. Gotor-Fernández *et al.*, *Tetrahedron: Asymmetry*, **17**, 2558（2006）
17）G. F. Breen, *Tetrahedron: Asymmetry*, **15**, 1427（2004）
18）K. Kato *et al.*, *Enantiomer*, **5**, 521（2000）
19）a）O. Pàmies and J.-E. Bäckvall, *Curr. Opin. Biotechnol.*, **14**, 407（2003）; b）N. J. Turner, *Curr. Opin. Chem. Biol.*, **8**, 114（2004）; c）B. Martin-Mature and J.-E. Bäckvall, *Curr. Opin. Chem. Biol.*, **11**, 226（2007）; d）A. Kamal *et al.*, *Coord. Chem. Rev.*, **252**, 569（2008）; e）Y. Ahn *et al.*, *Coord. Chem. Rev.*, **252**, 647（2008）
20）a）M. T. Reez and K. Schimossek, *Chimia*, **50**, 668（1996）; b）A. Parvulescu *et al.*, *Chem. Commun.*, **42**, 5307（2005）; c）A. N. Parvulescu *et al.*, *Chem. Eur. J.*, **13**, 2034（2007）; d）A. N. Parvulescu *et al.*, *J. Catal.*, **255**, 206（2008）; e）M.-J. Kim *et al.*, *Org. Lett.*, **9**, 837（2007）; f）A. N. Parvulescu *et al.*, *Adv. Synth. Catal.*, **350**, 113（2008）
21）O. Pàmies *et al.*, *Tetrahedron Lett.*, **43**, 4699（2002）; b）J. Paetzold and J.-E. Bäckvall, *J. Am. Chem. Soc.*, **127**, 17620（2005）; c）C. E. Hoben *et al.*, *Tetrahedron Lett.*, **49**, 977（2008）
22）a）M. Stirling *et al.*, *Tetrahedron Lett.*, **48**, 1247（2007）; b）A. J. Blacker *et al.*, *Org. Proc. Res. Dev.*, **11**, 642（2007）
23）S. Gastaldi *et al.*, *Org. Lett.*, **9**, 837（2007）
24）M. I. Youshko *et al.*, *Tetrahedron: Asymmetry*, **15**, 1933（2004）
25）M. Bakker *et al.*, *Tetrahedron: Asymmetry*, **11**, 1801（2001）
26）M. I. Youshko *et al.*, *Tetrahedron: Asymmetry*, **12**, 3267（2001）
27）S. Hu *et al.*, *Org. Lett.*, **7**, 4329（2005）
28）R. L. Hanson *et al.*, *Adv. Synth. Catal.*, **350**, 1367（2008）
29）G. W. Matcham and A. R. S. Bowen, *Chim. Oggi*, **14**, 20（1996）
30）D. Koszelewski *et al.*, *Trends Biotechnol.*, **28**, 324（2010）
31）A. Iwasaki *et al.*, *Biotechnol. Lett.*, **25**, 1843（2003）
32）A. Iwasaki *et al.*, *Appl. Microbiol. Biotechnol.*, **69**, 499（2006）
33）D. Koszelewski *et al.*, *Angew. Chem. Int. Ed.*, **47**, 9337（2008）
34）a）M. Höhne *et al.*, *ChemBioChem*, **9**, 363（2008）; b）D. Koszelewski *et al.*, *Angew. Chem. Int. Ed.*, **47**, 9337（2008）
35）D. Koszelewski *et al.*, *Eur. J. Org. Chem.*, 2289（2009）
36）N. Itoh *et al.*, *J. Mol. Cat. B: Enzym.*, **10**, 281（2000）
37）S. O. Sablin *et al.*, *Eur. J. Biochem.*, **253**, 270（1998）
38）M. Alexeeva *et al.*, *Angew. Chem. Int. Ed.*, **41**, 3177（2002）
39）R. Carr *et al.*, *Angew. Chem. Int. Ed.*, **42**, 4807（2003）
40）R. Carr *et al.*, *ChemBioChem*, **6**, 637（2005）
41）C. J. Dunsmore *et al.*, *J. Am. Chem. Soc.*, **128**, 2224（2006）
42）K. R. Bailey *et al.*, *Chem. Commun.*, 3640（2007）
43）a）K. E. Atkin *et al.*, *J. Mol. Biol.*, **384**, 1218（2008）; b）K. E. Atkin *et al.*, *Acta Crystallogr. F*, **64**, 182（2008）
44）T. Vaijayanthi and A. Chadha, *Tetrahedron: Asymmetry*, **19**, 93（2008）
45）K. Mitsukura *et al.*, *Org. Biomol. Chem.*, **8**, 4533（2010）

5 3-ヒドロキシプロピオン酸と 1,3-プロパンジオールの併産

向山正浩[*1], 堀川　洋[*2]

5.1 はじめに

近年再生可能資源からの化学品合成の研究が欧米を中心に盛んになってきており，移動体燃料としてのエタノールをはじめとしてプラスチック原料モノマーとしてのコハク酸や1,3-プロパンジオール（1,3-PD）の発酵生産については実用レベルになりつつある。

しかしながら日本においてはまだまだ研究例も少なく，今後の研究の進展と実用化が期待されているのが現状である。

弊社では植物油脂を原料としたバイオディーゼル燃料（BDF）製造のための無機固体触媒の開発，およびこれを利用したBDF製造プロセスの開発を行っている[1]が，このプロセスから排出される高純度グリセリンを利用し，微生物の発酵によって有用物質へ変換する研究についても取り組んでいる。

グリセリンは大腸菌など大部分の微生物を好気的な条件で培養する際にはグルコースに次ぐ良好な炭素源となるが嫌気的な条件下ではグルコースに比べて還元度が一段高いためグルコースと同様の発酵を行うことができない[2]。

炭素源がグルコースの場合にはグルコースの嫌気代謝で生成するNADHなどの還元力は最終的にピルビン酸から乳酸への還元やアセトアルデヒドを経たエタノールへの還元に利用されることで消費され，これらの最終産物までの反応で生成・消費されるNADHは同じモル数となるため細胞内の酸化還元的バランスがとれるようになっている[3]。しかしながら炭素源にグリセリンを用いた場合には炭素3個あたりのユニットで見るとグルコースよりもNADH換算で1分子分還元度が高くなっており，乳酸やエタノールへの代謝のみではグリセリン1モルからの代謝で生成したNADHが1モル残存してしまうため細胞内にNADHが蓄積しNADが足りなくなることによって代謝が停止してしまうなどの影響が生じるため，表面的にはグリセリンで嫌気的に生育しないなどの現象が観察される[2]。

5.2 嫌気性菌によるグリセリン利用システム—*Klebsiella pneumoniae*, *Lactobacillus reuteri* の pdu オペロン

前述のようにグリセリンは嫌気的な条件下では代謝されにくい物質ではあるがグリセリンを嫌気条件下で発酵する微生物として *K. pneumoniae*, *L. reuteri* などが知られている。

[*1] Masaharu Mukouyama　㈱日本触媒　GSC触媒技術研究所　主任研究員
[*2] Hiroshi Horikawa　㈱日本触媒　GSC触媒技術研究所　研究員

第7章 バイオプロダクトと新プラットフォーム形成

　これらの微生物はpduオペロンと呼ばれるプロパンジオール利用オペロンをゲノム上に持っており，グリセリンは脱水素されてジヒドロキシアセトン（DHA）となる。この際に1分子のNADHが生成する。これと並行してもう1分子のグリセリンがグリセロールデヒドラターゼ（GD），あるいはジオールデヒドラターゼ（DD）と呼ばれるグリセリン脱水活性を持った酵素によって3-ヒドロキシプロピオンアルデヒド（3-HPA）となった後，アルデヒドがNADHで還元されて1,3-PDとなる。

　このグリセリン2分子から誘導されるDHAと1,3-PDまでの過程では反応に関与するNADHとNADの量が一致しているため，細胞内の酸化還元バランスがとれていることになる。DHAはその後，リン酸化，異性化を経て解糖系へと入っていく。この過程でグリセルアルデヒド-3-リン酸を脱水素する際にNADHが1分子生成するがこれはピルビン酸を乳酸に還元する反応，あるいは脱炭酸を経た後エタノールに還元する反応に消費することで細胞内NADHバランスが保たれるようになっている。このような発酵形式のため，通常，グリセリン嫌気利用の系では有価物として回収できるのは1,3-PDのみとなり，原料であるグリセリンからの収率は50%程度となる[4]。

　このような細胞内のNADHのバランス（酸化還元バランス）を保った条件設定の下でグリセリンを原料とした生成物全てを有価物として回収できる新しいタイプの発酵を構築できないかと考えた。

5.3　1,3-プロパンジオールと3-ヒドロキシプロピオン酸

　*K. pneumoniae*や*L. reuteri*がグリセリンを利用するために行うグリセリンの脱水反応では3-HPAが生成する。通常，アルデヒドは酸化するとカルボン酸に，還元するとアルコールとなるが，2分子のアルデヒドを酸化還元不均化するとグリセリンから1,3-PDと3-HPAcを等モル生成させることができる。

　微生物が嫌気条件下で有機化合物を代謝して特定の化合物に変換する際にATPを生成して生命活動のエネルギーとして利用するとともに代謝中間体から生体成分を合成して自立的に増殖する現象を発酵と解釈すると，この脱水・酸化還元不均化反応のみではATPの生成がないため生命活動を営むには不十分である。

　嫌気条件下で1,2-プロパンジオール（1,2-PD）を炭素源として利用する系（pduオペロン）では1,2-PDを脱水して生成するプロピオンアルデヒドの1分子をプロパノールに還元するとともにもう1分子のプロピオンアルデヒドをCoA依存型のデヒドロゲナーゼで脱水素するとともにキナーゼの作用によってプロピオン酸とATPを生成することが示されている[4]。この系を利用すればグリセリンを基質とした場合にも同様の代謝を受けると期待され，生命活動のための

ATPも供給できる可能性が考えられた。

1,3-PDはデュポン社が組み換え大腸菌を用いた発酵法を開発しており、ポリエステルやポリウレタン原料として有用である。特に、炭素鎖3つ（C3）のユニットを持つ、ポリトリメチレンテレフタレートは、繊維に加工したときの柔らかさや、復元性など、C4のポリエステルとは異なる物理的性質を有しているため、高級織物、耐久性繊維などの分野での利用が広まってきている[5]。

一方、3-HPAcは乳酸の異性体にあたり生分解性ポリエステルのモノマーの1つであるとともに、クエン酸やリンゴ酸のカルシウム塩より溶解度が優れていることから、生分解性スケール防止剤や生分解性スケール除去剤用途にも使用の可能性が模索されている。

また3-HPAcのエステルは乳酸と同様に溶媒あるいは界面活性剤としての用途も期待されている。さらに、3-HPAcを脱水するとアクリル酸が得られる[6]。

アクリル酸は、現在プロピレンの酸化によって生産されており、高吸水性樹脂や分散剤などの水処理剤、洗剤添加剤、塗料などの原料として、世界で400万トンの需要がある。

また、3-HPAcを化学的に還元すると1,3-PDへと変換することができ、1,3-PDの片末端を酸化してカルボン酸にすれば全てを3-HPAc、そしてアクリル酸にすることもできる。そのため、酸化還元不均化を利用した併産方法ではあるが全てを片方の化合物として取得する可能性を持った方法である。グリセリンからの変換ルートのイメージを図1に示す。

この3-HPAから1,3-PD、3-HPAcへの反応についてもう少し詳細に述べてみたい。

グリセリンを脱水する反応はGDとDDの2種類の酵素が存在するが、両酵素ともにサブユ

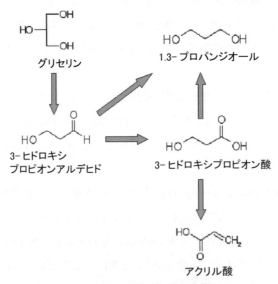

図1　グリセリンからの化学品変換ルート

第7章 バイオプロダクトと新プラットフォーム形成

ニット3個からなっており，活性型のビタミンB12であるアデノシルコバラミン（Ado-cbl）を補因子として要求する。また，Ado-cblが結合したホロ酵素はある割合でグリセリンの脱水反応の際に不可逆的に不活性化するが，再活性化因子と呼ばれるATP依存のシャペロン様タンパクの作用によって不活性型になったコバラミン部分のみを交換することによって活性型のホロ酵素に再活性化することができる。この再活性化因子はグリセロールデヒドラターゼに特有のもの（GDR）とジオールデヒドラターゼに特有のもの（DDR）が存在し，ともにサブユニット2つからなっている[4]。

これらの酵素の作用によって生成した3-HPAから1,3-PD，3-HPAcへの酸化還元不均化反応は，アルデヒドジスムターゼなどのアルコールアルデヒド脱水素酵素活性を持ったタンパク質によって酸化還元的な不均化反応を行えば達成することができるが，グリセリンの脱水と酸化還元不均化反応のみでは生物が生育していくためのエネルギーであるATPを得ることができない。

3-HPAの脱水素反応に先に述べたCoA依存型のデヒドロゲナーゼによる3-ヒドロキシプロピオニルCoA，3-ヒドロキシプロピオニルリン酸を経たATPと3-HPAcが生成する系を機能させることができればATPが供給できるようになるため，生物として生きていくためのエネルギーを供給しながら反応が行える可能性が出てくる。

このような考えに基づいて K. pneumoniae, L. reuteri を利用した併産方法の開発にとりかかった。図2に嫌気条件下でのグリセリン代謝と不均化反応経路を示した。

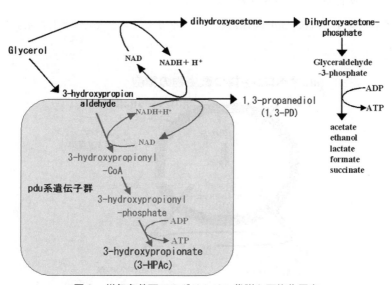

図2　嫌気条件下でのグリセリン代謝と不均化反応

5.4 1,3-PD と 3-HPAc 併産発酵に必要な酵素遺伝子の取得と大腸菌での発現

グリセリンを脱水する酵素系としては GD と GDR, DD と DDR が知られており, GD と GDR は *K. pneumoniae* の dha レギュロンにコードされている。一方 DD と DDR は *K. pneumoniae*, *L. reuteri* ともに pdu オペロンにコードされており, *K. pneumoniae* は両方の系を持っている。

グリセリンから 1,3-PD と 3-HPAc の発酵の経路においてグリセリンの脱水反応で生成する 3-HPA は, 一般のアルデヒド化合物と同様に生物に対する毒性を有している。現在知られている 1,3-PD の発酵微生物の多くは, この 3-HPA の毒性から生体システムを守るためと考えられるポリヘデラルボディーというタンパク質からなる構造体を有している。グリセリン脱水酵素を含めた複数の酵素がポリヘデラルボディーに存在していると考えられており, 脱水反応で生成したアルデヒドはポリヘデラルボディー内で次の反応へと進められることで毒性の低いアルコールとカルボン酸に変換されていると思われる[7]。ポリヘデラルボディーの構成タンパク質およびグリセリンの代謝関連の酵素遺伝子の大部分は pdu オペロンに存在している[4]。

図 3 にポリヘデラルボディーの構造と機能のイメージを示した[4]。

K. pneumoniae の dha レギュロンについては虎谷らによって詳細に解析されている[4]。

一方 *K. pneumoniae* ATCC25955 株についてはワシントン大学で解析された株のゲノム情報[8]（アクセッション No. CP000647）を元に pdu/cob オペロンの配列を確定した。また *L. reuteri* JCM1112 株のゲノム解析が麻布大学の森田らのグループにより進められた[9]。これらの情報を元に大腸菌をホストとして両株の pdu/cob オペロン領域をクローニングした。

図 4 に *K. pneumoniae* ATCC25955 株の pdu/cbi オペロンを示した[8]。

図 5 に *L. reuteri* JCM1112 株の pdu/cbi オペロンを示した[9]。

得られたクローンを *E. coli* EPI300 株に導入し, グリセリンを炭素源とした培養でオペロンの

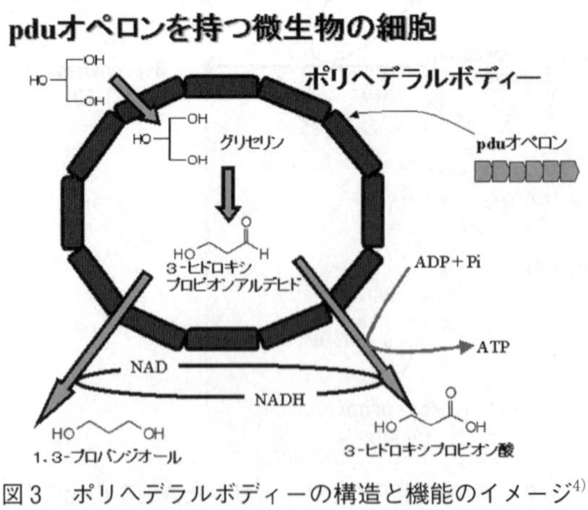

図 3 ポリヘデラルボディーの構造と機能のイメージ[4]

第7章　バイオプロダクトと新プラットフォーム形成

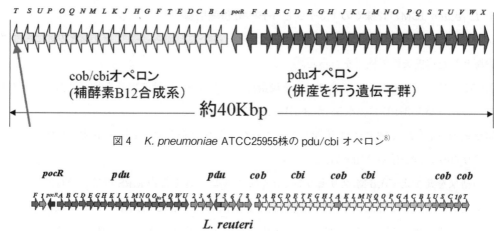

図4　K. pneumoniae ATCC25955株のpdu/cbi オペロン[8]

図5　L. reuteri JCM1112株のpdu/cbi オペロン[9]

発現を検討したがどちらのプラスミドを導入したクローンともにグリセリンの脱水活性を検出することができなかった。

そこで方針を変えてグリセリン脱水反応に関与する遺伝子群のみを用いることにした。

K. pneumoniae ATCC25955株については大腸菌をホストとしてK. pneumoniae 由来のGDとGDR，DDとDDRを導入しグリセリンの脱水反応の検討を進めたが，大腸菌は補因子であるAdo-cblの生合成を持たないため反応系にAdo-cblを添加する必要があることなどから検討を中断した。一方，L. reuteri JCM1112株については食品生産にも使用されている安全な微生物であり，Ado-cblの生合成系も持っているため，この株を宿主とした検討を進めた。

5.5　L. reuteri JCM1112株の培養解析と遺伝子強化[10,11]

L. reuteri JCM1112野生株をグリセリンを含んだMRS培地で培養した菌体を用いてマイクロアレイとリアルタイムPCRを用いて遺伝子発現レベルを解析した。その結果，L. reuteri のプロピオンアルデヒドデヒドロゲナーゼ遺伝子（pduP）の発現を高めることによって1,3-プロパンジオールデヒドロゲナーゼとプロピオンアルデヒドデヒドロゲナーゼの間で酸化還元バランスがとれ，1,3-PDと3-HPAcの併産が可能になると予測された。

そこで，グリセリンの添加によって発現上昇した遺伝子，定常的に高発現している遺伝子を検索し，そのプロモーターをpduPのプロモーターとして導入し，グリセリンのみを炭素源とした培地での発現上昇を検討したが，プロモーターを交換したpduPを導入した株でpduP遺伝子発現レベルが低下する結果となった。炭素源としてグリセリンのみ，あるいはグリセリンにグルコースを併用した培養試験，発現解析の結果からpduPはグルコースとグリセリンが共存していないと転写誘導を受けないことが明らかとなった。

5.6 *L. reuteri* JCM1112株での1,3-PDと3-HPAc併産培養[10,11]

pduP遺伝子の発現にグルコースの添加が必須であったことから、グリセリンとグルコースを炭素源とした培養条件の検討を行った。

0.2 Mグリセリン＋0.1 Mグルコースを炭素源としたMRS培地で培養を行うと消費したグリセリンの75％が1,3-PDに、4.5％が3-HPAcに変換された。

培養系のpHを7.0に維持して培養したところグリセリンからの3-HPAc収率が13％にアップし、グリセリンの転化率は100％となった。

この結果を踏まえて0.6 Mグリセリンと0.4 Mグルコースを含むMRS培地を適時追加する形式で培養を行ったところ、グリセリンの消費と1,3-PDの生成、3-HPAcの生成が継続し、特に3-HPAc収率が30～40％にアップした。グリセリン・グルコース適時添加培養での1,3-PD，3-HPAc生成を図6に示した。

さらに追加を5時間ごとに行うことで、グリセリンの消費速度、1,3-PD，3-HPAcの生成速度が大きくなるとともに、菌体生育が停止してからも変換反応が継続するようになった。グリセリン・グルコース添加インターバルを短くした場合の1,3-PD，3-HPAc生成を図7に示した。

この結果から1,3-PDと3-HPAcの生成系は増殖と連動しなくても機能すると考えられ、反応を継続させるためにはグルコースの供給による菌体の活性維持とATPの供給が重要であると考えられた。

センサーでモニタリングしながら培養系内のグリセリンの濃度を50 mMにコントロールしながらグリセリンとグルコースをフィードする方法で培養したところ、消費されたグリセリンは脱水反応後ほぼ定量的に1,3-PDと3-HPAcに不均化され、グリセリンから1,3-PDと3-HPAcへの酸化還元バランス不均化反応を行うことができるようになった。

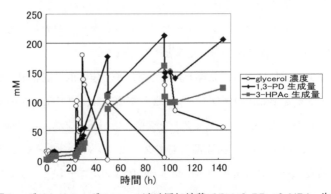

図6　グリセリン・グルコース適時添加培養での1,3-PD，3-HPAc生成

第7章　バイオプロダクトと新プラットフォーム形成

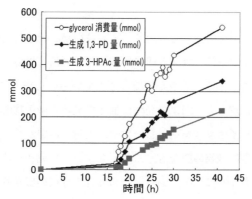

図7　グリセリン・グルコース添加インターバルを
短くした場合の1,3-PD，3-HPAc生成

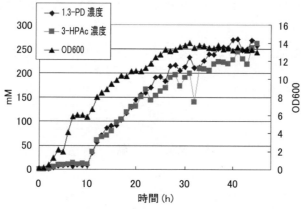

図8　グリセリン・グルコースを連続フィードした培養での
1,3-PD，3-HPAc生成

グリセリン・グルコースを連続フィードした培養での1,3-PD，3-HPAc生成を図8に示した。

5.7　今後の方向

現在までの検討でグリセリンから1,3-PDと3-HPAcへの酸化還元不均化反応を行うことができるようになったが，現状ではこの反応にグルコースの添加が必須である。*L. reuteri* JCM1112株はヘテロ発酵型の乳酸菌であるためグルコースが代謝されて生成する乳酸と酢酸，エタノールが副生する。特に乳酸は3-HPAcの異性体であるので分離精製の工程でほぼ同じ挙動を示す。使用原料や分離精製の面からもグリセリンの脱水反応，酸化還元不均化反応がグルコース非存在下でも機能するように菌株を改良していくことが必要であり，現在この方向で検討を進めている。

5.8 おわりに

バイオマス資源から化学品を製造する目的でバイオ技術が利用された歴史は非常に古い。しかし石油化学の時代になって安全性，コスト面で対抗できない用途以外では石油化学の方法に置き換わり，当時の実際の技術を知る人も少なくなってきているのも現実である。近年の石油高騰・枯渇，地球温暖化抑制の観点から，旧来の発酵に加えて最新の微生物改良技術，培養技術を駆使して再生可能資源であるバイオマスを利用した化学品製造の研究が盛んになってきている。

これら発酵のための微生物触媒の開発もさることながら，生成物を培養の媒体である水溶液から効率よく分離する方法も非常に重要であり，この分野の今後の広がりの鍵を握っているといっても過言ではない。物理化学的な過程・平衡をうまく利用した分離技術の発展にも期待したい。

最後に，本研究の一部は岡山大学 工学部 虎谷哲夫教授，麻布大学 獣医学科 森田英利准教授との共同研究で行われました。本研究の推進にあたって多大なご指導ご鞭撻をいただきましたことに深謝申し上げます。

本研究の一部は NEDO バイオプロセス実用化プロジェクトの一環として行われました。

文献

1) 奥智治, 触媒, **50**, 397 (2008)
2) Sprenger, G. A., *et al.*, *Gen. Microbiol.*, **135**, 1255 (1989)
3) 日本生化学会編, 細胞機能と代謝マップ, p.23, 東京化学同人 (1997)
4) Toraya, T., *Chem. Rev.*, **103**, 2095 (2003)
5) イー・アイ・デュポン・ドウ・ヌムール・アンド・カンパニー 特表2007-501324
6) カーギル インコーポレイテッド 特表2004-532855
7) Havemann, G. D., *et al.*, *J. Bacteriol.*, **185**, 5086 (2003)
8) Gene Bank accession No. CP000647
9) Morita, H., *et al.*, *DNA. Res.*, **15**, 151 (2008)
10) 安田信三, 向山正治, 森田英利, 堀川洋, 特開2005-278414
11) 安田信三, 向山正治, 堀川洋, 虎谷哲夫, 森田英利, 特開2005-304362

6 微生物によるコハク酸生産

杉山祐太郎[*1], 植田充美[*2]

6.1 はじめに

　石油の枯渇やCO_2排出による地球温暖化が懸念される近年，バイオリファイナリーによる持続可能な発展を目指して，これまでの化石燃料由来のものではなく，様々な生物由来の物質がスポットライトを浴びている。その中でもコハク酸は，ホワイトバイオにおけるプラットフォームケミカルとして期待されているC_4化合物であり，アメリカ合衆国エネルギー省の定める"twelve building block"の1つにも認定されている[1]。

　コハク酸の産業利用への可能性は1980年代には認識されていたものの，石油化学的手法による製造コストがネックとなり，コハク酸の利用は食品添加剤や界面活性剤，医薬品などのスペシャルティケミカルに限定されてきた[2]。近年の発酵法の技術向上とグリーンケミストリーへの要請から，産業上重要とされる溶剤や重合性モノマーの前駆体，さらには生分解性プラスチックなど，様々なコモディティケミカルの原料としての利用可能性が注目を集め，バイオベースのコハク酸は石油枯渇時代の人類の持続的発展に大きく貢献するであろうとの期待が高まってきた[3]。

　しかしながら現在においても，コハク酸は主に無水マレイン酸から石油化学的に製造されており，また高コストであることからも，再生可能資源を原料とした経済的なバイオプロセス製造が強く求められている[4]。そこで本節では，微生物によるコハク酸生産の歴史から最先端の技術までを紹介する。

6.2 コハク酸誘導体[2,3,5,6]

　バイオベースのコハク酸をプラットフォームケミカルとした戦略により，現在活躍しているものから未来社会において重要な位置を占めていくであろうものまで，様々な物質をサスティナブルに合成することが可能となる。ここではコハク酸から派生する化合物のうち，代表的なものを列挙し，それらの用途や製法について述べていく。

(1) ブタンジオール（1,4-butanediol(BDO)）

　BDOは現在，その半分強がTHF（tetrahydrofuran）合成に，20%がGBL（γ-butyrolactone）合成に，残りの20%が高性能樹脂であり，自動車や電子機器の材料となるPBT（poly(butylene terephthalate)）の原料として使われている。さらに，今後はコハク酸とBDOから，生分解性プラスチックとして知られているPBS（poly(butylene succinate)）を産業規模で合成すること

[*1] Yutaro Sugiyama　京都大学　大学院農学研究科　応用生命科学専攻
[*2] Mitsuyoshi Ueda　京都大学　大学院農学研究科　応用生命科学専攻　教授

が期待されている。BDOはコハク酸から2ステップで合成することができる他，1ステップでBDO，THF，GBLの混合物を得ることもできる[3]。

(2) テトラヒドロフラン（Tetrahydrofuran(THF)）

THFは熱可塑性ウレタンエラストマーやポリウレタン繊維の原料に使われるのみならず，化学工業にとっての重要な溶媒でもある。上記のように，コハク酸から1ステップでBDO，THF，GBLの混合物を得ることができる。

(3) γ-ブチロラクトン（γ-Butyrolactone(GBL)）

GBLはその誘導体であるNMP（N-Methyl-2-pyrrolidon）とともにジクロロメタンに置き換わる重要な溶媒として利用されている。また，別の誘導体である2-pyrrolidonも溶媒として，あるいは可塑剤として利用されている。GBLはBDO，THFとの混合体として，もしくはコハク酸から単一生成物として得られる。

(4) コハク酸塩（Succinate salts）

コハク酸塩は除氷剤として，また食品添加剤として利用される。コハク酸塩はその優れた性質と低環境負荷性を活かして従来の塩に置き換わっていくことが期待される。

(5) アジピン酸（Adipic acid(AA)）

アジピン酸はナイロン6,6の原料として重要であるだけでなく，潤滑剤や発泡剤の原料でもある。アジピン酸はコハク酸から得られたBDOをカルボニル化して得ることができる。

(6) 無水マレイン酸（Maleic anhydride(MA)）

無水マレイン酸は合成樹脂や樹脂改質剤の原料となるだけではなく，種々の有機酸に転換し得る，石油化学工業上重要な中間体であり，コハク酸も現在は主に無水マレイン酸に水素付加することで合成されている。そのような化学的手法とは逆方向に，生物由来のコハク酸から無水マレイン酸を製造することにより，コハク酸の世界市場規模が現状の16,000 t/yから270,000 t/y（無水マレイン酸と同等）に膨れ上がるとの試算がある[5]。

(7) ポリコハク酸ブチレン（PBS）

ジカルボン酸とジオールからなるポリエステルには様々なものが知られているが，コハク酸とBDOの組み合わせからなるポリコハク酸ブチレン（poly(butylene succinate)：PBS），は高融点などの比較的優れた性質を持つことが明らかになり[7]，すでに生分解性などの性質を活かして商品化されている[8]。なお，現在PBSの原料であるコハク酸とBDOはともに石油化学的手法で合成されているため，PBSは生分解性であるがサスティナブルな素材ではない。コハク酸発酵とコハク酸還元によるBDO製造プロセスが確立されれば，PBSは完全にバイオベースの素材となり得る[7]。

図1に上記誘導体の現在の製法の流れを，図2にコハク酸をプラットフォームとした製造プロ

第7章　バイオプロダクトと新プラットフォーム形成

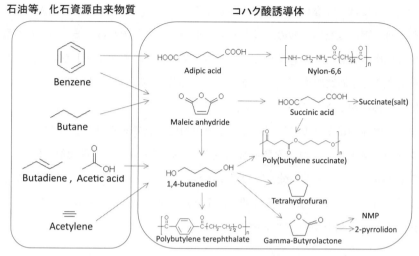

図1　石油化学工業によるコハク酸誘導体製造プロセス[4,6]

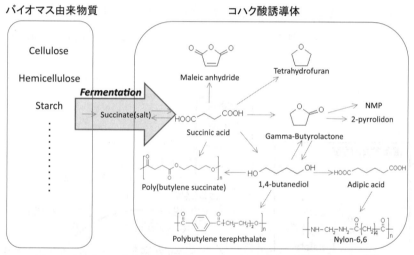

図2　バイオマス由来のコハク酸によるコハク酸誘導体製造プロセス[3,5]

セスを示す。

6.3　コハク酸発酵[3,9]

　微生物によるコハク酸生産には大きく分けて還元的TCA回路を利用する嫌気的生産と酸化的TCA回路を利用する好気的生産があり，さらにそれらとグリオキシル酸回路を組み合わせてコハク酸を生産するという工夫もある。還元的TCA回路は還元剤を添加することで1モルのグルコースあたり最大2モルのコハク酸を得ることができ，またCO_2固定をすることから，高収率と環境面での貢献が期待されるが，その還元剤要求性（理論収率を達成するためには解糖系で得

られた還元力だけでは足りない）が収率を限定するという問題がある。一方の酸化的 TCA 回路では還元剤不足の障壁はないものの，最大で1モルのグルコースから1モルのコハク酸しか得られないという収率の低さと，CO_2 排出をするという環境面でのデメリットがある。グリオキシル酸回路は酸化的 TCA 回路の変形回路であり，TCA 回路と組み合わせて補完的なコハク酸生産を行うといった応用がなされている（図3，4）。

また，コハク酸発酵における基質には様々な糖が利用可能であるが，ここでは最も一般的な基質であるグルコースを用いたコハク酸発酵の収支について紹介する。還元剤の供給がない場合，還元的 TCA 回路とグリオキシル酸回路の組み合わせによりグルコース中の24電子が全てコハク酸中の14電子に分配されるとして，理論的には1モルのグルコースから最大1.7モル（24/14）のコハク酸が生成し，0.86モルの CO_2 を固定する。

$$\text{Glucose} + 0.86 HCO_3^- \rightarrow 1.7 \text{succinate}^{2-} + 1.7 H_2O + 2.6 H^+ \tag{1}$$

H_2 などの還元力を加えることで，還元的 TCA 回路における還元剤不足が解消され，1モルのグルコースからのコハク酸の理論収率は2モルへと上がり，2モルの CO_2 を固定する。

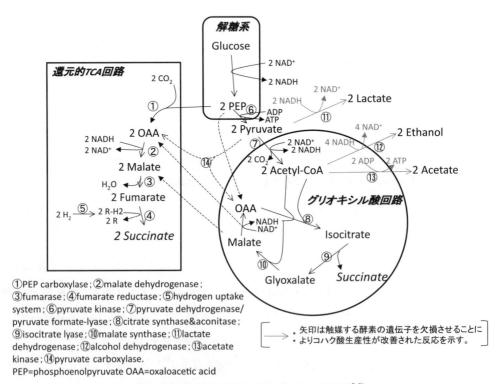

図3　還元的 TCA 回路とグリオキシル酸回路[3,9]

第7章 バイオプロダクトと新プラットフォーム形成

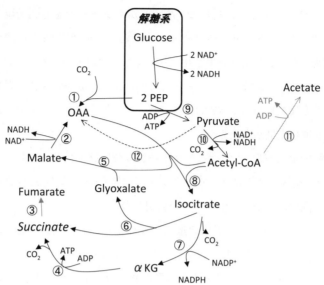

①PEP carboxylase；②malate dehydrogenase；③succinate dehydrogenase；④α-ketoglutarate dehydrogenase；⑤malate synthase；⑥isocitrate lyase；⑦isocitrate dehydrogenase；⑧citrate synthase&aconitase；⑨pyruvate kinase；⑩pyruvate dehydrogenase；⑪acetate kinase；⑫pyruvate carboxylase
PEP=phosphoenolpyruvate OAA=oxaloacetic acid
αKG=α-ketoglutarate

図4　酸化的TCA回路とグリオキシル酸回路の組み合わせ[3,9]

$$\text{Glucose} + 2HCO_3^- + 2H_2 \rightarrow 2\text{succinate}^{2-} + 2H_2O + 2H^+ \tag{2}$$

　これらの理論収率はコハク酸発酵の目標値であるが，実際の収率は使われる代謝経路に左右され，また，発酵を担う微生物の構成成分や他の発酵生成物への炭素フラックスによって減少する。発酵ブロスのコハク酸力価と生産性の目標値はグルタミン酸発酵におけるそれらに基づき，それぞれ，$150\,g\,l^{-1}$，$5\,g\,l^{-1}h^{-1}$ とされている[3]。

6.4　コハク酸を生産できる微生物[3]

　様々な微生物がコハク酸を生産することが知られているが，産業規模でコハク酸を生産できると考えられているものは少ない。ここではコハク酸を生産できる最も有望な5種の微生物について，それらの特徴，代謝経路，課題についてまとめる。

(1) *Escherichia coli*

　E. coli は還元的TCAサイクルによりコハク酸を生産するが，発酵生成物は乳酸や酢酸などを含む有機酸混合物であり，コハク酸が占める割合は小さい。そこで初期の研究では，ホスホエノールピルビン酸（PEP）とピルビン酸から還元的TCAサイクルへの炭素フラックスを作るた

め，PEP カルボキシラーゼもしくはピルビン酸カルボキシラーゼを過剰発現させてオキザロ酢酸プールを増したり，それら酵素のアクチベーターであるアセチル CoA の濃度を向上させるために，パントテン酸キナーゼを過剰発現させたりするなどの研究が行われ，コハク酸生産量が向上した[10〜13]。さらに，ピルビン酸ギ酸リアーゼ（pyruvate formate-lyase）と乳酸デヒドロゲナーゼの各遺伝子に挿入変異を起こしたNZN111株では，ピルビン酸からオキザロ酢酸へのフラックスが増して，コハク酸生産量が向上した[14〜16]。

また，AFP111株を用いた研究[17]では，グリオキシル酸回路が関与する新たなコハク酸生成経路が発見され，6.3で述べたように，グリオキシル酸回路が還元的 TCA 回路の還元力不足を補完することでコハク酸生産性が向上することが判明した[17]。

それらの発見に基づき，改めて大腸菌の遺伝子操作が行われた。具体的には乳酸デヒドロゲナーゼ遺伝子に加え，アルコールデヒドロゲナーゼ，酢酸キナーゼの各遺伝子を欠損させて乳酸，エタノール，酢酸の生成を抑え，グリオキシル酸回路のリプレッサー遺伝子である iclR を欠損させることでグリオキシル酸回路の酵素群を発現させた[18]。さらには L. lactis ピルビン酸カルボキシラーゼを過剰発現させて，両回路共通の基質であるオキサロ酢酸のプールを増大させた[18]。そのように設計された SBS550MG/pHL413株では，$41\,g\,l^{-1}$ の力価で，グルコース1モルあたり1.6モルのコハク酸生産を可能とし，代謝ネットワーク解析により予想された最大収率を達成した[19]。グリオキシル酸回路を使った嫌気的コハク酸生産は，CO_2 もしくはギ酸の生産による炭素消費が起きるものの，正味では CO_2 の取り込みとなり，コハク酸生産の環境面でのメリットを享受することが可能である。

また，好気条件におけるコハク酸生産も検討された。コハク酸デヒドロゲナーゼを欠損させることで酸化的 TCA 回路の最終生成物としてのコハク酸を生産し，加えて iclR を欠損させることでグリオキシル酸回路を第二のコハク酸生産の経路とした。さらに遺伝子操作により酢酸の生産を抑えたり，オキザロ酢酸プールを増すことで，代謝ネットワーク解析により予想された最大収率である1モルのグルコースあたり1モルのコハク酸を生産することが可能となった[19,20]。しかしながらこの好気的生産は全体では CO_2 を排出するので，コハク酸生産における CO_2 取り込みという環境面での利点は得られない。

E. coli によるコハク酸生産の課題点は，第一に，特異的生産性（コハク酸生産速度をその時点でのバイオマス量で割った値）が天然のコハク酸生産菌に比べ概ね低いことである。第二に，二相発酵と培地への通気にコストがかかることである。第三に，培地成分であるトリプトンと酵母エキスや，発現誘起に必須であるイソプロピル-β-D-チオガラクトピラノシドなどが工業的にはコストがかかりすぎることが考えられる。したがって，特異的生産性の向上，工業的に見合う条件での生産などのさらなる研究が望まれる。

第7章 バイオプロダクトと新プラットフォーム形成

(2) *Corynebacterium glutamicum*

グルタミン酸発酵で有名な *C. glutamicum* は[21]，遺伝子操作ではなく発酵の環境を変化させることにより，産業規模でのコハク酸生産の可能性が見出された[22]。嫌気条件下，炭酸水素イオンの存在下で *C. glutamicum* は増殖はしないものの，グルコースをコハク酸と乳酸，少量の酢酸に変換する[23]。コハク酸生産においては還元的TCA回路を使い，その基質となるオキサロ酢酸は主にPEPカルボキシラーゼによってPEPから産生される。基質としてリグノセルロース由来のグルコースとキシロースを同時にコハク酸と乳酸に転換することも可能となった[24]。

C. glutamicum は，発酵において細胞濃度を他の生産菌に比べ，圧倒的に高くできることが利点である（表1）。また，現在のところ，コハク酸の生産が最高レベルであるのは *C. glutamicum* $\Delta ldhA$-pCRA717株によるものであり，その146 g l^{-1} はコハク酸発酵の目標値[3]である150 g l^{-1} をほぼ達成している[25]。*C. glutamicum* によるコハク酸発酵の最大の問題点は，有機酸の生産に関与する幾つかの代謝経路が不明であることから，未だにコハク酸を他の発酵生成物より圧倒的に多く生産する株の報告がないことである。したがって，生産物である有機酸混合物を複雑かつ高コストで分離・精製しなければならないという問題がある。

(3) *Anaerobiospirillum succiniciproducens*

A. succiniciproducens は人と動物の糞便から単離された微生物で[26]，コハク酸を主要発酵生成物として生産できる。初期の研究ではpHとCO_2濃度の代謝への影響が調べられ，結果として，pH6かつ高CO_2濃度のとき，乳酸：コハク酸：酢酸の生成の割合が1:8:1となることがわかった[27,28]。また，糖新生の酵素として知られるPEPカルボキシキナーゼ（PEPCK）がPEPからオキサロ酢酸への反応を担い，オキサロ酢酸から還元的TCA回路によってコハク酸が生産されることがわかった。さらに，*A. succiniciproducens* は電子源としてH_2を利用でき，コハク酸生産を向上させることが見出された[29]。

産業応用の観点から考えられる *A. succiniciproducens* によるコハク酸発酵のメリットは，比較的安価な培養液が利用できることである。例えば，*A. succiniciproducens* はラクトースを消費するため，糖源として乳清を有効利用でき，また，木質加水分解物も基質となり得る。あるいはバイオディーゼル生産における副生物であるグリセリンも基質として用いられた。窒素源としてはコーンスティープ液を用いた例があり，いずれも高い収率を記録している[30~32]。また，ATCC53488株を用いた研究[33]では，14.8 g l^{-1} h^{-1} という突出した生産性を記録した（表1）。この値はコハク酸発酵における目標値[3]を大きく超えている。さらに，特異的生産性が他の種に対して突出して高いことも利点の1つである[34]。

A. succiniciproducens によるコハク酸発酵のデメリットは，第一に70 g l^{-1} 以上のグルコース濃度では増殖ができず，96 g l^{-1} 以上のコハク酸ナトリウム，130 g l^{-1} 以上のコハク酸マグネシ

表1 コハク酸発酵能の比較

種	A. succiniciproducens	A. succinogenes	C. glutamicum	E. coli	M. succiniciproducens
コハク酸力価 ($g\,l^{-1}$)	32　　15	69〜80	23　　146	99　　43	14　　52
生産性 ($g\,l^{-1}\,h^{-1}$)	1.2　　**14.8**	1.2〜1.7	3.8　　3.2	1.3　　0.82	1.8　　1.8〜3.0
特異的生産性 ($mg\,g\,DCW^{-1}\,h^{-1}$)	**1500**　Unknown	Unknown	130　Unknown	140　Unknown	520　690〜1200
収率 ($g\,g^{-1}$)	0.99　　0.83	0.68〜0.87	0.19　　0.92	**1.1〜1.2**　0.79	0.68　　0.76
細胞濃度 ($g\,l^{-1}$)	0〜0.8　Unknown	Unknown	30　　**50**	10〜13　2.3	0〜3.4　0〜2.6
発酵時間 (h)	27　　1.0	36〜39	6.0　　46	76　　52	7.5　　29
回分／連続培養 (Batch/Fed-Batch)	Batch　Fed-Batch	Batch	Fed-Batch　Fed-Batch	Fed-Batch　Unknown	Batch　Fed-Batch
出典	34)　　33)	35)	44)　　25)	17,45)　46)	37)　　42)

40　0.4〜1.2　70〜210　1.05　5.6　95　Fed-Batch　18)
38)

ウム濃度では代謝が活発には行えないことである[35]。さらに，代謝に関して比較的知見が少ないこと，偏性嫌気性であることから酸素の暴露を防ぐため特別な処置が必要であること[35]，ヒトに対して菌血症を引き起こすこと，などが挙げられる[26]。

(4) *Actinobacillus succinogenes* と *Mannheimia succiniciproducens*

多くのコハク酸生産菌がルーメン（反芻胃）から見つかってきた中で，工業的なコハク酸生産の観点から最も注目を集めているのがミシガン州立大学の牛から単離された *A. succinogenes* と韓国の牛から単離された *M. succiniciproducens* である。これらの種は互いにゲノム配列がよく似ており，代謝において多くの特徴を共有している[36,37]。どちらの種も様々な炭素源を消費することができ，両種がグルコース，キシロース，フルクトースを，*A. succinogenes* はさらにアラビノースとソルビトールを利用することが可能である[35~38]。両種は *A. succiniciproducens* と同様に，H_2 と CO_2 の供給によりコハク酸生産を増大させる[36,39]。両種が *A. succiniciproducens* と対照的なのは，pH変動に対して発酵生産が非常に安定していること，また *A. succinogenes* に関しては160 g l^{-1} のグルコース濃度に耐えられることである[35~40]。

コハク酸生産経路に関してもほぼ両者は共通しており，PEP が PEP カルボキシキナーゼによってオキサロ酢酸に変換され，オキサロ酢酸は還元的 TCA 回路によってコハク酸へと変換される[39,41,42]。また，ピルビン酸からアセチル CoA への反応はピルビン酸ギ酸リアーゼが触媒する[36,39]。

両種の産業的観点における利点は，コーンスティープ液や乳清など，安価な培地材料を利用できることや，それぞれの高いコハク酸生産能にある。*A. succinogenes* は野生株で80 g l^{-1} という力価を，変異株で106 g l^{-1} という特筆に値する力価を達成している[35,38]。また，*M. succiniciproducens* も最高で1,154 mg g DCW^{-1}h^{-1} という *A. succiniciproducens* の次に高い特異的生産性を達成した[43]。

これらの優れた性質にもかかわらず，両種は未だに工業的コハク酸生産には準備不足である。その第一の理由としては，両種の生理的，代謝的，遺伝的な解明がまだ十分になされておらず，代謝工学による改良があまり見込めないことである。さらに，両種ともに，よく知られた病原体（*A. pleuropneumoniae*, *Haemophilus influenzae*, *Pasteurella multocida*）と遺伝的な関係が近く，両種の持っている遺伝子の多くがそれら病原体の病原性に寄与していることが知られていることから，衛生面でのリスクが考えられる[39,41]。しかしながら，両種が病原性を持つとの報告はなく，早急に安全性の確認がなされることが望まれる。

6.5 発酵生産したコハク酸の回収[5]

コハク酸生産菌による発酵の後の精製過程に由来するコストが，コハク酸製造プロセス全体に

おけるコストのうちかなりの部分を占める。コハク酸生産コストのうち約60％を発酵ブロスからコハク酸を分離・精製するなどの下流の製造過程が占めるといわれている[47]。第一のステップは，遠心もしくはマイクロフィルターによる細胞の除去である。第二に細胞の残渣やタンパク質などの高分子化合物を除去すべく，限外ろ過が行われる。第三にコハク酸の分離・濃縮をするために，アンモニアや水酸化カルシウムによる沈降，もしくは電気透析，あるいは抽出が行われる。第四に吸着やイオン交換によるさらなる精製がなされ，最後に結晶化が行われる（図5）。ここでは，産業への応用という観点から，それぞれの工程の課題となる点について簡単に述べる。

(1) 限外ろ過

ほとんどのコハク酸生産手法において，遠心やマイクロフィルターによる細胞除去を経た後に，細胞の残渣とタンパク質などの高分子化合物を除去するために限外ろ過が用いられる。発酵ブロスはクロスフロー方式で中空糸膜をバイパスし，反応器へと再循環する[48]。

(2) 沈降

沈降には水酸化カルシウムを使うものとアンモニアを使うものが検討されてきた。水酸化カルシウムによる沈降はすでに乳酸とクエン酸の工業生産において実績がある[49~51]。しかしながら，商業利用の難しい硫酸カルシウムが大量に副生することや，再生不可能な水酸化カルシウムや硫酸を大量消費することなどから[49,50]，水酸化カルシウム沈殿によるコハク酸の分離は工業化が難しいと考えられている[51]。一方のアンモニア沈殿を用いたコハク酸の分離は，副生物が比較的少なく，塩基と酸のリサイクルが可能であるものの，コハク酸の選択性が低く，他の有機酸が混ざってくるなどの欠点があり，工業生産への応用には課題が多い[52,53]。

(3) 電気透析

電気透析はクエン酸の分離などで食品業界ではよく使われる有機酸の分離法である[54]。脱塩電気透析と水分解電気透析を組み合わせて高い純度のコハク酸を分離する実験室規模での手法が近年になって考案された[28]。まず，糖やタンパク質などの非イオン性物質から酸などのイオン性物

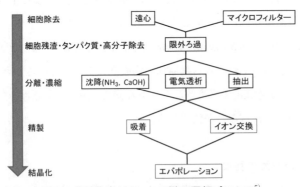

図5 発酵生産したコハク酸の回収プロセス[5]

第7章 バイオプロダクトと新プラットフォーム形成

質を脱塩電気透析によって分離する。この時点で発酵生産されたコハク酸から23%のロスが発生する。次に、コハク酸イオンなどのイオンがキレートイオン交換カラムに通されることで、二価のカチオンがナトリウムイオンに交換され、水分解電気透析によりコハク酸塩からコハク酸が得られる。その時点でトータルのコハク酸収率は60%まで低下しており、初めの発酵生産コハク酸量から40%のロスがあることを意味する。99%以上の高い純度を求める場合、イオン性不純物を除去するために水溶性の溶媒でイオン交換膜を洗浄している。電気透析とイオン交換の後、水を蒸発させてコハク酸を結晶化させる[2,33,51]。

電気透析の欠点は、エネルギー消費の大きさ、透析膜のコスト、低いコハク酸選択性である[41]。さらに、二成分イオンは電気透析膜では処理できず、マグネシウムやカルシウムによって中和された発酵生成物は分離、精製ができないことが挙げられる[2]。

(4) 抽出

抽出において、液々抽出自体は化学工業上、非常によく使われる手法であるが、30年にわたる研究にもかかわらず、従来の溶媒はほとんどが有機酸に対して好ましくない分配係数を示すため、通常コハク酸の工業生産には応用されない。

そこで水相からの有機酸の選択的分離能を向上させるため、反応性が高くかつ疎水溶媒に溶ける物質が検討された結果、アミンがその塩基性から、負に帯電した分子とよく反応し、有機酸の反応抽出に最適だと判明した[55]。アミンとコハク酸は有機相と水相の界面で反応し、生成したアミン―酸複合体は有機相の方に溶ける[56,57]。様々なアミンが検討された結果、三級アミンが有機酸の分離には最も有望であると考えられた[58]。例えば、アミンとしてトリオクチルアミンを、有機相として1-オクタノールを用いた場合では、後に続く減圧乾燥を経て、発酵生産されたコハク酸の99%が抽出された[59]。反応抽出は未だ工業スケールでは実現していないものの、近い将来にはバイオベースのコハク酸工業生産に応用される可能性が高い[5]。

さらに、ミキサー・セトラー工程(撹拌の後、静置)を経ることでエネルギーを消費してしまう反応抽出や逆抽出などの従来の溶媒抽出に比べてエネルギー消費の少ない、コロイド状の微小液胞(水相に分散され、水の層でおおわれた微小な疎水性液胞)を用いた「予分散抽出法」が考案された。従来のミキサー・セトラー型抽出と抽出能力に変わりはなく、コストを抑えられるため、実験室レベルでの発酵ブロス処理にはすでに応用され、成功を収めている[60,61]。

(5) 吸着・イオン交換

細胞と高分子化合物の除去、コハク酸の分離と濃縮を経た後に、さらなる精製過程が必要である。イオン交換は主に残留するカチオンとアニオンを除去する目的で利用される。強酸性のカチオン交換樹脂によってコハク酸塩をコハク酸に変換し、その後に結晶化を行うことで純度の高いコハク酸を得る方法が報告されている[62]。さらに、塩基性のアニオン交換樹脂がコハク酸の *in situ* 分離のために開発された[63]。また，新たな試みとして，一級，二級，三級アミノ化されたシランで処理したメソポーラスシリカ（SBA-15）をピルビン酸とコハク酸の分離に用いようという試みがある[64]。SBA-15は水素結合を介して酸―アミン複合体を形成することで有機酸を吸着するが，ピルビン酸はコハク酸の3倍の吸着能を持つので，SBA-15はコハク酸自体の分離というより，酸混合物の分離に適している[64]。一般的に，選択性と収率が不十分であるため，イオン交換による精製過程はコハク酸回収においては補助的に付加されるのみである[65]。

以上のように，コハク酸の精製は高コストな過程である。したがって，発酵の過程で理論収率に限りなく近く，副生物を限りなく小さくするような微生物の創製，例えば合成生物学的手法や代謝工学的手法を用いた創製と反応条件などを検討することがコストを抑え，工業的なコハク酸製造への扉を開くことになるだろう。

文　　献

1) T. Werpy *et al.*, *Top Value Added Chemicals from Biomass*, **1**, 21 (2004)
2) J. G. Zeikus *et al.*, *Appl. Microbiol. Biotechnol.*, **51**, 545 (1999)
3) J. B. Mckinlay *et al.*, *Appl. Microbiol. Biotechnol.*, **76**, 727 (2007)
4) 湯川英明, *J. Environ. Biotechnol.*, **4**, 65 (2004)
5) T. Kurzrock *et al.*, *Biotechnol. Lett.*, **32**, 331 (2010)
6) 重化学工業社，化学品ハンドブック2010, p 29, 重化学工業社 (2010)
7) 木村良晴ほか，天然素材プラスチック，p 73, 共立出版 (2006)
8) 昭和高分子ウェブサイト，http://www.shp.co.jp/bionolle.htm
9) K. T. Shanmugam *et al.*, *J. Mol. Microbiol. Biotechnol.*, **15**, 8 (2008)
10) C. S. Millard *et al.*, *Appl. Environ. Microbiol.*, **62**, 1808 (1996)
11) H. Lin *et al.*, *Appl. Microbiol. Biotechnol.*, **67**, 515 (2005)
12) R. R. Gokarn *et al.*, *Appl. Microbiol. Biotechnol.*, **56**, 188 (2001)
13) H. Lin *et al.*, *Biotechnol. Prog.*, **20**, 1599 (2004)
14) L. Stols *et al.*, *Appl. Environ. Microbiol.*, **63**, 2695 (1997)
15) N. Nghiem *et al.*, US patent 5,869,301 (1999)
16) S. H. Hong *et al.*, *Biotechnol. Bioeng.*, **74**, 89 (2001)
17) G. N. Vemuri *et al.*, *Appl. Environ. Microbiol.*, **68**, 1715 (2002)
18) A. M. Sanchez *et al.*, *Metab. Eng.*, **7**, 229 (2005)
19) S. J. Cox *et al.*, *Metab. Eng.*, **8**, 46 (2006)
20) H. Lin *et al.*, *Metab. Eng.*, **7**, 116 (2005)
21) V. F. Wendisch *et al.*, *J. Biotechnol.*, **124**, 74 (2006)

第7章 バイオプロダクトと新プラットフォーム形成

22) V. F. Wendisch *et al.*, *Curr. Opin. Microbiol.*, **9**, 268 (2006)
23) M. Inui *et al.*, *J. Mol. Microbiol. Biotechnol.*, **7**, 182 (2004)
24) H. Kawaguchi *et al.*, *Appl. Environ. Microbiol.*, **72**, 3418 (2006)
25) S. Okino *et al.*, *Appl. Microbiol. Biotechnol.*, **81**, 459 (2008)
26) C. Secchi *et al.*, *Braz. J. Infect. Dis.*, **9**, 169 (2005)
27) N. S. Samuelov *et al.*, *Appl. Environ. Microbiol.*, **57**, 3013 (1991)
28) D. A. Glassner *et al.*, US patent 5,143,834 (1992)
29) J. Y. Yoo *et al.*, *J. Microbiol. Biotechnol.*, **6**, 43 (1996)
30) N. S. Samuelov *et al.*, *Appl. Environ. Microbiol.*, **65**, 2260 (1999)
31) P. C. Lee *et al.*, *Appl. Microbiol. Biotechnol.*, **54**, 23 (2000)
32) P. C. Lee *et al.*, *Biotechnol. Lett.*, **25**, 111 (2003)
33) I. Meynial-Salles *et al.*, *Biotechnol. Bioeng.*, **99**, 129 (2008)
34) N. P. Nghiem *et al.*, *Appl. Biochem. Biotechnol.*, **63-65**, 565 (1997)
35) M. V. Guettler *et al.*, US patent 5,504,004 (1996)
36) M. J. van der Werf *et al.*, *Arch. Microbiol.*, **167**, 332 (1997)
37) P. C. Lee *et al.*, *Appl. Microbiol. Biotechnol.*, **58**, 663 (2002)
38) M. V. Guettler *et al.*, US patent 5,521,075 (1996)
39) S. H. Hong *et al.*, *Nat. Biotechnol.*, **22**, 1275 (2004)
40) S. E. Urbance *et al.*, *Appl. Microbiol. Biotechnol.*, **65**, 664 (2004)
41) J B. McKinlay *et al.*, *Metab. Eng.*, **9**, 177 (2007)
42) J. W. Lee *et al.*, *Proteomics*, **6**, 3550 (2006)
43) S. J. Lee *et al.*, *Appl. Environ. Microbiol.*, **72**, 1939 (2006)
44) S. Okino *et al.*, *Appl. Microbiol. Biotechnol.*, **68**, 475 (2005)
45) G. N. Vemuri *et al.*, *J. Ind. Microbiol. Biotechnol.*, **28**, 325 (2002)
46) X. Zhang *et al.*, *PNAS*, **106**, 20180 (2009)
47) I. Bechthold *et al.*, *Chem. Eng. Technol.*, **5**, 647 (2008)
48) N. Rüffer *et al.*, *Bioproc, Biosyst, Eng.*, **26**, 239 (2004)
49) R. Datta, US patent 5,143,833 (1992)
50) R. Datta *et al.*, US patent 5,168,055 (1992)
51) K. A. Berglund *et al.*, US patent 5,034,105 (1991)
52) K. A. Berglund *et al.*, US patent 5,958,744 (1999)
53) S. Yedur *et al.*, US patent 6,265,190 (2001)
54) J. A. Zang *et al.*, *Chem. Eng. Progress. Symp. Ser.*, **62**, 105 (1966)
55) M. Pazouki *et al.*, *Bioproc. Eng.*, **19**, 435 (1998)
56) A. S. Kertes *et al.*, *Biotechnol. Bioeng.*, **28**, 269 (1985)
57) Y. K. Hong *et al.*, *Biotechnol. Bioproc. Eng.*, **6**, 386 (2001)
58) S. Y. Lee *et al.*, *Appl. Microbiol. Biotechnol.*, **79**, 11 (2008)
59) H. Song *et al.*, *J. Biotechnol.*, **132**, 445 (2007)
60) B. S. Kim *et al.*, *Korean. J. Chem. Eng.*, **19**, 669 (2002)
61) B. S. Kim *et al.*, *Biotechnol. Bioproc. Eng.*, **9**, 207/ 454 (2004)

62) T. Kushiku *et al.*, US patent 2006/0276674A1 (2006)
63) Q. Li *et al.*, *Appl. Biochem. Biotechnol.*, **160**, 438 (2008)
64) Y. S. Jun *et al.*, *J. Phys. Chem. C*, **111**, 13076 (2007)
65) R. A. Pai *et al.*, *AIChE. J.*, **48**, 514 (2002)

7 酸化還元反応を利用する有用物質生産

伊藤伸哉*

7.1 はじめに

　酸化還元反応をつかさどる生体触媒反応は多数あるが，加水分解反応に比較するとその応用例はさほど多くない。この理由は，反応においてNAD^+，FADといった補酵素の再生系が必要な点，また生菌を利用する発酵生産過程では，$NAD(P)^+/NAD(P)H$比のバランスが崩れると，代謝に影響を及ぼし増殖阻害を起こすといった問題が生じるためである。また当然のことながら，一部の反応では反応平衡が問題となる。しかしながら，近年におけるケトン類の不斉還元反応では，目的とする光学活性アルコールを200 g/Lを上回る生産性で，ほぼ100％の鏡像体過剰率（e.e.）で合成できる幾つかの研究例が報告されている。したがって，反応系をうまく作り上げれば，非常に効率的な生産プロセスにすることも可能である。バイオプロダクト生産の中での酸化還元反応の役割は，しばらくは，これまでの化学反応の一部を代替する方向で進むであろうと推定されるが，将来は糖やその他の天然物，非天然アミノ酸などの変換にも応用できるはずである。以下では，酸化還元反応が物質生産にどのように利用できるか，その最近の例を追って考えてみたい。

7.2 ケトン類の不斉還元反応による光学活性アルコールの生産

　ケトン類の不斉還元法についてはBINAP-Ruのような不斉金属触媒を用いる方法がよく知られ，優れた成績を収めている[1]。しかし，近年，生体触媒反応を用いるケトン類の不斉還元が，生産性が低いといった欠点を克服し，光学活性アルコールの工業的な生産手法となりつつある[2〜5]。バイオ不斉還元法は，触媒製造コスト，ハンドリング，再生可能資源の観点から，不斉金属触媒を用いる方法よりも優位な面が多い。

　合成反応に適した酵素触媒に求められる条件は，広い基質特異性，高い反応性，高い立体選択性，高濃度の基質や極性の有機溶媒に対する耐性などである。特に，光学活性アルコールの場合は，多数のケトンに反応する汎用性が求められる。同時に，バイオ不斉還元に最も必要とされる機能は，補酵素であるNADH/NADPHの再生である。一般に，酵素の補酵素依存性は，そのコストおよび安定性を考慮するとNAD^+/NADHであることが望ましい。工業的な補酵素の再生系には，ギ酸／ギ酸脱水素酵素（NADH）[6]，グルコース／グルコース脱水素酵素（NADHとNADPH）[7]およびイソプロパノール（IPA）／アルコール脱水素（NADH）[8]が使用されている。グルコース／グルコース脱水素酵素はNADPHの再生にも利用できるが，反応中に生じるグル

＊　Nobuya Itoh　富山県立大学　工学部　生物工学科；生物工学研究センター　教授

コン酸によりpHが低下する。一般には目的とするケトンを還元する酵素と補酵素再生系酵素を共発現した E.coli などの菌体が触媒として使用される。

　我々は、スチレン資化性および耐性菌から不斉還元に適した酵素を探索し、IPAを補酵素再生系に利用できる酵素として Rhodococcus（旧 Corynebacterium）sp. 由来の phenylacetaldehyde reducatse（PAR：ADHの一種）[9,10]と Leifsonia sp. 由来の ADH（LSADH）[11,12]を見出した。PARは亜鉛を含む中鎖ADHファミリーに属し、LSADHは短鎖ADHファミリーに属する酵素である。両酵素は、いずれも NAD^+/NADH 依存性であり、それぞれ40種類以上のアルキルケトン、アリールケトン、ケトエステルに反応する。また高い立体選択性を有し、PARはアセトフェノン類を（S）-体に、LSADHは（R）-体アルコールにそれぞれ変換し、多くの場合、得られるアルコールの光学純度は96〜＞99％ e.e. である。補酵素の再生については、図1に示すように、1つの酵素がIPAを用いてNADHの再生を行うと同時に、基質ケトンを目的とする光学活性アルコールに変換する。すなわち、IPAからNADHを経由して水素をケトンに移し、目的の光学活性アルコールを合成する水素移動型の不斉還元プロセスであり、補酵素再生系を必要としないシンプルな反応系の構築が可能となった。我々は、PARの有機溶媒耐性変異酵素（Sar268やHAR1）[13,14]およびLSADHを組換え E. coli にて高効率に発現し、この菌体または固定化菌体を触媒として反応を行っている。その生産性は反応性の高いものでは、200〜300 mg/ml（g/L）となり、多くの場合、その光学純度は99％ e.e. 以上である[15]。

7.3　二級アルコールのデラセミ化による光学活性アルコールの生産[16]

　この方法は㈱カネカより報告されたものである。デラセミ化とは、両光学異性体を含むラセミ体から、目的とする（R）-体または（S）-体を合成する手法と定義される。ヒダントインからのD-アミノ酸の製造で用いられているラセミ化と立体選択的な加水分解などを組み合わせた動的光学分割法とよく似た方法となる。図2に示したように、ラセミ体 3-クロロ-1,2-プロパンジオールから、それぞれの光学異性体が、ほぼ100％近い収率で得られている。

　デラセミ化の過程は、ラセミ体の一方（この図2の場合は（S）-体）を選択的に酸化し、ケト

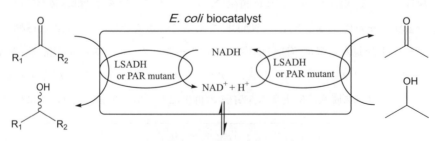

図1　水素移動型のケトン類の不斉還元システム

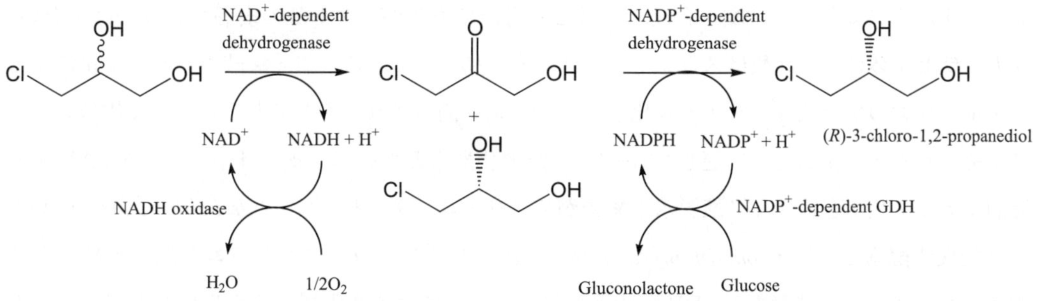

第7章 バイオプロダクトと新プラットフォーム形成

図2 デラセミ化によるラセミ体からの光学活性アルコールの合成

ンとすることにより (R)-体が残存する。次にこのケトンを (R)-の立体選択性を有する脱水素酵素で還元する。結果として，(R)-3-クロロ-1,2-プロパンジオールが生成する。最初の酸化過程では，強力でかつ特異的な補酵素 NAD^+ の再生系が必要であり，還元では特異的な補酵素 NADPH の再生が必要となる。この解決策として *Streptococcus mutans* 由来の NADH 酸化酵素と *Cryptococcus uniguttulatus* の $NADP^+$ に特異的なグルコース脱水素酵素が使用されている。もし，補酵素に対する特異性が低いと生産性や光学純度に影響を与える。同法は，各種酵素の組み合わせで，さまざまな光学活性アルコールの生産に応用できる優れた手法であるが，酸化反応に用いる酵素群と還元反応に用いる酵素群の補酵素依存性が NAD^+ または $NADP^+$ のいずれかに厳密に特異的であること，使用する4種の酵素の至適 pH が近いことなどが要求される。図2の場合では，70 mg/ml のラセミ体から収率95％で，光学純度100％の (R)-3-クロロ-1,2-プロパンジオールが生産されている。

7.4 アミノ酸のデラセミ化による非天然型 L-ノルバリンの生産[17]

α-ケト酸が比較的入手容易な場合は，図3に示すように，アミノ酸脱水素酵素の逆反応を利用して L-*tert*-ロイシンのように α-ケト酸とアンモニアから補酵素再生系と組み合わせて還元的

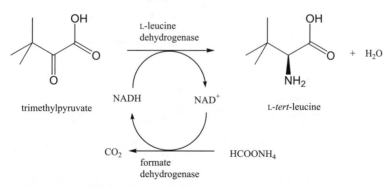

図3 アミノ酸脱水素酵素の還元的アミノ化反応による L-アミノ酸の合成

アミノ化反応によりアミノ酸を合成することも可能であるが，ケト酸の安価な合成法は少ない。他方，ラセミ体のアミノ酸はストレッカー法で容易に合成できる。アミノ酸のデラセミ化によるL-ノルバリンの生産法は，ダイセル化学工業㈱により開発されたものである。ラセミ体のノルバリンをデラセミ化するために適したD-アミノ酸酸化酵素と生成したα-ケト吉草酸（KVA）を還元的にアミノ化できるアミノ酸脱水素酵素がスクリーニングされ，*Candida boidinii* 由来のD-アミノ酸酸化酵素と *Thermoactinomyces intermedius* 由来のL-フェニルアラニン脱水素酵素が選択された。さらに，補酵素NADH再生系酵素としてギ酸脱水素酵素，また生成した過酸化水素がKVAの分解を引き起こすことから，*E. coli* のカタラーゼも共発現させて増強している。これら4種の酵素遺伝子を *E. coli* で発現させ，ラセミ体の酸化の際は好気条件下で培養し，その後，通気を停止し，還元的アミノ化を促進させるという手法で，80 g/Lのラセミ体から，収率80％，光学純度＞99％ e.e. でL-ノルバリンが生成している。この方法は，他の非天然アミノ酸などにも適用可能な優れたプロセスとして評価できる（図4(a)）。

また，上記反応とよく似た例として，L-アミノ酸酸化酵素と非選択的な化学触媒を用いた（chemoenzymatic）なD-アミノ酸やその類縁体の合成法も報告されている（図4(b)）。この方法は，デラセミ化にL-アミノ酸酸化酵素を使用し，生成したイミン中間体をパラジウムカーボンなどを用いてギ酸アンモニア緩衝液中で，またはNaBH$_3$などを使用して還元アミノ化していく。この反応がリサイクルすることにより，ラセミ体のアミノ酸またはL-アミノ酸からD-体のアミノ酸が合成できる[18,19]。

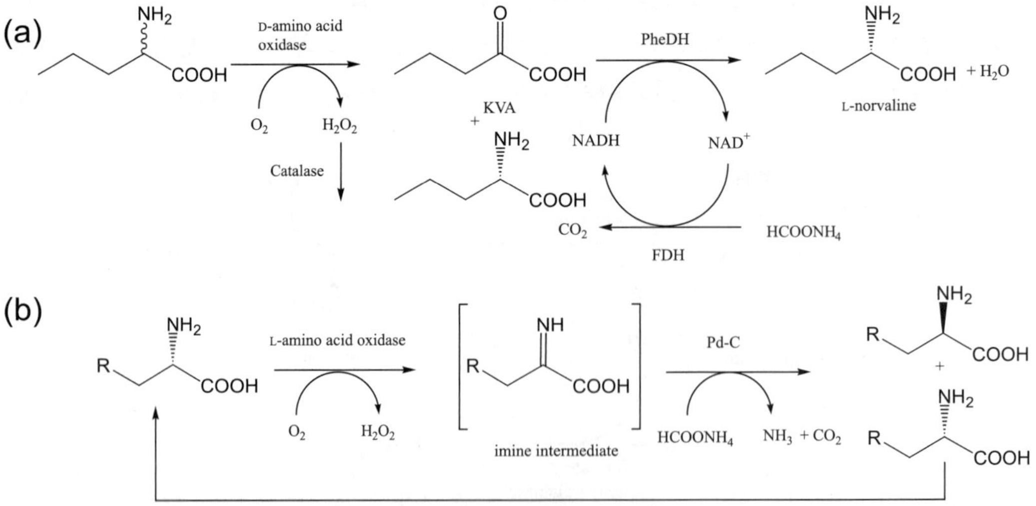

図4 (a)デラセミ化によるラセミ体からの非天然L-アミノ酸の合成と(b)L-アミノ酸からのD-アミノ酸の合成

第7章　バイオプロダクトと新プラットフォーム形成

7.5　Baeyer-Villiger モノオキシゲナーゼの合成反応への応用

Acinetobacter calcoaceticus 由来の cyclohexanone monooxygenase (CHMO) に代表される Baeyer-Villiger モノオキシゲナーゼ (BVMO) は，この人名反応と同様に，環状ケトンやアルキルケトンから，それぞれラクトンやエステルを生じる反応を触媒する[19]。もちろん化学的な Baeyer-Villiger 酸化にはペルオキシ安息香酸や過酢酸などの過酸が使用され，爆発などの危険性が伴い，立体選択性は認められない。BVMO はこれまでのところ，*Acinetobacter* 以外にも *Pseudomonas*, *Rhodococcus*, *Arthrobacter*, *Nocardia* などの細菌や真菌で報告されており，FAD を補欠分子族として NADPH に特異的な type 1 と FMN を補欠分子族として NADH に特異的な type 2 に分類される。研究が進んでいるのは，type 1 酵素である。図5にその典型的な酸化のメカニズムを示すが，ペルオキシフラビンが酸化の活性種と考えられている。またモノオキシゲナーゼ反応には還元力が要求され，補酵素 NADPH の再生が必要となる[20]。

BVMO による立体選択的酸化の例を，図6に示す。(a)の CHMO 反応では，ビシクロヘプタノンから高い立体選択性で二種のラクトンが得られる[21]。また(b)の *Pseudomonas* の 4-hydroxyacetophenone monooxygenase (HAPMO) 反応では，3-フェニル-2-ブタノンから収率46%，光学純度99.2% e.e. で (*S*)-体の1-フェニルエチル酢酸が生成する[22]。

BVMO 反応の応用が遅れている原因は，BVMO が一般に基質・生成物により阻害され高濃度の生産ができないこと，基質ケトンの至適濃度が0.2〜0.4 g/L；生成物濃度は5 g/L 以上で酵素活性が認められない，生成物や基質の分離精製が難しい，菌体反応では宿主のエステラーゼなどにより生成物が分解する，酸化反応では当量関係が成立せず $FADH_2$ と酸素から H_2O_2 が生成す

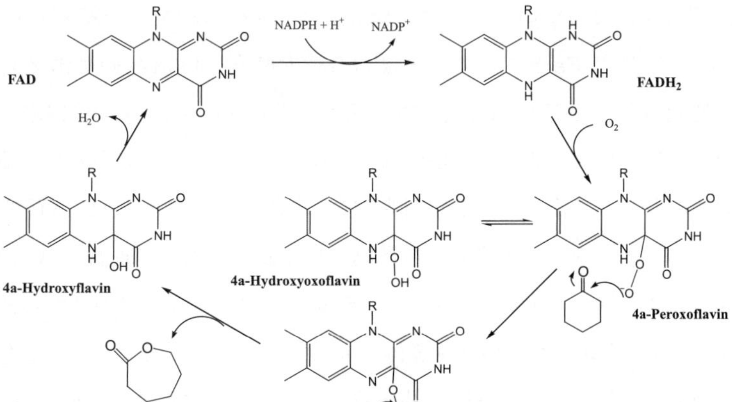

図5　CHMO による Baeyer-Villiger 酸化反応のメカニズム
文献21) より修正して記載

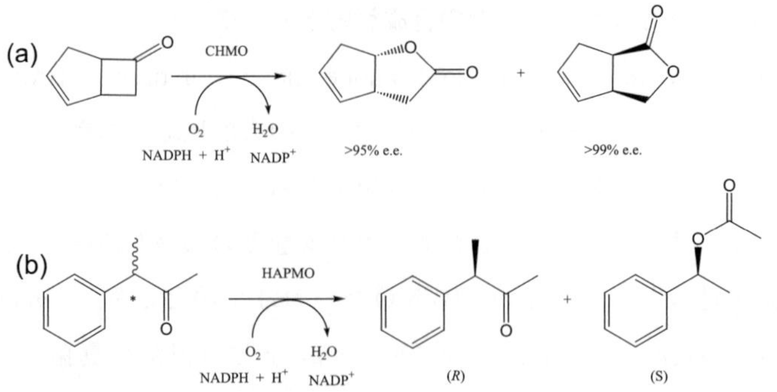

図6　BVMOの酸化反応による光学活性ラクトンおよびエステルの合成

る，などが挙げられる．基質・生成物阻害を避ける方法として，反応系に吸着性の樹脂（Dowex OptiporeL-493）を添加し，緩衝液中の基質・生成物を低濃度に抑えて反応を最適化し，20 g/Lのビシクロヘプタノンから83％の収率で二種の光学活性ラクトンが合成されている（図6(a)）[21]。一般的に酸化反応は，7.2〜7.4項で見てきたような還元反応に比較して基質・生成物阻害を受ける場合が多く，高濃度の生産が難しい場合が多い．しかし，後に述べるP450系の反応に比較すると，フラビン系のMO反応の酸化速度はかなり早く（k_{cat}：0.5〜14 s^{-1}），今後の発展次第では工業的応用も可能だと考えられる．

7.6 スチレンモノオキシゲナーゼ反応による光学活性エポキシドの合成

1980年代㈱ジャパンエナジーで開発された光学活性エポキシアルカン（(R)-体）の生産法は，現在，*Rhodococcus corallina* の alkene monooxygenase（AMO）コンポーネントにより酸化触媒されることが明らかになっている．この複合酵素は，非ヘム鉄を含む95 kDaのエポキシダーゼ酵素，40 kDaのFADとFe-Sクラスターを含む還元酵素，14 kDaの制御タンパク質から構成されている．還元力としてNADHが必要である[23]．*Pseudomonas* 属細菌由来のスチレンモノオキシゲナーゼ（SMO）反応による光学活性なエポキシドの生産が報告されているが，SMOは，AMOよりも簡単な酵素系である．SMOは図7に示すように，遊離FAD依存性のスチレンモノオキシゲナーゼ酵素とFAD還元酵素から構成されており，反応の進行にはNADHの再生が必要である．起源により異なるもののSMOはスチレン，およびその誘導体から99％ e.e.以上の光学純度で（S)-体のスチレンオキシド誘導体を合成することが可能である．しかし，その生産性は，通常〜400 mg/L程度であり，基質・生成物阻害を強く受ける[24]．近年，bis(2-ethylhexyl) phthalateを用いた二相系において，*E. coli* 組換え菌体反応が報告されているが，この場合，有機層に加えられた80 mMのスチレンの約50％が変換されて約4.2 g/Lの（S)-スチレンオキシドが生産されている．さらに反応における代謝フラックス解析の結果より，NADHの不足がエポ

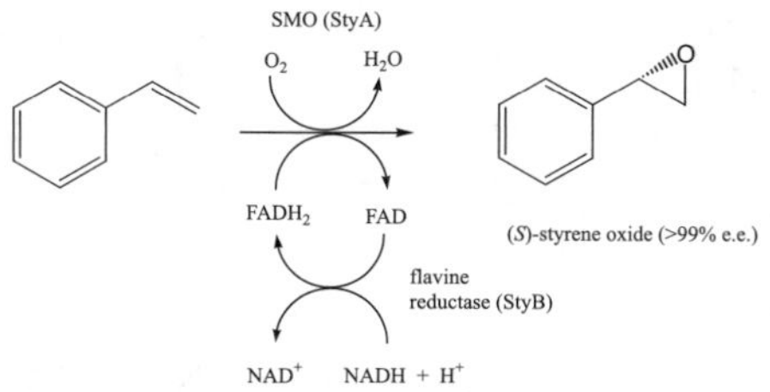

第7章 バイオプロダクトと新プラットフォーム形成

図7 SMOの酸化反応による光学活性エポキシドの合成

キシ化の律速になっていることが明らかにされた。したがって、こうした点が改善できれば、さらなる生産性の向上が期待できる。筆者らは、*Pseudomonas*細菌とは異なる微生物 SMO の研究を進めており、光学活性エポキシドのバイオ生産の進展に貢献できるものと考えている。

7.7 チトクローム P450 反応の医薬品製造への応用[25]

　チトクローム P450 はヘム鉄を含有する monooxygenase であり、分子種は多様である。P450 は微生物の二次代謝産物の遺伝子クラスター上にしばしば認められ、多くは特異性の高い酵素である。P450 はその局在の様式から、①ミクロソーム型、②ミトコンドリア型、③細菌型に分類され、①と②はいずれも膜結合型酵素であり、③は水溶性酵素である。化学式は、

$$RH + O_2 + NAD(P)H + H^+ \longrightarrow ROH + H_2O + NAD(P)^+ \tag{1}$$

となり、②、③のP450の多くは、Fe-Sクラスターを有するフェレドキシンとフラビンを含むフェレドキシン還元酵素を必要とする。したがって、反応はかなり複雑となる。P450を利用したヒドロキシル化反応は、微生物を用いた位置特異的なステロイドの変換反応に用いられてきた。最近の成功例としては、コレステロール合成阻害剤であるプラバスタチン(pravastatin)の微生物変換である。プラバスタチンはリード化合物である ML-236B の *Streptomyces carbophilus* による 6β-hydroxylation により生産されており、当該反応を触媒しているのは水溶性P450で、P450 sca (CYP105A3) と命名されている。

　最近、Sakaki らにより、vitaminD$_3$ の $1\alpha,25$-dihydroxyvitamin D$_3$ への変換が詳細に報告されている（図8）。$1\alpha,25$-dihydroxyvitamin D$_3$ は、甲状腺機能低下症、骨粗鬆症、慢性腎不全治療に使用されている。vitaminD$_3$ から $1\alpha,25$-dihydroxyvitamin D$_3$ 生産能を有する微生物がスクリーニングされ、*Amycolata autotrophica* FEM BP-1573が選択されている。同微生物による120時間の変換反応で、8.3 mg 25(OH)D$_3$/L culture、0.17 mg $1\alpha,25$(OH)$_2$D$_3$/L culture が生産されている。また Kawauchi らは、*A. autotrophica* の vitaminD$_3$ ヒドロキシル化酵素をクローニングし、*Streptomyces lividans* で発現し変換反応を行い、20 mg/L の 25(OH)D$_3$ の生産を報告してい

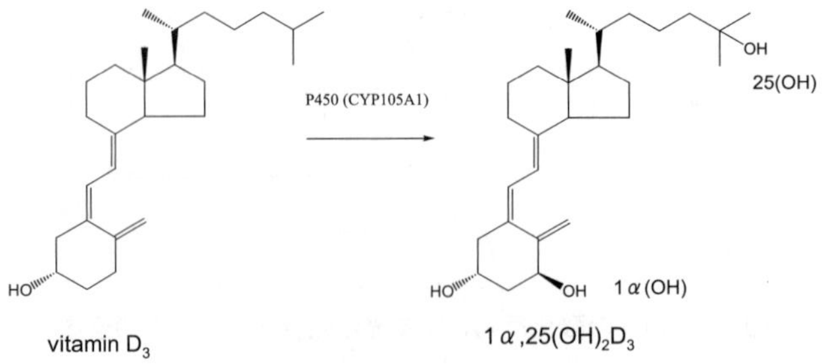

図8　P450の水酸化反応による活性型ビタミンDの合成

る[26]。残念ながらP450の反応は，非常に遅くvitaminD$_3$の水酸化を触媒できる各種起源のP450反応のk_{cat}は0.0026〜23 min^{-1}である（多くの酵素反応のk_{cat}値はs^{-1}の単位）。ただし，タンパク質工学的な改変はP450でも有効であり，vitaminD$_3$を1α,25-dihydroxyvitamin D$_3$に変換できるStreptomyces griseolus CYP105A1の変異酵素 CYP105A1(R73V/R84A) では，25-位の水酸化の速度を280倍程上昇させることに成功している。今後こうした変異酵素の組換え菌体を使用することにより，さらなる生産性の向上が期待される。

P450を利用した反応は，その反応性・生産性の問題を考慮すると最終的な医薬品の生産に有効であると考えられる。

7.8　ラッカーゼ反応の食品への応用

ポリフェノールオキシダーゼは活性中心に銅4分子を含む金属酵素で，分子種は多様で，モノフェノールオキシダーゼ（EC 1.14.18.1），ジフェノールオキシダーゼ（EC 1.10.3.1），ラッカーゼ（p-ジフェノールオキシダーゼ，EC 1.10.3.2）などがある。動物，植物，微生物に普遍的に存在する酵素であり，食品の酵素的褐変の原因酵素である。多くの白色不朽菌はラッカーゼを分泌生産し，マンガンペルオキシダーゼとともに木材のリグニンなどを分解する生理機能を有している。ラッカーゼはデニム表面のインジゴ色素を酸化的に分解・除去できることから，ジーンズ製品の加工に使用されている[27]。食品への応用は，これまで限られており，ラッカーゼ反応によりハーブ抽出物の消臭効果を向上させるという目的で一部ガムに添加されている。

筆者らの研究グループでは，市販ラッカーゼが，酸素と没食子酸の存在下で茶カテキンから epitheaflagallin (3) と epitheaflagallin 3-O-gallate (4)（図9）を合成できることを明らかにした[28,29]。化合物エピカテキン（EC），エピカテキンガレート（ECg），エピガロカテキン（EGC）(1)，エピガロカテキンガレート（EGCg）(2) を反応基質として用いて検討したところ，没食子酸存在下でのラッカーゼによる酸化反応によって，(1)から(3)が，(2)から(4)がそれぞれ合成されることを確認した。これらの成分は，いずれも日本において食品添加物として認めら

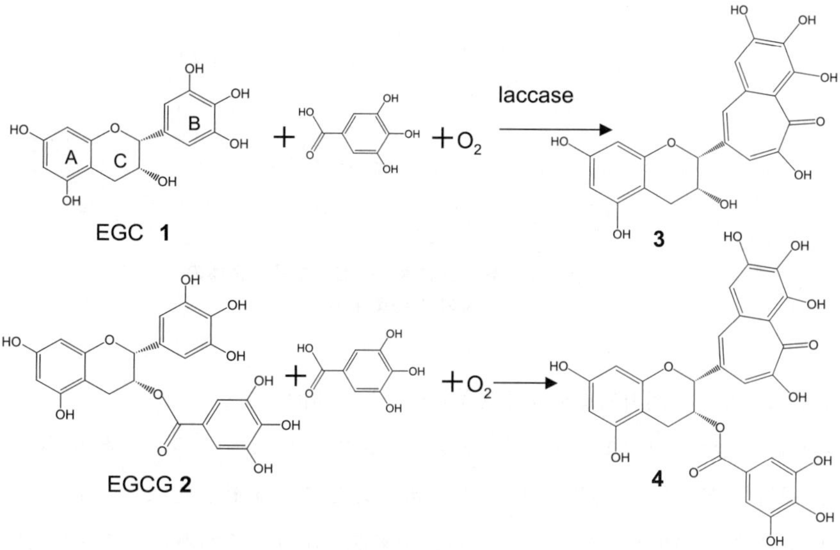

第7章 バイオプロダクトと新プラットフォーム形成

図9 ラッカーゼ反応による茶カテキン類の変換

れているものであり，安全性が確保されれば法的には問題ない。変換率は20％未満であり，このことは，本反応が化学量論的に進行していないことを示唆しているが，(3) および (4) 以外の生成物についてはまだ同定していない。機能性食品素材の開発においては，その素材の食経験が重要である。そこで，epitheaflagallin 類についても，4 種類の紅茶抽出物で (3) と (4) を分析したところ，epitheaflagallin 類が認められ，(3) と (4) は紅茶抽出物の微量成分であることが判明した。紅茶抽出物における (3) と (4) の含有率は，両者を合わせても約0.1％（w/w）以下であった。

他方，Sang らは過酸化水素とペルオキシダーゼの存在下で，茶カテキンから theaflavin 類の酵素合成を報告している[30]。ペルオキシダーゼの反応では，EC/ECg/EGC (1)/EGCg (2) の catechoyl/pyrogalloyl/galloyl 基のすべてが容易に酸化されて，キノン中間体を生成し，種々の theaflavin 関連化合物が得られる。

我々は，ラッカーゼ処理緑茶エキスおよび (4) が，膵リパーゼを濃度依存的に抑制することを見出した。これらの化合物は，脂質の消化・吸収を穏やかに抑制する可能性があり，抗肥満の機能性食品素材として期待できる。EGCg (2) および epitheaflagallin (3) は膵リパーゼ阻害効果を示さなかったことから，benzotropolone 骨格と 3-O-gallate 構造が膵リパーゼ阻害には必要であることが示唆された。Epitheaflagallin 類は優れた機能性を示すだけでなく，緑茶の主要カテキンである EGCg (2) に見られる苦味もほとんどない。またラッカーゼ処理緑茶エキスの安全性を動物実験により確認した。Epitheaflagallin 類には，膵リパーゼ阻害の他にもさまざまな

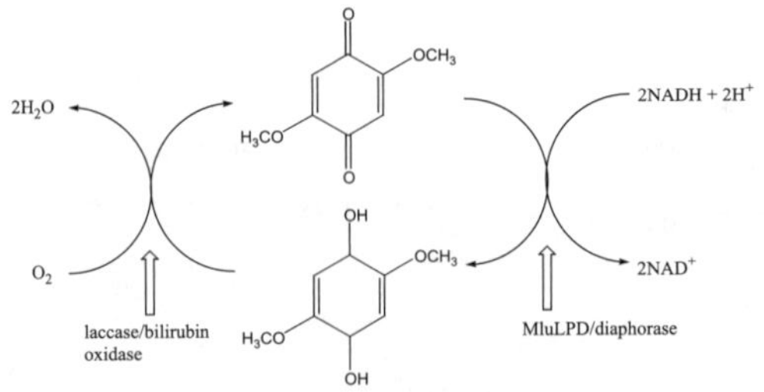

図10 ラッカーゼ，ジアホラーゼ，電子受容体の反応によるNAD$^+$の再生系

生理機能を認めており，実用的な機能性食品素材として期待できる。

また筆者らは，ラッカーゼまたはビリルビンオキシダーゼ，ジアホラーゼと色素のカップリング反応が，補酵素NAD$^+$の再生に非常に有効であることを報告した（図10）[31]。もちろんNAD$^+$の再生には，NADHオキシダーゼ（7.3項参照）が有用であるが，こうした酵素を利用すれば，市販酵素でNAD$^+$の再生系を作ることも可能である。また，同じような酵素系は，グルコース脱水素酵素（GDH）とともにソニー㈱が開発中のブドウ糖で発電するバイオ電池：負極にGDH，ジアホラーゼ，ビタミンK$_3$（メナジオン），NADH，正極にビリルビンオキシダーゼ，フェリシアン化カリウム，にも使用されている[32]。

7.9 おわりに

バイオプロダクトの生産における酸化還元酵素反応の役割を，最近の進展を中心に解説した。実用化にはまだ時間がかかる反応もあるかもしれないが，エコバイオリファイナリーのさまざまな場面で活躍する可能性を秘めているように思う。紙面の都合もあり詳細は参考文献を参照していただきたい。

文　献

1) R. Noyori, T. Ohkuma, *Angew. Chem. Int. Ed.*, **40**, 40 (2001)
2) 八十原良彦, 長谷川淳三, キラル医薬品・医薬中間体の開発, p.121, シーエムシー出版 (2005)
3) 山本浩明, 小林良則, ファインケミカル, **36**, 92 (2007)
4) 片岡道彦, 清水昌, 酵素利用技術大系, p.418, エヌ・ティー・エス (2010)
5) 伊藤伸哉, 酵素利用技術大系, p.423, エヌ・ティー・エス (2010)
6) Y. Yamamoto *et al.*, *Appl. Microbiol. Biotechnol.*, **67**, 33 (2005)

7) S. Shimizu *et al.*, *Ann. N.Y. Acad. Sci.*, **864**, 87 (1998)
8) W. Hummel, *Adv. Biochem.Eng.Biotechnol.*, **58**, 145 (1997)
9) N. Itoh *et al.*, *Appl. Environ. Microbiol.*, **63**, 3783 (1997)
10) N. Itoh *et al.*, *Eur. J. Biochem.*, **269**, 2394 (2002)
11) K. Inoue *et al.*, *Appl. Environ. Microbiol.*, **71**, 3633 (2005)
12) K. Inoue *et al.*, *Tetrahedron: Asymmetry*, **16**, 2539 (2005)
13) 伊藤伸哉, 牧野祥嗣, 酵素開発・利用の最新技術, p.32, シーエムシー出版 (2006)
14) Y. Makino *et al.*, *Appl. Microbiol. Biotechnol.*, **77**, 833 (2007)
15) 伊藤伸哉, バイオインダストリー, **26**, 34 (2009)
16) 岩崎晃ほか, 国際特許, WO2006/090814 (2006)
17) 林素子, 山本浩明, 酵素工学ニュース, **61**, p.20 (2009)
18) A. Enright *et al.*, *Chem. Commun.*, 2636 (2003)
19) M. Breuer *et al.*, *Angew. Chem. Int. Eng.*, **43**, 788 (2004)
20) K. Nanne *et al.*, *Adv. Synth. Catal.*, **345**, 667 (2003)
21) V. Alphand *et al.*, *Trends in Biotechnol.*, **21**, 318 (2003)
22) J. Rehdorf *et al.*, *Appl. Environ. Microbiol.*, **75**, 3106 (2009)
23) A. Miura, D. Howard, *Biosci. Biotechnol. Biochem.*, **59**, 853 (1995)
24) B. Buhler *et al.*, *Appl. Environ. Microbiol.*, **74**, 1436 (2008)
25) T. Sakaki *et al.*, *Biochim. Biophys. Acta*, (2010) 印刷中
26) H. Kawauchi *et al.*, *Biochim. Biophys. Acta*, **1219**, 179 (1994)
27) 上島孝之, 酵素テクノロジー, p.17, 幸書房 (1999)
28) N. Itoh *et al.*, *Tetrahedron*, **63**, 9488 (2007)
29) 勝部祐至, 伊藤伸哉, 産業酵素の応用技術と最新動向, p.93, シーエムシー出版 (2009)
30) S. Sang *et al.*, *Bioorg. Med. Chem.*, **12**, 459 (2004)
31) J. Kurokawa *et al.*, *J. Biosci. Bioeng.*, **109**, 218 (2010)
32) http://www.sony.co.jp/SonyInfo/News/Press/200708/07-074/index.html

8 5-アミノレブリン酸の発酵生産と用途開発

石塚昌宏*

8.1 はじめに

　5-アミノレブリン酸（5-Aminolevulinic acid：ALA）は，δ-アミノレブリン酸，5-アミノ-4-オキソペンタン酸とも命名される図1の構造式で示される分子量131の化合物である。ALA は，自然界においてテトラピロール化合物の共通前駆体として，動物や植物や菌類など生物界に広く存在する物質として知られている。ALA は，非常に不安定な物質であるため，通常は ALA 塩酸塩として取り扱われている。なお，それぞれの CAS 番号は，ALA が RN106-60-5であり，ALA 塩酸塩が RN5451-09-2である。ALA 塩酸塩の性状を表1に示す。

　ALA はテトラピロール化合物の出発物質であり，テトラピロール化合物には，酸素の運搬体であるヘモグロビン，酸素の貯蔵物質であるミオグロビン，エネルギー物質である ATP 生産に関与するチトクローム類，薬物代謝に関与するチトクローム P-450類，神経の化学伝達物質であり血管拡張物質である NO や CO の生産，代謝の中心を司るサイロキシンの合成，情報連絡に関与するグアニルシクラーゼ，活性酸素を分解するカタラーゼやペルオキシダーゼなどのヘム，光合成の重要な役割を果たしているクロロフィル，赤血球の中の核酸（DNA）の合成に必要な葉酸の働きを助けるビタミン B_{12} などの物質があり，これらの化合物は，生命維持に根幹的な生化

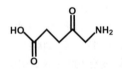

図1　5-アミノレブリン酸の構造式

表1　ALA 塩酸塩の性状

分子量	167.6
分子式	$C_5H_{10}NO_3Cl$：$C_5H_9NO_3 \cdot HCl$
外観	白色結晶
溶解度	水　500 g/L 以上
pH	1.7（1 mol/L）
酸解離定数	pKa1 = 4.0　pKa2 = 8.6
等電点	pI = 6.3
変異原性	陰性
経口急性毒性	LD50値：2,000 mg/kg 以上

＊　Masahiro Ishizuka　コスモ石油㈱　海外事業部　ALA 事業センター　担当センター長

第7章 バイオプロダクトと新プラットフォーム形成

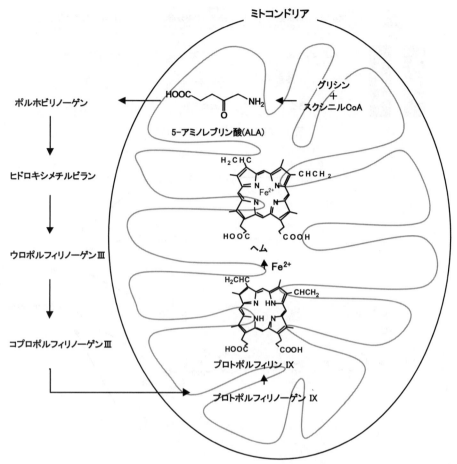

図2　ポルフィリン・ヘムの生合成の経路

学反応の中心物質であるといわれている。このため，代表的なテトラピロール化合物であるポルフィリンやヘムの生合成に関しては古くから研究されてきた。現在ではポルフィリンやヘムの生合成経路はほぼ解明されており（図2），全てのテトラピロール化合物は，ALA を経由して生合成されていると考えられている。

　先述したように ALA は，全てのテトラピロール化合物の唯一の前駆物質であることから，その応用範囲は極めて広く，肥料，飼料，食品，育毛，医薬品など様々な応用が期待されている（図3）。本節では，ALA の製造方法の確立と，応用分野として商業化まで発展した ALA の植物への作用ならびに ALA を配合した液体肥料の商品開発について紹介する。

8.2 ALA の製造方法

　ALA の製造方法については，原料にレブリン酸，コハク酸，2-ヒドロキシピリジン，テトラ

エコバイオリファイナリー

図3　ALAを活用した応用分野

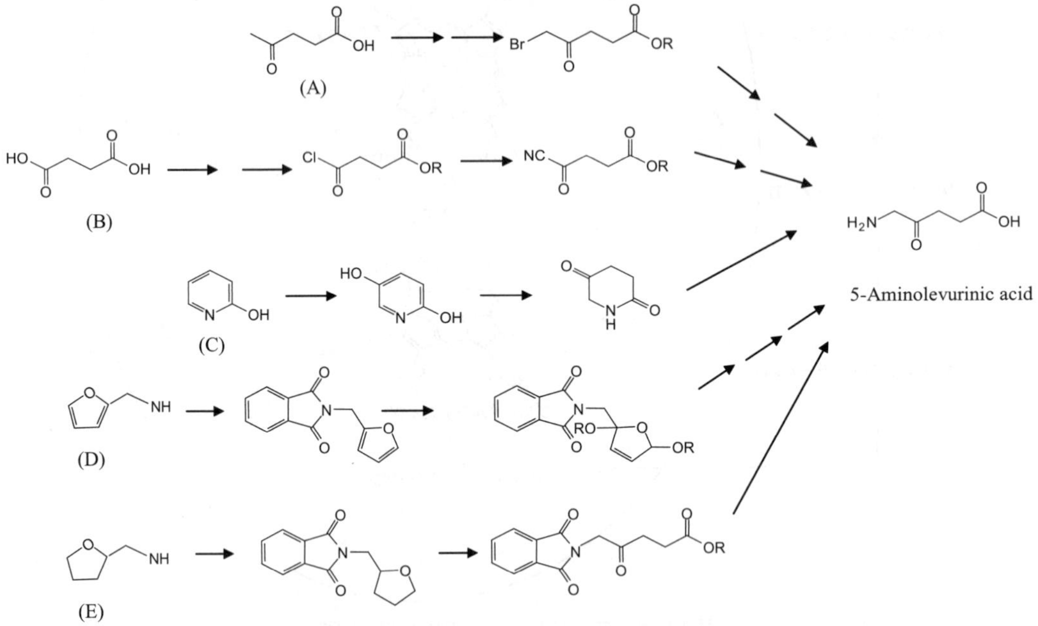

図4　これまでに知られているALAの合成経路

ヒドロフルフリルアミンを用いた化学合成法や，*Methanobacterium*，*Methanosrcina*，*Clostridium*，*Chlorela*，*Rhodobacter* などの微生物を用いた生産法が数多く提案されているが，いずれの製造方法にも課題が残されており，研究用試薬として流通されているに過ぎない。つまり，工業的に ALA の製造方法が確立されていないため，大量供給できず，今日の用途・応用研究を遅らせていると考えられる。そこで，我々は，ALA の工業的製造方法の確立を目指して，化学合成法と発酵法の2つの方法からアプローチを検討した。

これまでに知られている化学合成法を図4に示す。レブリン酸（LA）を出発物質とする合成法（A）は，カルボキシル基を保護した後にブロム化を行い，その後ガブリエル合成もしくはアジド化を経てアミノ基に変換する方法が1961年に提案されている[1]。しかし，4段階の工程をとるこの合成法は，ブロム化に選択性がないため収率が低いのが問題である。コハク酸を出発物質

第7章　バイオプロダクトと新プラットフォーム形成

とする合成法（B）は，片方のカルボキシル基のみをエステル化して保護し，残ったカルボキシル基をハライドとし，さらにシアノ化した後に，還元して加水分解する方法である[2]。しかしながら，反応制御が難しい半エステル合成やその単離，不安定な酸ハライドを経由する点，さらに酢酸中金属亜鉛粉末を用いる還元アミド化や合成が5段階もあるなど工業化の難しい合成法である。フリフラールや2-ヒドロキシピリジンを出発物質とする合成法（C）は，いずれも2,5-ピペリジオンを経由し，還元後，開環してALAを得る方法で[3]，2,5-ピペリジオンが不安定であることや各段階の収率が低いなどの問題がある。フリフラールから誘導されるフルフリルアミンを原料とする合成法（D）は，アミノ基保護をメタノール中で，臭素酸化した後にクロム酸塩を用いて酸化的に開環し，2重結合を還元後，脱保護するものである。この方法も実験室的には実施容易な方法であるが，工業的には酸化剤のコストや金属廃液処理といった問題を有している[4]。最近，テトラヒドロフルフリルアミンを原料として3段階でALAが得られる合成法（E）が提案されたが[5]，触媒に用いる塩化ルテニウムが高価で回収も困難であり，酸化剤として大量に用いる過ヨウ素酸ナトリウムのコストも，工業的に無視できないことから工業化に課題を残している。これらの方法は，いずれも収率が50%未満の方法でコストもかかり工業的には課題がある。当社が開発したフルフリルアミンを原料とする3段階の合成法は，反応の選択率，総収率および反応剤の安定性を考慮した。その合成経路を図5に示す。ピリジンを溶媒に使用して酸化と還元を1段階で行い，溶媒に適度な含水率を持たせることで一般的に高濃度化が困難である光化学反応の高濃度化を達成した本方法は，原料，段階数，収率，精製の容易さにおいて従来法より優位な方法である。特に，反応から金属試薬を追放することで，無機塩との分離が困難なALAの純度を確保しており，また，毒性の高い反応剤を使用しない点は，環境対策上の優位な点でもある。3段階の反応を1つの容器で行うことのできるこの方法の収率は約60%を達成し，現在知られている化学合成法の中では，最も効率的な方法である[6]。ただし，反応に専用の光リアクターを必要とするため工業化には至っていない。

　一方で，我々は化学合成法には限界があると感じ，工業的に大量製造が可能な生物材料を利用する道を選び，微生物を用いた発酵法での生産研究を開始した。ALAの生合成に関しては，C_4経路とC_5経路の2つの経路が知られている。動物，酵母，菌類では，C_4経路と呼ばれるグリシンとスクシニルCoAの縮合反応により合成される。この経路は，Sheminにより発見され，

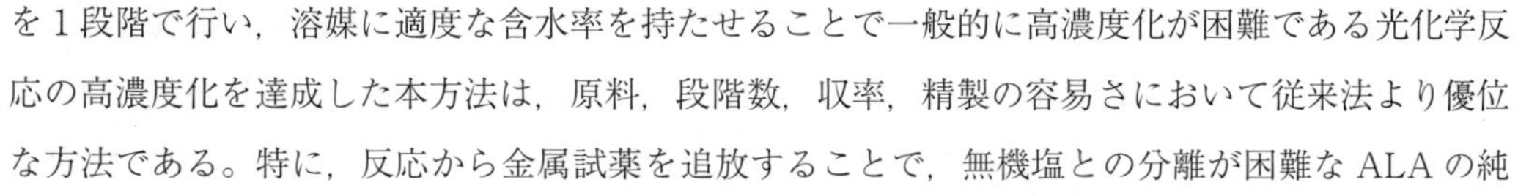

図5　フルフリルアミンの光酸化法の合成経路

Shemin pathway とも呼ばれており[7]，2種類の ALA 合成酵素が存在することも報告されている[8~10]。一方，高等植物，藻類，一部の細菌類では，グリシンを利用しないことから C_4 経路以外の合成系が想定され，Beale らの研究グループによってグルタミン酸が利用されていることがわかり[11,12]，その後の研究でグルタミン酸から3段階の反応を得て ALA が合成される C_5 経路が確立された[13,14]。C_4 経路では，ALA の生合成反応がテトラピロール化合物の生合成律速であることが知られていてヘムが ALA 合成酵素の合成を何段階にも調節して最終的に細胞内のヘム濃度を適正に保つ機構が存在することも明らかになっている。C_5 経路では，C_4 経路ほど研究が進んでいないが，C_4 経路と同様にテトラピロール化合物の生合成律速であると考えられている。生物材料を利用して ALA を生産するには，こうした ALA の生合成経路を十分に理解しておくことが重要である。皮肉なことに，ALA の生産能が高い菌種として選択した *Rhodobacter sphaeroides* は，光を受けて生育する光合成細菌であった。*R. sphaeroides* は，紅色非硫黄細菌に属し，光照射・嫌気条件で強力にポルフィリン生合成を行うことが知られており，ALA 生産に適した微生物と考えたからである。我々は，最初に ALA を2分子脱水縮合させてポルフォビリノーゲン（PBG）を生成する ALA dehydratase の欠損株の取得を試みた。PBG 要求株，十数株を分離し，ALA dehydratase 活性を測定したところ，野生株の1/3程度に低減されている CR-105株を得た。CR-105株は，ALA dehydratase 阻害剤であるレブリン酸を添加しなくても ALA の蓄積が見られたが，菌体生育を促進する酵母エキス存在下では，ALA を蓄積することができなかった。次に，CR-105株を親株として NTG 処理した5,000株の変異株群から，酵母エキス存在下でも ALA を蓄積する CR-286株の取得に成功した[15]。しかし，光量に比例して ALA 生産量が増加する傾向が見られたにも係わらず，菌体が増殖することで，光が到達しなくなり ALA の生産速度が向上しなくなることが判明した。我々は，化学合成法で行き詰った光の問題に突き当たったのである。我々は，光照射条件からの脱却を目指すことになった。CR-286株を親株として，10,000株の変異株から暗所好気培養で ALA を蓄積する CR-386株を得た[16]。しかし，ここにも落とし穴が待っていた。我々が用いた ALA の蓄積評価法は，エーリッヒ呈色反応で，古くから ALA の定量法として知られているものである。ALA とアセチルアセトンの縮合によって生じるピロール化合物をパラジメチルアミノベンズアルデヒドで発色させるものである。取得した CR-386株は，ALA よりもアミノアセトンを多く蓄積していたのである。アミノアセトンは，エーリッヒ呈色反応で 1-(2,4-dimethyl-1H-pyrrole-3-yl)-ethanone というピロール化合物を作り出し，ALA を作用させた時発色する553 nm の赤紫色を呈するものであった。その後も，変異株を取得し続け，アミノアセトン非蓄積性の CR-450株，レブリン酸添加を低減させた CR-520株，生育温度と ALA 蓄積の至適温度が一致した CR-606株，そして遂に，低濃度のグリシン添加条件下で ALA 蓄積性の高い CR-720株を取得したのである。我々は，工業的生産を目

第7章 バイオプロダクトと新プラットフォーム形成

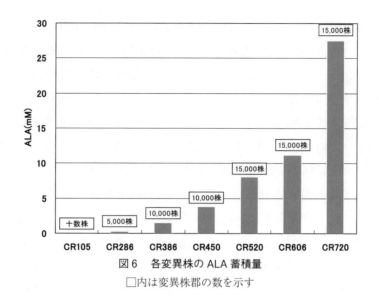

図6 各変異株のALA蓄積量
□内は変異株郡の数を示す

指しスケールアップの検討を行い何とか60t規模での工業化に成功した。7代にわたる変異から得たCR-720株は，実に総計10万株のスクリーニングを行った結果である。これまでに取得した変異株のALA蓄積量を図6に示す。本研究は，1999年に生物工学学会技術賞を受賞した[17]。

8.3 ALA配合液体肥料の開発

ALAの農業への応用研究は，当初除草剤として利用する検討が進められていた[18]。これは，ALAはテトラピロール化合物の共通前駆体として生体内で重要な役割を果たしているが，ALAの過剰投与は一時的にテトラピロール化合物の中間体であるプロトポルフィリンIX（PP IX）の蓄積を引き起こし，光照射による光増感反応により活性酸素を誘導し，細胞膜の主成分である脂質と反応し，過酸化物を生成することにより細胞膜系を破壊することを利用したものである。我々は，ALAで処理された植物の除草効果を検討したが，高濃度にALAが必要な上，植物体内での移行性が低く，接触部位のみの除草効果にとどまるため実用化は困難であると判断した。我々は幸運にも初期の除草効果を検討している中で，ALAの低濃度域処理によって植物生長促進効果を見出した。ALAの低濃度処理に対する植物の生理作用については殆ど報告がなく，我々は，様々な植物体に対しALA低濃度処理の効果を確認する検討から開始した。

イネ発芽種子の水耕実験では，光照射条件下で0.01～0.1ppm付近に種子根，幼葉鞘の生長促進する傾向が観察されたが，1ppm以上の暗条件下では明確な生長抑制傾向が観察された。これらの結果は光存在条件下での生長促進においてALAの至適濃度域が存在することを示唆している。低濃度域でのALA処理では植物の生長促進と同時に緑色向上が確認されたため，ポスト

ライムを用いた定量的な実験を行った。低照度条件下で0～1ppm濃度のALA水溶液を用いて2週間栽培した結果では，ALA無添加区に対して，0.0001～0.1ppm濃度のALA水溶液では，クロロフィル濃度が9～15%増加した[19]。ALAの生長促進効果には光が必要なことからALAの光合成に与える影響も検討した。コウシュン芝を用いたポット栽培を行い，グロースチャンバー型の光合成測定装置を用いた結果を図7に示す。なお，図中，ALA処理前のコウシュンシバにおける明条件下でのCO_2吸収量，および暗条件下でのCO_2放出量をそれぞれ100%として表した。無処理区では，試験期間中のコウシュン芝の生育に伴い経時的に明条件下でのCO_2吸収量，暗条件下でのCO_2放出量が増加している。一方，ALA処理区では，明条件下において無処理区に比較して常にCO_2吸収量が大きく，その効果は処理3日後にCO_2吸収量で132%を示した。暗条件下では，ALA処理により常にCO_2放出量が抑制され，その効果は処理3日後にCO_2放出量で81%であった。これらの結果は光合成活性（炭酸ガス吸収速度）を向上させ，暗呼吸はむしろ抑制しており，ALAの生長促進が光合成促進に基づくことを示唆している。光合成促進は，単子葉植物であるコウシュン芝だけでなく双子葉植物であるハツカダイコンなどにおいても同様に認められた。この他にもALA処理によって，気孔開度の拡大，耐塩性・耐冷性向上などの効果を次々と見出した。

こうしたALAの植生長促進効果を商品化するためには，農業利用上有益な効果を導くことが重要で，高濃度で見られるALAの生長阻害を防ぐこと，そして効果を安定的に発現させることを検討する必要があった。生長阻害を防ぐには，PP IXの蓄積を防ぐことが必要で，クロロフィルやヘムへのスムーズな変換がその防御になると想定される。そのために，植物の栄養素として

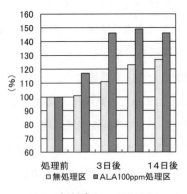
光合成（CO_2吸収速度）

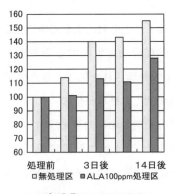
暗呼吸（CO_2排出速度）

材料：コウシュン芝
生育条件：1/2500aポット　畑土壌充填　各区6反復　光合成：80,000lux
処理条件：ALA塩酸塩0.1ppm＋ネオエステリン1000倍
測定条件：光合成測定装置（PSBtype-03,IRAtype-102）島津

図7　コウシュン芝の光合成および暗呼吸に対するALAの効果

第 7 章　バイオプロダクトと新プラットフォーム形成

図 8　ALA 配合肥料「ペンタキープ」シリーズ

与えられる成分で，さらに，PP IXに結合できるマグネシウムと鉄に狙いを絞り組成検討を行った。この検討は見事に2つの課題を解消した。マグネシウムはPP IXをクロロフィルへ変換し，鉄はPP IXをヘム酵素へ変換することのできる唯一の多価金属である。マグネシウムと鉄の配合は，植物生長促進に有効であり，光合成能増強だけでなく，硝酸還元酵素の増強により窒素肥料の取り組みを促進する効果も果たしていると考えられる。我々は，㈱誠和と肥料開発を進め，この組み合わせをベースに，ALAの葉面吸収を促進する尿素や他の微量金属との配合比率の最適化を計り[20]，2001年に世界で初めてALAを配合した肥料「ペンタキープV」の肥料登録に成功した。また，こうしたALAの植物への効果が認められ，2004年に植物化学調節学会技術賞を受賞した[21]。現在，コスモ誠和アグリカルチャ㈱よりALA配合肥料をペンタキープシリーズとして販売している（図8：ペンタキープシリーズ，コスモ誠和アグリカルチャ㈱）。

8.4　ALA の広がる応用分野

農業以外の用途については，伊藤医師（元代官山皮膚科形成外科医院）が，ALAと鉄の組み合わせに着目し発毛促進効果を見出した[22]。我々は，伊藤医師と共同研究を行い，現在では，理美容分野で業界をリードするミルボン㈱と共同事業契約を締結して商品化検討を進めている。伊藤医師は自身の経営するクリニックでインフォームドコンセントを取った上でボランティアに対する試験を実施し，男女を問わず顕著な効果を確認し，当社もマウスを用いたALAの発毛促進試験でポジティブコントロールであるクロトン油をしのぐ発毛促進効果があることを見出した。今後，我々はさらにALAの新しい用途を検討し，様々な分野で商品化を展開していきたい。

文　　献

1) R. H. Walter *et al.*, *Anal.Biochem.*, **2**, 140 (1961)
2) A. Pfaltz *et al.*, *Tetrahedron Lett.*, **25**, 28, 2977 (1984)
3) 鈴木洸次郎ほか，公開特許公報，平3-72450 (1991)
4) J. Awruch *et al.*, *Tetrahedron Lett.*, **46**, 4121 (1976)
5) H. Kawakami *et al.*, *Agric. Biol. Chem.*, **55**, 6, 1687 (1991)
6) 竹矢ほか，ポルフィリン，**6**, 127 (1997)
7) P. M. Jordan and D. Shemin., *Enzyme.*, **2**, 239 (1972)
8) 坪井昭三，生物と化学，**10**, 770 (1972)
9) E. L. Neidle and S. Kaplan., *J. Bacteriol.*, **175**, 2292 (1993)
10) E. L. Neidle and S. Kaplan., *J. Bacteriol.*, **175**, 2304 (1993)
11) S. I. Beale *et al.*, *Plant Physiol.*, **53**, 297 (1974)
12) S. I. Beale *et al.*, *Proc. Nat. Acad. Sci. USA.*, **72**, 2719 (1975)
13) J. D. Weinstein *et al.*, *Arch. Biochem. Biophys.*, **239**, 87 (1985)
14) S. M. Mayer *et al.*, *Plant Physiol.*, **94**, 1365 (1990)
15) 田中徹ほか，生物工学，**72**, 461 (1994)
16) S. Nishikawa *et al.*, *J. Biosci.Bioeng.*, **87**, 798 (1999)
17) 上山宏輝ほか，生物工学，**78**, 48 (2000)
18) C. A. Rebeiz *et al.*, *Enzyme Microb. Technol.*, **6**, 390 (1984)
19) Y. Hotta *et al.*, *Biosci. Biotech. Biochem.*, **61**, 2025 (1997)
20) 岩井一弥ほか，植物化学調節学会第36回大会研究発表記録集，135 (2001)
21) 田中徹ほか，植物の生長調節，**40**, 22 (2005)
22) 伊藤嘉恭，PCT/JP2004/009894 (2004)

9 脂肪酸誘導体の合成

岸野重信[*1], 小川 順[*2]

9.1 はじめに

　現在，多くの化成品は，その原料を化石資源に依存している。石油資源の枯渇が懸念される中，これらの化成品を持続的に生産・供給していくためには，石油由来原料を石油以外の原料へ転換・多様化していくことが必要である。そのためには，再生可能資源であるバイオマス，特に食料と競合しない非可食性植物資源から，有用な化合物を省エネルギー・高効率に製造するバイオリファイナリー技術の開発が急務となっている。具体的には，植物バイオマスであるデンプンやセルロース，ヘミセルロース，リグニンなどから，主に発酵生産的手法により油脂類，有機酸類，アルコール類，アミノ酸類，糖類などを一次化成品原料として生産するプロセスの構築が盛んに試みられている。しかし，これらのバイオリファイナリープロセスにより生産される一次化成品原料は，現在の化学工業において利用されている基幹合成原料と分子構造上の特性を異にするものである。化学工業における基幹合成原料とは，主にポリマー合成に有用なモノマー原料であり，還元度の高い炭化水素構造を骨格に重合に必要な分子構造である炭素—炭素不飽和結合，水酸基，カルボキシル基，アミノ基などを有する化合物群である。したがって，バイオリファイナリー技術と現在の化学工業技術をうまく連結させるためには，バイオマスから発酵生産的に誘導される一次化成品原料を，モノマー原料などの基幹合成原料へと変換する技術が必要となる。炭化水素骨格に不飽和結合，水酸基，カルボキシル基，アミノ基などを有する基幹合成原料を誘導しうる微生物変換反応・酵素反応としては，水和・脱水反応，酸化・還元反応，飽和・不飽和化反応，水酸化反応などが挙げられる。筆者らは，脂質の微生物変換研究を展開する中で，嫌気性細菌に新規な還元的不飽和脂肪酸代謝を見いだし，不飽和脂肪酸の水和・脱水を伴う共役脂肪酸への異性化，二重結合の飽和化など，基幹合成原料生産への応用が期待される微生物反応を明らかにした。また，脂肪酸のカルボキシル基をアルデヒド経由でアルコールへと還元する活性も見いだしている。さらに，好気的代謝に関して，糸状菌に高い不飽和化活性を見いだしている。本節ではこれらの諸反応を用いる脂肪酸誘導体の合成に関して，筆者らの研究例を中心に紹介する。

9.2 共役化反応

　脂肪酸分子中の二重結合の位置を制御しうる反応は，基幹合成原料への官能基導入や重合の位置制御に有用である。その例として，不飽和脂肪酸の共役化反応について述べる。自然界に存在

[*1] Shigenobu Kishino　京都大学　大学院農学研究科　産業微生物学講座　特定助教
[*2] Jun Ogawa　京都大学　大学院農学研究科　応用生命科学専攻　教授

する一般的なジエン酸以上の不飽和脂肪酸は，二重結合と二重結合の間に一個のメチレン基を挟んだ構造を有するが，共役脂肪酸は二重結合と二重結合の間にメチレン基を挟まず単結合で結合した構造を有する。天然において共役脂肪酸は，反芻動物の肉や乳製品，ザクロやニガウリの種子，海藻などに微量ながら含まれており，有用な生理活性が報告されている[1~3]。特に乳製品などに含まれている共役リノール酸（CLA；cis-9,trans-11-octadecadienoic acid（18:2），trans-10,cis-12-18:2 など）に関する研究が進んでおり，発癌抑制作用，体脂肪低減作用，抗動脈硬化作用，インスリン感受性改善作用，免疫増強作用，骨代謝改善作用などが見いだされてきていることから[4,5]，これらの脂肪酸を含む油脂を，機能性食品，飼料添加物や医薬品として開発するにあたり，微生物による不飽和脂肪酸共役化反応の活用を試みた。

9.2.1 リノール酸からのCLA生産

様々な乳酸菌を対象にリノール酸（cis-9,cis-12-18:2）をCLAへと共役化する活性を探索した結果，*Lactobacillus acidophilus* や *L. plantarum* に属する乳酸菌に顕著な活性を見いだし，これらの乳酸菌の湿菌体を触媒的に用いるCLA生産プロセスを構築した[6]。各種機器分析により，生成するCLAは cis-9,trans-11異性体（CLA1）および trans-9,trans-11異性体（CLA2）であることが判明した[7]。生産されるCLAのほとんどが遊離型として菌体内に（あるいは菌体に付着して）回収された[8]。

乳酸菌におけるリノール酸からのCLA生成反応を詳細に解析した結果，リノール酸の水和により生成する水酸化脂肪酸（HY；10-hydroxy-cis-12-octadecenoic acid（18:1））が中間体として機能しており，これら水酸化脂肪酸の脱水に伴う二重結合の転移によりCLAが生成することを明らかにした（図1）。

9.2.2 リシノール酸の脱水によるCLA生産

水酸化脂肪酸がCLA合成中間体として想定されたことから，各種水酸化脂肪酸を基質とする乳酸菌湿菌体による変換反応を検討した結果，リシノール酸（12-hydroxy-cis-9-18:1）がCLA（CLA1およびCLA2）へと変換されることを見いだした[9,10]。反応経路としては，リシノール酸がΔ11位において直接脱水反応を受けCLAが生成する経路と，Δ12位において脱水反応を受けいったんリノール酸となり，これが上述のHYを経由する系にてCLAへと至る2つの経路の存在が予想された（図1）。一方，リシノール酸の天然資源であり，リシノール酸含有トリアシルグリセロールに富むヒマシ油の活用を検討した結果，反応系にリパーゼを添加することにより，乳酸菌によるヒマシ油からのCLA生産が可能となった（図1）[11]。

9.2.3 その他の共役脂肪酸生産

リノール酸を効率よくCLAへと変換する *L. plantarum* AKU1009a の洗浄菌体を種々の高度不飽和脂肪酸と反応させたところ，リノール酸以外にも α-リノレン酸（cis-9,cis-12,cis-15-

第7章　バイオプロダクトと新プラットフォーム形成

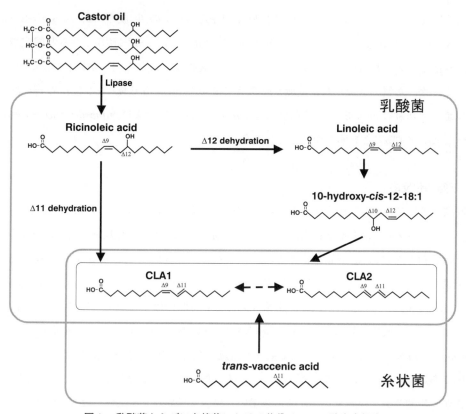

図1　乳酸菌ならびに糸状菌における共役リノール酸生産経路

octadecatrienoic acid（18:3））, γ-リノレン酸（cis-6,cis-9,cis-12-18:3）, ステアリドン酸（cis-6,cis-9,cis-12,cis-15-octadecatetraenoic acid（18:4））を基質とした際に, 同様の反応機構による共役脂肪酸の蓄積が観察された[12〜14]。α-リノレン酸からは cis-9,trans-11,cis-15-18:3 ならびに trans-9,trans-11,cis-15-18:3 が, γ-リノレン酸からは cis-6,cis-9,trans-11-18:3 ならびに cis-6,trans-9,trans-11-18:3 が, ステアリドン酸からは cis-6,cis-9,trans-11,cis-15-18:4 ならびに cis-6,trans-9,trans-11,cis-15-18:4 が生産可能であった[15,16]。以上のことより, 本菌が炭素数18の cis-9,cis-12 脂肪酸を基質に, 10-hydroxy 脂肪酸への水和と脱水を伴う二重結合の転移により cis-9,trans-11 および trans-9,trans-11 共役脂肪酸を生産することを明らかにした[17]。

一方, アラキドン酸（cis-5,cis-8,cis-11,cis-14-eicosatetraenoic acid（20:4））および EPA（cis-5,cis-8,cis-11,cis-14,cis-17-eicosapentaenoic acid（20:5））といった炭素数20の高度不飽和脂肪酸を変換する微生物の探索を行ったところ, Clostridium bifermentans の洗浄菌体がアラキドン酸や EPA をそれぞれ対応する共役脂肪酸へと変換することを見いだした。これらの共役脂肪酸の構造解析を行った結果, アラキドン酸からの生成物は cis-5,cis-8,cis-11,trans-13-20:4

ならびに cis-5,cis-8,trans-11,trans-13-20:4, EPA からの生成物は cis-5,cis-8,cis-11, trans-13,cis-17-20:5 ならびに cis-5,cis-8,trans-11,trans-13,cis-17-20:5 であると同定された。また，本菌はリノール酸を CLA1 および CLA2 へと変換することを明らかにした。これらの結果より本菌が，基質のメチル基末端側から数えて6位と9位（ω6位とω9位）の cis 型二重結合を認識し，基質の cis-ω6, cis-ω9 脂肪酸を trans-ω7, cis-ω9 および trans-ω7, trans-ω9 共役脂肪酸へと共役化することを明らかにした（図2）。

9.3 不飽和化反応

脂肪酸分子に二重結合を導入する不飽和化反応も，官能基導入や重合の位置制御に有用と思われる。trans-バクセン酸の不飽和化による CLA 生産を例に，不飽和化反応の利用例を紹介する。酵母，糸状菌を対象に Δ9 不飽和化酵素活性により trans-バクセン酸（trans-11-18:1）を CLA へと変換する菌株を探索した結果，Mortierella, Delacroixia, Rhizopus, Penicillium 属糸状菌に高い活性を見いだした（図1）[18]。生成する CLA 異性体はいずれも CLA1 および CLA2 であったが，その生成比は菌株により異なっていた。活性型 CLA である CLA1 を選択的に生成した Delacroixia coronata 株を選抜し生産条件の至適化を行った。不飽和化反応はエネルギー要求性反応であるため，培地に添加した trans-バクセン酸を菌体の生育と連動させて CLA に変換する方法が効率的であった。また，乳酸菌を用いた場合とは異なり，生成した CLA の大部分がトリアシルグリセロール型として回収された[19]。

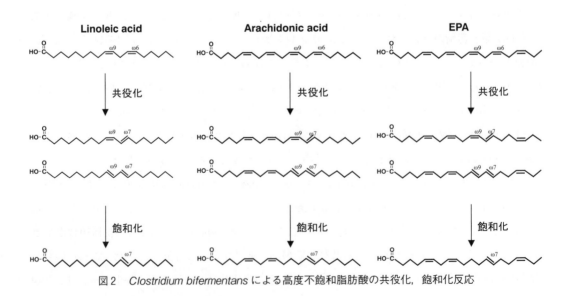

図2 Clostridium bifermentans による高度不飽和脂肪酸の共役化，飽和化反応

第7章 バイオプロダクトと新プラットフォーム形成

9.4 飽和化反応

二重結合を単結合へと飽和化する反応も，官能基導入位置制御に有用であろう。リノール酸を効率よくCLAへと変換するL. plantarum AKU1009aの洗浄菌体を用いてリノール酸やα-リノレン酸，γ-リノレン酸の共役化反応を行った際に，それぞれ対応する共役脂肪酸の他に，二重結合の数が基質より1つ少ない脂肪酸の生成を確認した。これらの脂肪酸の構造解析を行ったところ，リノール酸からの生成物はtrans-10-18:1，α-リノレン酸からの生成物はtrans-10, cis-15-18:2，γ-リノレン酸からの生成物はcis-6, trans-10-18:2であることを明らかにした[13]。

一方，Clostridium bifermentansの洗浄菌体をリノール酸やアラキドン酸，EPAを基質とする反応に供したところ，対応する共役脂肪酸の他に，基質よりも二重結合の数が1つ少ない脂肪酸の生成を確認した。これらの脂肪酸の構造解析を行ったところ，リノール酸からの生成物をtrans-11-18:1，アラキドン酸からの生成物をcis-5, cis-8, trans-13-eicosatrienoic acid (20:3)，EPAからの生成物をcis-5, cis-8, trans-13, cis-17-20:4と同定した。

いずれの反応においても，基質として加えた脂肪酸が部分飽和化され，二重結合の数が1つ減少したユニークな脂肪酸が生成した。また，反応における基質濃度の影響および経時変化の検討から，基質を飽和化する際の反応中間体として共役脂肪酸の生成が観察された。すなわちL. plantarumは，cis-9, cis-12脂肪酸をcis-9, trans-11およびtrans-9, trans-11共役脂肪酸へと変換した後，trans-10脂肪酸へと飽和化した。一方，C. bifermentansはcis-ω6, cis-ω9脂肪酸をtrans-ω7, cis-ω9およびtrans-ω7, trans-ω9共役脂肪酸へと変換した後，trans-ω7脂肪酸へと飽和化した（図2）。

9.5 水和反応

脂肪酸分子中の二重結合への水和反応による水酸基の導入は，樹脂，ワックス，ナイロン，プラスチック，防蝕剤，化粧品，コーティング剤，潤滑油など工業的にも利用価値の高い水酸化脂肪酸の生産に有用である。乳酸菌L. plantarum AKU1009aによるCLA生産においては，リノール酸のΔ9位のcis型二重結合に水分子が結合する水和反応が初発反応となっていた。この水和反応は，リノール酸のみならずオレイン酸やα-リノレン酸，γ-リノレン酸など炭素数18でΔ9位にcis型二重結合を持つ脂肪酸を基質とした際に観察され，対応する10-hydroxy脂肪酸が生成した。乳酸菌を対象にさらなる水和活性を有する微生物の探索を行った結果，Pediococcus sp.にL. plantarumとは異なる水和活性を見いだした。本菌の休止菌体を触媒としてリノール酸の変換を試みた結果，3種の水酸化脂肪酸の生成を確認した。これらの水酸化脂肪酸の構造解析を行った結果，リノール酸の9位の二重結合が水和化された10-hydroxy-cis-12-18:1，12位の二重結合が水和化された13-hydroxy-cis-9-18:1，ならびに9位，12位の二重結合が共に水和化され

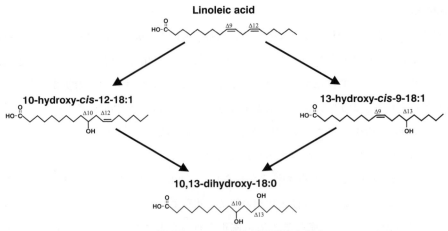

図3　乳酸菌による不飽和脂肪酸水和反応

た10,13-dihydroxyoctadecanoic acid（18:0）であると判明した（図3）。反応の経時変化を解析した結果，リノール酸のΔ9位あるいはΔ12位の二重結合が水和化され10-hydroxy-cis-12-18:1ならびに13-hydroxy-cis-9-18:1が生成した後，それらがさらに水和化されることにより10,13-dihydroxy-18:0が生成すると推測された。またα-リノレン酸，γ-リノレン酸，ステアリドン酸などの炭素数18で9位と12位にcis型の二重結合を有する脂肪酸を基質とした際にも，リノール酸を基質とした時と同様に10位と13位に水酸基を持つ脂肪酸の生産が確認された。

9.6　カルボン酸還元反応

　脂肪酸の脂肪族アルコールへの変換は，基幹合成原料の多様化に有用な反応であるが，通常，高温・高圧を要する。炭素数8の飽和脂肪酸であるオクタン酸を含有する培地を用いて，脂肪酸を脂肪族アルコールへと変換する微生物の探索を行った結果，Clostridium属やEubacterium属細菌の培養において，オクタノールの蓄積を認め，カルボン酸がアルコールへと還元されていることを確認した。特に還元活性の高かったClostridium sporogenesを用いて様々なカルボン酸を培地に添加して変換を行ったところ，プロピオン酸，ヘキサン酸，デカン酸，ヘプタデカン酸などの飽和脂肪酸や，16-ヒドロキシヘキサデカン酸，12-ヒドロキシオクタデカン酸などの水酸化脂肪酸，セバシン酸などのジカルボン酸，ケイ皮酸などの芳香族環カルボン酸など，幅広いカルボン酸が基質として認識され，それぞれ対応するアルコールへと還元されることを明らかにした。また，本菌はアルデヒドも対応するアルコールへと還元したことから，本菌によるカルボン酸のアルコールへの還元は，アルデヒドを経由して進行することが示唆された。プロピオン酸を基質とした際，本菌は至適条件下，100 mMのプロピオン酸から約80 mMの1-プロパノールを生産した。

第7章 バイオプロダクトと新プラットフォーム形成

9.7 おわりに

　以上のように，脂質の微生物変換研究を通じて脂肪酸代謝に関わる様々な諸反応（共役化，不飽和化，飽和化，水和，カルボン酸還元など）が見いだされた。不飽和化反応およびカルボン酸の還元反応を除く多くの反応は微生物の休止菌体を触媒的に用いる方法であることから，広範囲の利用が期待できる。これらの諸反応を単独，あるいは組合わせて用いることにより，様々な脂肪酸誘導体を合成することができる。バイオリファイナリープロセスにより生産される油脂・脂肪酸などを現在の化学工業で用いるモノマー原料などの基幹合成原料へと変換する技術として，ここで述べた微生物変換反応が活用されることを期待したい。

文　献

1) S. Nagao et al., *J. Biosci. Bioeng.*, **100**, 152 (2005)
2) S. Nagao et al., *Prog. Lipid Res.*, **47**, 127 (2008)
3) 岸野重信，ビタミン，**82**, 655 (2008)
4) M. W. Pariza et al., *Prog. Lipid Res.*, **40**, 283 (2001)
5) S. Toomey et al., *Curr. Opin. Clin. Nutr. Metab. Care.*, **9**, 740 (2006)
6) J. Ogawa et al., *Appl. Environ. Microbiol.*, **67**, 1246 (2001)
7) S. Kishino et al., *Biosci. Biotechnol. Biochem.*, **67**, 179 (2003)
8) S. Kishino et al., *J. Am. Oil Chem. Soc.*, **79**, 159 (2003)
9) S. Kishino et al., *Biosci. Biotechnol. Biochem.*, **66**, 2283 (2002)
10) A. Ando et al., *J. Am. Oil Chem. Soc.*, **80**, 889 (2003)
11) A. Ando et al., *Enzyme Microb. Technol.*, **35**, 40 (2004)
12) S. Kishino et al., *Eur. J. Lipid Sci. Technol.*, **105**, 572 (2003)
13) S. Kishino et al., *Appl. Microbiol. Biotechnol.*, **84**, 87 (2009)
14) S. Kishino et al., *J. Appl. Microbiol.*, **108**, 2012 (2010)
15) 小川順ほか，微生物によるものづくり，p.85，シーエムシー出版 (2008)
16) 岸野重信ほか，バイオサイエンスとインダストリー，**66**, 54 (2008)
17) S. Kishino et al., *Lipid Technol.*, **21**, 177 (2009)
18) A. Ando et al., *J. Am. Oil Chem. Soc.*, **86**, 227 (2009)
19) A. Ando et al., *J. Appl. Microbiol.*, **106**, 1697 (2009)

10 高分子型導電性ポリマー用モノマーの合成

野村暢彦[*1], 小棚木拓也[*2], 川畑公輔[*3]
鄭　龍洙[*4], 後藤博正[*5]

10.1 はじめに

　導電性高分子（導電性ポリマー，Conducting Polymer ともいう）の発見以前まで，プラスチックは絶縁性の化合物であると認識されてきた。その理由は従来の高分子，プラスチックの保有する電子がシグマ電子と呼ばれる結合電子が中心であったためである。シグマ電子は原子と原子に強く束縛されていて可動性がない，つまり電気を運ぶ電子がなく，電気を通さない絶縁性材料と考えられていた。

　しかし白川英樹先生（筑波大学名誉教授）によって電気を通す高分子，「ポリアセチレン」が合成され，高分子の絶縁性という常識が覆されることとなった（図1）。ポリアセチレンは自由に動ける電子としてπ電子を持っており，これが電気を運ぶ役割をしているため電気を流すことができるのである。ポリアセチレンの分子構造は共役二重結合を有しており，π電子が自由に動ける構造となっている。しかしながら，この段階でのポリアセチレンの導電性はそれほど高くなかった。MacDiarmid と Heeger はこのポリアセチレンに対し，電子受容体であるヨウ素を加

図1　ポリアセチレン

---

　*1　Nobuhiko Nomura　筑波大学　大学院生命環境科学研究科　准教授
　*2　Takuya Kotanagi　筑波大学　大学院生命環境科学研究科
　*3　Kohsuke Kawabata　筑波大学　大学院数理物質研究科
　*4　Yong-Soo Jeong　筑波大学　大学院数理物質研究科
　*5　Hiromasa Goto　筑波大学　大学院数理物質研究科　准教授

第7章　バイオプロダクトと新プラットフォーム形成

えることによって導電性を飛躍的に向上させることに成功した[1]。このヨウ素のような働きを持つ物質をドーパンドと呼び，ドーパンドが導電性高分子に出入りする現象をドーピング現象という。ドーピング現象は導電性高分子の最も大きな特徴であり，この技術によって導電性高分子の応用的利用の道が広がった。これらの業績によって，白川先生はMacDiarmidとHeegerとともに2000年ノーベル化学賞を受賞された。

以来，共役系高分子に関する研究が数多く行われてきたが[2~7]，これらの研究の中で，共役系高分子は単に導電性だけではなく，蛍光性，発光性，エレクトロクロミック特性，外部電場で円偏光二色性や光学回転を制御できるなど[8]の従来の有機高分子では持ち得なかった特異な電子的および光学的な性質を有することがわかってきた。そしていまや導電性高分子は電気を通す高分子から脱却して，エレクトロニクス材料として発展してきており，プラスチックエレクトロニクス，分子エレクトロニクスの分野が開かれつつある。例えば，導電性高分子によるエレクトロルミネッセンス（Electroluminescence, EL）素子の作製がその1つである。これはまた発光ダイオード（Light Emitting Diode, LED）とも呼ばれている。この高分子を発光層として用いるものが高分子EL，高分子LEDと呼ばれるのに対し，低分子を用いるものは有機EL，有機LEDと呼ばれる。このような性質を利用して，有機半導体，有機ELディスプレイ，電解コンデンサー，有機薄膜太陽電池などへの応用例が既に実現しており，これまで金属材料，または無機材料でしか用いられなかった領域に，軽量かつ加工性，耐腐食性に優れた有機材料が進出してきている。

10.2　共役系高分子

共役系高分子は共役二重結合と呼ばれる一重結合と二重結合を交互に連ねた構造を持っており，一重結合はσ結合により，二重結合はσ結合およびπ結合によってそれぞれ形成されている。σ結合においては，結合に関与するσ電子は原子間に強く拘束されているために，電場の印加により電子は主鎖内を移動することはできない。一方，二重結合を形成している結合のうちπ結合に関与しているπ電子はσ電子に比べて比較的弱い力で拘束されている。このため，共役二重構造においては，各原子は比較的自由度の高い1つのπ電子を持つことになる。また，実際には，共役系高分子は共役二重結合中において一重結合と二重結合の位置を組み替えることで共鳴構造をとっているため，π電子はさらに非局在化の効果を受ける。このようにして共役系高分子は自由度の高い電子を主鎖骨格中に有するが，π電子が結合性軌道上に密に詰まっているため，そのままでは導電性は示さない。ここで，共役系高分子にヨウ素などを添加すると，密に詰まった軌道上の電子が引き抜かれ，電子が動ける状態へと変化する。このヨウ素のような働きをするものはドーパントと呼ばれる。

共役系高分子は分子骨格の違いによって，大きく二種類に分けることができる。1つ目は，ポ

リアセチレンなどの脂肪族共役系高分子である（図2(a)）。ポリアセチレンは，ドーピングによって金属に匹敵するほどの導電性を発現させることができるが，その一方で，二重結合の反応性の高さから，空気中の酸素や水分と反応して二重結合が酸化切断されやすく空気中の安定性に問題を有している。また，成形加工性に乏しく，実用性に欠けている。

2つ目は，ポリ（p-フェニレン），ポリ（p-フェニレンビニレン）やポリチオフェン，ポリピロール，ポリフランなどの芳香族共役系高分子である[9〜12]（図2(b)）。これは，その名の通り芳香環や複素環が連結した構造を有している。芳香族共役系高分子は芳香環の共鳴安定化エネルギーによって，脂肪族共役系高分子よりも空気中での安定性や耐熱性を有しており，また，分子修飾が容易であるといった利点も有している。このような観点から，実用化されているものの多くは芳香族共役系高分子である。特にポリチオフェンや，ポリピロール，ポリアニリンは空気酸化に対する安定性に優れているため，より実用に適した材料といえる。

実用的にはそれら芳香族環の特異的部位に分子修飾を施す必要性がある。しかし，その化学合成が非常に困難あるいは不可能なことから，そのモノマー材料開発がキーポイントとなっている。

10.3 バイオによる芳香族共役系高分子モノマーの合成

芳香族共役系高分子の分子修飾のためには，まずそのOH基化（モノヒドロキシル化）が重要となる。その問題をバイオテクノロジーの利用によりブレイクスルーすることで，種々の芳香族共役系高分子モノマーの提供を可能にした。

芳香族化合物に対して広い基質特異性を有するある細菌に着目し，遺伝子工学を用いて分子育種を施すことで，各種多環芳香族を短時間で種々多環芳香族のモノヒドロキシ体に変換し，かつそれらモノマーを高効率で細胞外に分泌させることを試みた。

ある種の細菌は，石油などに含まれる多環芳香族を分解することが知られている。それらの中にはジベンゾチオフェン（DBT）などのチオフェン化合物を分解できる細菌が報告されている。児玉ら[13,14]によって，DBT分解菌 *Pseudomonas jianii*, *Pseudomonas abikonensis* のDBT分解経路が明らかとなった。発見者の名前から，本経路は別名児玉経路とも呼ばれている。図3に示したように，はじめにDBTのベンゼン環の片側を酸化し，ジヒドロジオールとした後，脱水素反応が起こり，ジヒドロキシDBTを生成する。その後，ベンゼン環を開裂し，赤色，オレンジ色などの呈色物質を中間産物として，最終的に黄色の水溶性物質であるHFBTを生成する経路

図2　(a)脂肪族共役系高分子，(b)芳香族共役系高分子ポリチオフェン

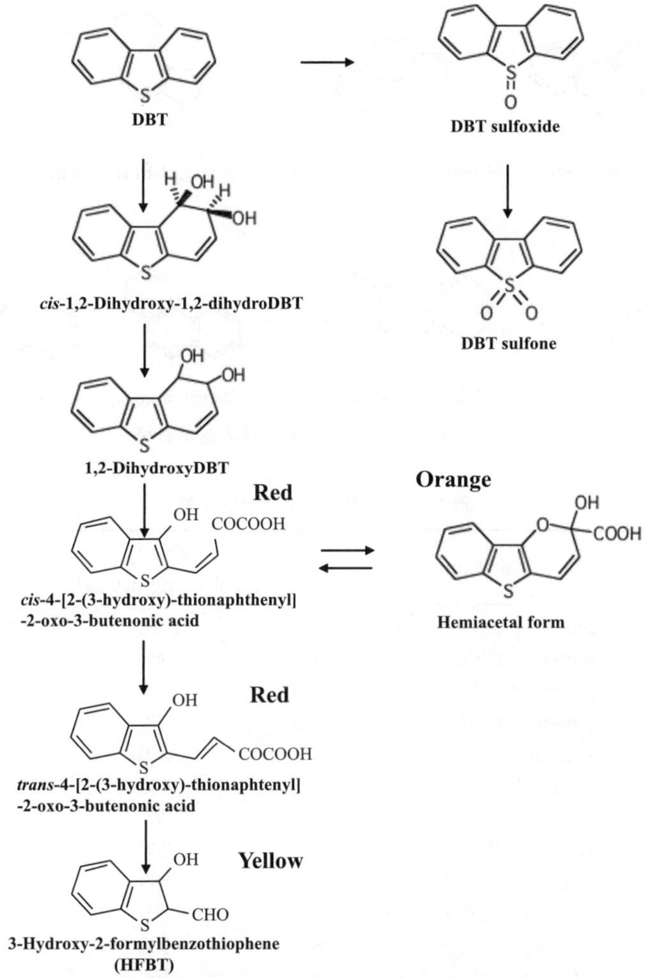

第7章　バイオプロダクトと新プラットフォーム形成

図3　DBT 環開裂型分解経路（児玉経路）

である。この分解経路は他の芳香族化合物の分解経路とも類似している。

　筆者グループの DBT 分解細菌は DBT のみならず種々の多環チオフェン化合物を分解することが明らかとなった[15,16]。図4のような，基本骨格を有するチオフェン化合物およびそれらのアルキル化多環芳香族の分解特性について，各基質の至適 pH とともに示す（表1）。また，表1以外にも 2-ethylN[21b]T，tetraethylN[21b]T，10-MethylBNT などのアルキル化チオフェン化合物についても，それぞれ表1のものとほぼ同様の値を示した。

　本細菌が種々の多環芳香族に対して，基質として許容しうる宿主細胞であるとともに，それら基質に対する代謝酵素遺伝子（群）を有していることに着目し，細胞の性質あるいは代謝酵素遺伝子（群）を分子育種することにより，種々チオフェン化合物のモノヒドロキシ体へのバイオコ

Benzothiophene　　Dibenzothiophene　　Naphtho [1,2-b] thiophene　　Naphtho [2,1-b] thiophene　　Naphtho [2,3-b] thiophene

Benzonaphthothiophene　　Dibenzo-p-dioxin　　Phenanthrene　　Anthracene

図4　分解可能な多環芳香族の基本骨格

表1　休止菌体による分解活性

substrates	pH	activity (nmol/h/mg dry cells)
Dibenzothiophene (DBT)	7.5	1010
1-methyl DBT	6.5	360
2-methyl DBT	6.5	600
3-methyl DBT	6.5	560
4-methyl DBT	6.5	580
3-ethyl DBT	7.0	500
4-ethyl DBT	7.0	380
3-n-propyl DBT	7.0	360
3-iso-propyl DBT	7.0	280
4-n-propyl DBT	7.0	80
4,6-dimethyl DBT	8.0	120
2,6-dimethyl DBT	8.0	160
3,6-dimethyl DBT	8.0	120
2,8-dimethyl DBT	8.0	100
4,6-diethyl DBT	8.0	80
3,4,6-trimethyl DBT	8.0	125
3,4,6,7-tetramethyl DBT	8.0	316
Benzonaphthothiophene	8.0	141
Naphto[12b]thiophene	7.0	1130
Naphto[21b]thiophene	7.0	1200
Naphto[23b]thiophene	7.0	1350

ンバージョンを試みた。具体的には，多環芳香族分解酵素遺伝子群の一部などを改変した。その結果，得られた分子育種菌を酵素の袋として，そこに基質とバッファーを加え常温で数時間反応させる休止菌体反応のみにて，種々チオフェン化合物を短時間でモノヒドロキシ体に変換し，かつそれを高効率で細胞外に分泌させることに成功した。特徴的なのは，分子育種菌と基質（各チ

第7章 バイオプロダクトと新プラットフォーム形成

オフェン化合物）を数時間（1〜6時間）反応させるのみでモノヒドロキシ化された産物が細胞外の上清に蓄積される。つまり，ワンステップでモノヒドロキシル化化合物の合成と精製がなされる。これまでの化学合成法では，各チオフェン化合物のモノヒドロキシル化には多段階の反応を要し，さらに各チオフェン化合物ごとに条件検討が必要であり時間を要することからも，産物を得ることは非常に困難なものであった。しかし，分子育種菌はどんな基質に対しても同じ反応系において，産物を得ることができる。また，反応時間も短時間であり，産物が細胞外へ分泌されるため上清を回収するのみで精製が可能である。

実際にDBTを基質として上記のようにして上清から得られたモノヒドロキシル体から導電性ポリマーを合成した[17]。分子育種菌を適当な栄養培地で培養し，対数増殖期後期になったところで培養液を遠心し，菌体を回収した。次に，0.1Mリン酸—カリウム緩衝液（pH7.0）を用いて2回洗浄後，同緩衝液でOD660が10になるように休止菌体懸濁液を調製した。これが，酵素の袋となる。なお，−80℃にて1年以上の長期保存が可能である。

以上のようにして調製した休止菌体に，DBTを終濃度0.5mMになるように加え，30℃で反応を行った（休止菌体反応）。反応後，反応液を酸性化した後，適当な有機溶媒を添加して，水層と有機層を分離し，基質の抽出を行った。反応後2時間後には，ほぼすべてのDBTがDBT-OHへ変換され細胞外に蓄積しており（図5），また，ガスクロマトグラフィー解析においてもDBT-OHのピークのみが検出され副産物がなく効率的にモノヒドロキシル化されていることが示された。得られたDBT-OHをモノマーとして，導電性ポリマーの合成を行った（図6）。

導電性ポリマーの合成は，以下の化学反応法と電解重合法で得られる[17]。まず，DBT-OHの-OH基へのアルキル基（R=$C_{10}H_{21}$）の付与を以下の化学反応法により行う。スターラーチップ

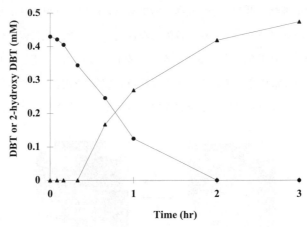

図5 DBTから2-Hydroxy DBTへの変換反応（休止菌体反応）
●：DBT，▲：2-Hydroxy DBT

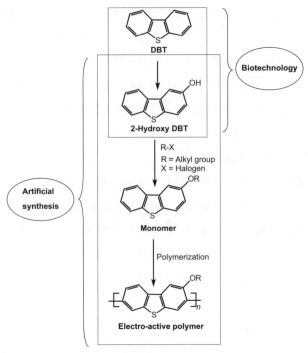

図6　バイオテクノロジーと合成化学の組み合わせによるポリマーの合成スキーム

を入れたシュレンク型フラスコを真空脱気，アルゴン置換した後，DBT-OH と K_2CO_3 と 18-crown-6-ether および $C_{10}H_{21}$ に溶媒として 2-butanone を加え，36時間75℃で還流冷却した。反応停止後，エバポレーターを用いて溶媒を除去し diethyl ether で有機層を抽出し，硫酸マグネシウムで脱水した後，ろ別し，エバポレーターで溶媒を除去した。残った物質を Hexane と dichloromethane 1:1 の混合溶媒を展開溶媒とするシリカゲルカラムにより分離精製し，さらに真空乾燥し，生成物を得た。得られた生成物から電解重合法により導電性ポリマーを合成し，評価した。その結果，バンドギャップが狭い特徴的な性質を示した。次に得られた導電性ポリマーを用いて，外部電場により発色を変えるエレクトロクロミック素子（EL素子）としての評価を行った。その結果，外部電場を加えることにより発色の変化が確認された（図7）。

本方法により他の様々な機能性置換基をアルコール部位に導入することが可能である。これに

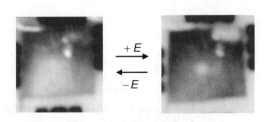

図7　エレクトロクロミズム

第 7 章　バイオプロダクトと新プラットフォーム形成

より発色を調整することができる。

10.4　まとめ

　本研究により分子育種株による各種多環芳香族のモノヒドロキシ体の生産の基盤が確立した。そのうち，チオフェン化合物類のモノヒドロキシ体は，導電性ポリマーの原材料であるモノマーとして有用であることもわかった。

　高分子型の EL 素子は，その加工性の容易さと柔軟性から電子ペーパーの表示素子として研究開発が進められている。また導電性ポリマーは外部電場により発色を変えるエレクトロクロミック素子としても応用可能である。これらの導電性高分子の基本骨格は芳香族系であり，中でも硫黄原子を持つ多環芳香族が嘱望され，さらに成型加工性向上のための分子修飾が重要となっている。EL 素子は修飾基である置換基を選ぶことですべての色を表示でき，フルカラーにより画像を表すことができるものと考えられており，超薄型テレビや電子ペーパーへの応用が期待されている。

　本手法により，置換基としてモノヒドロキシル化された多種多様な含硫多環芳香族のモノマーのハイスループット供給が可能となった。特にバイオ技術を介することで，常温・常圧での合成が可能となり，また，純度も高いことより精製も含めて，化学合成法よりも環境に優しくかつ簡素に行えることが示された。今後，種々高分子型デバイスの作製および評価に本方法が大きく貢献することが期待される。

　石油精製の際に廃棄材料として問題になる「硫黄含有化合物」を微生物に処理させ，分子修飾の後に導電性高分子合成の手法である「電解重合」を行い，電気的に活性なポリマーの合成に成功した。バイオ系と高分子系における異分野間での共同研究により，今までにない手法で廃棄物から導電性高分子材料を合成した。今後，大量合成を行うために，さらなる分子育種の開発を行う必要がある。

　本結果はバイオテクノロジーの手法と導電性高分子合成の手法を組み合わせたクリーンな方法であり「廃棄物から有機先端材料」を開発する糸口になると思われる。

謝辞
　高分子合成関連におきまして応援して下さいました現京都大学赤木和夫教授に感謝します。本研究は NEDO の産業技術助成事業による成果の一部である。

文　　献

1) H. Shirakawa, E. Louis, A. G. MacDiarmid, C. K. Chiang, A. J. Heeger, *J. Chem. Soc., Chem. Commun.*, 578 (1977)
2) 後藤博正，米山裕之，最新導電性高分子（分担），3章2節，p. 60，技術情報協会（2007）
3) R. H. L. Kiebooms, R. Menon, K. Lee, Handbook of Advanced Electronic and Photonic Materials and Devices, Vol. **8** (H. S. Nalwa, Ed.), p. 1, Academic Press (2001)
4) T. A. Skotheim, R. L. Elsenbaumer, J, R. Reynolds, Handbook of Conducting Polymers, Third Edition, Marcel Dekker, New York (1998)
5) 倉本憲幸，工業調査会，はじめての導電性高分子（2002）
6) 吉野勝美，導電性高分子のはなし，日刊工業新聞社（2001）
7) 緒方直哉，導電性高分子，講談社（1990）
8) H. Goto, *Phys. Rev. Lett.*, **98**, 253901 (2007)
9) H. Goto, T. Miyazawa, K. Tomishige, K. Kunimori, R. H. L. Kiebooms, Y. Akiyama, K. Akagi, *J. Appl. Polym. Sci.*, **107**, 438 (2008)
10) I. Murase, T. Ohnishi, T. Noguchi, M. Hirooka, S. Murakami, *Mol. Cryst. Liq. Cryst.*, **118**, 333 (1985)
11) F. Louwet, D. J. Vanderzande, J. M. Gelan, *Synth. Met.*, **52**, 125 (1992)
12) R. D. McCullough, R. D. Lowe, *J. Chem. Soc., Chem. Commun.*, 70 (1992)
13) K. Kodama, S. Nakatani, K. Umehara, K. Shimizu, Y. Minoda, K. Yamada, *Agr. Biol. Chem.*, **34**, 1320 (1970)
14) K. Kodama, K. Umehara, S. Nakatani, Y. Minada, K. Yamada, *Agr. Biol. Chem.*, **37**, 45 (1973)
15) J. Lu, T. Nakajima-Kambe, T. Shigeno, A. Ohbo, N. Nomora, T. Nakahara, *J. Biosci. Bioeng.*, **88**, 293 (1999)
16) N. Nomura, T. Takada, H. Okada, Y. Shinohara, T. Nakajima-Kambe, T. Nakahara, H. Uchiyama, *J. Biosci. Bioeng.*, **101**, 603 (2005)
17) H. Goto, Y. -S. Jeong, K. Kawabata, M. Takada, T. Kotanagi, H. Shigemori, N. Nomura, *J. Appl. Electrochem.*, **40**, 191 (2010)

11 バイオリファイナリーからのフェノールプラットフォーム
―フェノール化合物への変換

中西昭仁[*1], Bae Jungu[*2], 黒田浩一[*3]

11.1 はじめに

　近年，地下資源に依存したオイルリファイナリーを基盤に化成品の生産性が大きく増大している。地下資源の中でも特に石油は，運搬に便利な液状であること，有益な有機化合物を含むため燃料や化学製品の重要な原料となることなどから，近年の産業発展に大きく貢献してきた。しかし，石油には採掘可能な量に限りがある点や，地球環境に大きな負荷を与える点などを考えると，生産水準を現状のまま維持するためには環境調和型の石油代替産物が不可欠である。現在フェノール化合物は樹脂や医薬品，食品に至るまで様々な製品に利活用されており，これら高付加価値なフェノール化合物は主に石油からの分離や化学合成を経て得られているため，脱石油社会に向けて石油に由来しない生産方法が望まれているが，石油がもともと生物バイオマスを由来とする点に着眼すれば，バイオリファイナリーは新たな生産技術として解決策の一助になると考えられる。本節ではフェノール系化合物の合成機構・反応に注目し，現在産業上有用なそれら化合物について，また，バイオリファイナリーの観点から持続可能な循環型社会を目指したフェノール化合物の将来の展望について述べる。

11.2 産業上有用なフェノール化合物

　食品産業で有用なフェノール化合物に，香味料の需要からバニリンが挙げられる。また近年ではバニリンは食用のみならず，原料としてその大部分を石油に頼っている合成樹脂への利用も検討されており，石油資源からの脱却法の1つとしてバニリンの利用に注目が集まっている。バニリンは，純粋にバニラ果実からの抽出や（全体の約0.2%であり非常に高価）[1]，針葉樹材中のグアイアシル核を狙うリグノスルホン酸からの合成によっても得られるが[2]，これらは決して主要なものではなく，主なバニリンの生産は生物の代謝系を利用した生物合成である[1]。その合成はフェルラ酸をリード化合物とし，バニリンに対して非常に高い耐性を持つ *Amycolatopsis* 属や *Streptomyces setonii* などのグラム陽性細菌を利用し生物学的に合成する経路や[3,4]，近年では石油から安価に獲得されるオイゲノールから *Pseudomonas* 属によってフェルラ酸，さらにバニリンを合成する経路がある[5~11]。これらの系により合成されるバニリンは主に飲食用に，残りの数

[*1] Akihito Nakanishi　京都大学　大学院農学研究科　応用生命科学専攻
[*2] Jungu Bae　京都大学　大学院農学研究科　応用生命科学専攻
[*3] Kouichi Kuroda　京都大学　大学院農学研究科　応用生命科学専攻　准教授

パーセントは医薬品や香料に用いられる。バニリンのリード化合物であるフェルラ酸はその大部分が化学的に石油から分解・合成されるため，将来的には少ないエネルギー投資で高度なインフラ設備を必要としないバイオリファイナリー技術がフェルラ酸の合成経路においても求められる。

現在最も汎用性の高い合成樹脂の1つにフェノール樹脂（ベークライト）が挙げられる。これは，フェノールもしくはクレゾールなどの化学特性上フェノール類に属するものにホルムアルデヒドを加えて脱水重合させ，立体網目構造を形成したものである。フェノール樹脂はアルカリに弱いという弱点を持つものの，絶縁体であり，耐油性，耐熱性，難燃性を示すため，絶縁性を望む電気製品や耐熱性が要求される工業部品などに活用されている。しかし，これらフェノールは主にクメン法で合成されており，原料であるベンゼンおよびプロピレンの大部分は石油資源に依存しているが，脱石油社会に向けて地下資源に依存しないカーボンニュートラルに基づいた新たな生産法が求められる。

11.3　自然界におけるリグニンや高付加価値芳香族化合物の生合成

シキミ酸経路は，糖からシキミ酸を経由してフェニルアラニンやチロシン，トリプトファンなど C_6-C_3 の骨格を有する芳香族アミノ酸の合成経路である。植物ではこの経路からタンパク質を合成する傍ら，二次代謝産物としてリグニンを合成する。具体的には図1に示すが，シキミ酸経路を介して合成されるフェニルアラニンをフェニルアラニンアンモニアリアーゼ（PAL）で桂皮酸に変換後，芳香核へのヒドロキシ基の導入で p-クマル酸に変換される（イネ科植物ではさらにチロシンをチロシンアンモニアリアーゼ（TAL）で p-クマル酸に変化させる経路を持つ）。p-クマル酸はさらに O-メチル基転移酵素（OMT）で順にメチル化し，そこから種々の反応を介して，最終的に p-クマリルアルコール，コニフェリルアルコール，シナピルアルコールなどのリグニンモノマーとなる。ここからフェノールオキシダーゼや H_2O_2 などでラジカル反応を介して重合化し，さらにリグノールや糖などの付加反応を介してリグニンが合成される。また桂皮酸から合成されるクマリン類や，p-クマル酸などからシンナメート：CoA リガーゼによって合成される CoA エステルからのフラボノイド，スチルベン，タンニンなどは産業的に非常に価値のある産物である[12]。リグニンはリグニンモノマーを由来とするカップリング反応の最終産物だが，これを逆に分解しモノマー化することで有用な各種芳香族化合物を得ることができる。

11.4　自然界でのリグニンの分解

木材腐朽菌には，リグニン層を選択的に分解した結果，残留するセルロース・ヘミセルロース層が白く見える白色腐朽菌，それとは逆に木材成分のセルロース・ヘミセルロース層を選択的に分解した結果，残ったリグニン層が褐色に見える褐色腐朽菌，木材含水率が100%を超え褐色腐

第7章 バイオプロダクトと新プラットフォーム形成

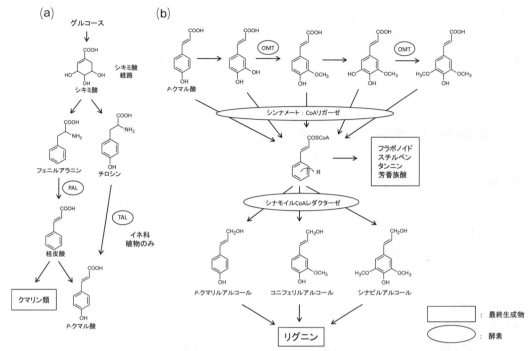

図1 バイオマスにおける糖を初発物質としたフラボノイドやスチルベンなどの有用化合物とリグニンの合成
(a)グルコースからシキミ酸経路を経てチロシン，フェニルアラニンを合成後，p-クマル酸およびクマリン類を合成する。
(b)合成されたチロシン，フェニルアラニンを基にしてフラボノイドやリグニンなどが合成される。

朽菌や白色腐朽菌が分解できないような木材を好んで分解する軟腐朽菌などがある。白色腐朽菌は H_2O_2 を利用するペルオキシダーゼ（リグニンペルオキシダーゼやマンガンペルオキシダーゼ）や，O_2 を利用するラッカーゼといったリグニン分解酵素を菌体外に分泌する。しかし，木材より抽出したリグニンを，精製したラッカーゼと *in vitro* で反応させると一部は低分子化するが，ラッカーゼの作用により生成したラジカルのカップリング反応によりその大部分は重合・高分子化することから，ラッカーゼによる木材の生分解には否定的な考え方もある。しかしリグニンの分解が酸化的なものであること，酸素の存在下でより効率的に分解が進むこと，また白色腐朽菌の一種 *Phanerochaete chrysosporium* のフェノールオキシダーゼ欠損株はリグニンを分解できないが精製したラッカーゼをこれに加えるとリグニン分解活性が回復することなどから，ラッカーゼはリグニンの生分解に不可欠であるとされており，一般的にはラッカーゼの反応により生成したラジカルが制御され，カップリング反応が抑制される条件下で生分解が進むと考えられている[13]。白色腐朽菌と褐色腐朽菌の大きな違いは，白色腐朽菌はセロビオース：キノンオキシドレダクターゼを持ち，褐色腐朽菌はこれを持たない点にある。この酵素はセロビオースを酸化して

セロビオノラクトンを生成，同時にラッカーゼによってフェノール類を酸化することで生じるキノンやそのラジカルをフェノール類に還元する作用がある。したがって，ラッカーゼとセロビオース：キノンオキシドレダクターゼとの共役関係がリグニンの分解に強力に関わっていると考えられる[13]。

11.5 酵素を用いた工業的なリグニン分解

　リグニンの分解は，木材をパルプ化するため製紙業界で大規模に行われている。パルプとは製紙に用いられる繊維のことで，主に木材のセルロース分を意味する。製法によって化学パルプと機械パルプに分けられるが，純度の高いセルロースを用いれば紙の強度が増すこと，繊維中のリグニン含有量が少ないほど紙の褪色が減ることなどから，高効率にリグニン質を除ける化学パルプが主に用いられる。化学パルプにはクラフトパルプ，サルファイドパルプ，アルカリパルプがあるが，この中で木材チップに水酸化ナトリウムを加えた後に熱処理するクラフトパルプ法が主流な製紙工程となる。しかし現行法より低コストでかつ環境負荷の少ない生産工程として，自然界におけるリグニン分解システムが近年注目されつつある。白色腐朽菌の菌体外分泌酵素であるラッカーゼを用い，1-ハイドロキシベンゾトリアゾール（HBT）をメディエーターとしリグニンの除去を目指す研究が行われており，このラッカーゼ・メディエーター・システム（LMS）は様々なタイプのバイオマスの漂白に用いられている[14～17]。しかしHBTは合成化合物であるため高価であること，人体に対し毒性があることからその乱用は好ましくないとして，天然の植物性フェノールであるシナピル酸，フェルラ酸，コニフェリルアルデヒド，シナピルアルデヒドをHBTの代わりに利用し，メディエーターの改良を目指した報告もある[18]。しかし上記の系において環境負荷の少ない生産工程を実現するものであったとしても，たとえばラッカーゼの精製に費用がかさむなどの問題が残っており，クラフトパルプ法を席巻するにはコストの面でも改善が必要である。一方，ここで取り除かれたリグニン質は黒液と呼ばれる燃料源として用いることができる。しかし単に熱源としてだけではなく，これを高付加価値なフェノール化合物として利用できれば産業的に，また石油などの地下資源を必要としないという点からは環境的にも，黒液の有効活用は非常に重要な着眼点となる。

11.6 酵母の細胞表層工学を用いたリグニン分解酵素の利用

　数あるリグニン分解法のうち環境負荷の少ない分解法として，白色腐朽菌などのリグニン分解酵素を分泌する微生物を用いた分解法や，菌が分泌するリグニン分解酵素そのものを利用した分解法が挙げられる。しかし，これらの手法には分解速度の遅さや酵素精製コストなどの問題があるため，より早く低コストに，実用に耐えるリグニン分解酵素を獲得できる技術が求められてい

第7章 バイオプロダクトと新プラットフォーム形成

る。活性を保持したまま種々の機能性タンパク質を酵母の細胞表層に提示し，そのタンパク質の機能を酵母に付与する「酵母細胞表層工学」の確立により，様々な機能性酵母が創製されており[19]，リグニン分解酵素の新たな生産法の1つとして注目されている。酵素の酵母細胞表層提示の利点は，分離精製を必要とせず酵母自体をそのまま酵素で覆われたマイクロ粒子として用いることができる点，培養によって大量に調製ができる点，遠心分離などで反応系から除きやすい酵母に提示されているため酵素も一緒に除去できる点が挙げられる。したがって酵母の細胞表層工学は，酵素法の問題であるコスト高や反応系における酵素自体のコンタミネーションを解決するツールとして有力である。また白色腐朽菌が選択的にリグニンを分解するとしても，どうしても糖の一部は遊離し外部からの雑菌のコンタミネーションが問題になると考えられるが，たとえばリグニン分解酵素提示酵母とセルラーゼ分解酵素提示酵母を共培養させると，酵母が糖質を優先的に資化し反応系に遊離した糖が残らないため，雑菌のコンタミネーションも避けることができると考えられる。さらに上記で述べたセルラーゼ提示酵母は，反応を嫌気的に行うことで現在のバイオ燃料の主翼をなすエタノールを生産することもできる[20]。これらのことからリグニン分解酵素の酵母細胞表層提示の利点を考え，我々は白色腐朽菌 *Trametes* sp. Ha1 株からラッカーゼ遺伝子 *Lac I* をクローニングし，高発現系の酵母細胞表層提示用ベクター pULD1[21] に組み込み，Lac I を酵母の細胞表層に提示した（図2）。現在までに酵母細胞表層上に提示した Lac I をリグニンモデル化合物であるグアイアシルグリセロール-β-グアイアシルエーテル（GGGE）に対し反応させ，反応産物の HPLC による分離，MS, NMR による同定の結果，フェノール核の OH

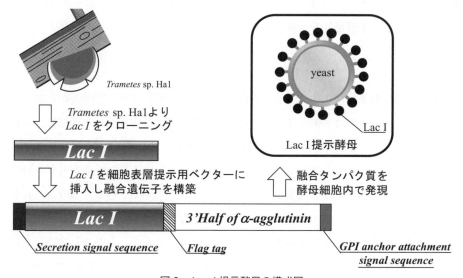

図2　Lac I 提示酵母の模式図

Lac I を *Trametes* sp. Ha1 からクローニングした後，細胞表層提示用ベクター pULD1 に組み込み Lac I の融合タンパクを発現させ，Lac I を酵母の細胞表層に提示した。

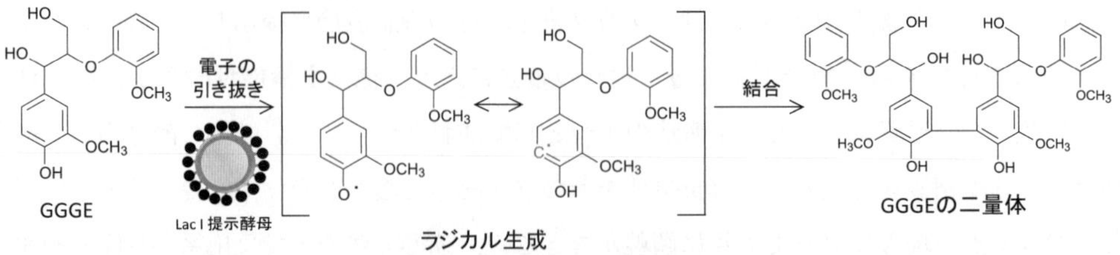

図3　今回の研究で明らかになったLacⅠ提示酵母とリグニンモデル化合物であるGGGEのラジカル反応

基から電子を引き抜きダイマーを形成したことが明らかになった（図3）。またHa1株から精製したラッカーゼ標品においても同様の活性が見られたことから，LacⅠ提示酵母は精製したラッカーゼ標品と同等の活性を保持していることが示された。ダイマーの形成は重合を意味し，一見リグニン分解系の構築という目的には好ましくないようにも見えるが，ラッカーゼは一般に *in vitro* においてラジカル反応によりリグニンの重合反応を起こすため，ダイマー形成はLacⅠによるラジカル反応を強力に示唆すること，またラッカーゼではメディエーターの調整によりリグニンの分解を行ったという報告が数多く存在するので[22〜27]，今回の結果からメディエーターなどの条件を整えればLacⅠ提示酵母もリグニン分解反応に寄与できると期待される。このことを示唆するように，ダイマーの形成に引き続きラッカーゼ標品との反応をさらに進行させると，ダイマーより難水溶性の化合物を示唆する数多くのピークがクロマトグラム上に確認されたが，この反応にメディエーターとしてリノール酸を加えておくとこれらのピークは出現せず，明らかに芳香環を示すピーク総面積が減少した。この結果は，GGGEのダイマー化の後にGGGE由来の芳香環が開環されている可能性を示唆している[28]。

11.7　おわりに

京都議定書で温室効果ガスの削減目標が加盟国に課され，その達成が2008年から2012年までの間で義務化された。日本では1990年比で6％の温室効果ガスの排出量削減を義務付けられたが目標達成には遠く及ばず，2007年度の国内の排出量は基準年に対して9.0％上回っており，それどころか2007年の排出量は前年比でさらに2.4％の増加となっている[29]。温室効果ガスの中で特に温暖化に影響を与えたのは二酸化炭素の大気中の急激な増加であるとされており，これらを踏まえた上でのカーボンニュートラルは非常に重要な概念となる。その中でもフェノール化合物の大部分を石油資源に依存している現在のオイルプラットフォームを中心とした社会構造を見直すため，フェノール化合物の重合体であるリグニンの有効活用（フェノールプラットフォームの構築）が求められており，現状では化学的処理や物理的処理など様々なリグニンの分解法が考案されている。エネルギー効率や環境負荷をより低減させるためには生化学的処理が最も好ましいが，生

第7章 バイオプロダクトと新プラットフォーム形成

化学的な処理にも越えなければならないいくつかの問題があり，本節ではそれらを打破するツールとして酵母の細胞表層工学，さらにLac I を細胞表層に提示した酵母のリグニン分解に対する可能性を示した。2012年以降のポスト京都議定書を念頭に置いて，カーボンニュートラル，さらにはカーボンポジティブを目指すバイオリファイナリーに基づき，構造的に利用が困難であるバイオマス中のリグニンが環境と我々の生活を助ける資源となるよう，さらなる技術の革新が望まれるところである。

文　献

1) H. Priefert *et al.*, *Appl. Microbiol. Biotechnol.*, **56**, 296（2001）
2) 原口隆英ほか，木材の化学，p 259，文永堂出版（2001）
3) J. Rabenhorst, R. Hopp, *Patent application*, EP0761817（1997）
4) B. Müler *et al.*, *Patent application*, EP0885968（1998）
5) S. Achterholt *et al.*, *J. Bacteriol.*, **180**, 4387（1998）
6) M. J. Gasson *et al.*, *J. Biol. Chem.*, **273**, 4163（1998）
7) A. Narbad, M. J. C. Gasson, *Microbiol.*, **144**, 1397（1998）
8) J. Overhage *et al.*, *Appl. Environ. Microbiol.*, **65**, 4837（1999）
9) J. Overhage *et al.*, *Appl. Environ. Microbiol.*, **65**, 951（1999）
10) H. Periefert *et al.*, *J. Bacteriol.*, **179**, 2595（1997）
11) H. Periefert *et al.*, *Arch. Microbiol.*, **172**, 354（1994）
12) 原口隆英ほか，木材の化学，p 207，文永堂出版（2001）
13) 原口隆英ほか，木材の化学，p 240，文永堂出版（2001）
14) K. Poppius-Levlin *et al.*, *J. Pulp Pap. Sci.*, **25**, 90（1999）
15) S. Camarero *et al.*, *Enzyme Microb. Technol.*, **35**, 113（2004）
16) U. Fillat, M. B. Roncero, *Biochem. Eng. J.*, **4**, 193（2009）
17) C. Valls, M. B. Roncero, *Bioresour. Technol.*, **100**, 2032（2009）
18) E. Aracri *et al.*, *Bioresour. Technol.*, **100**, 5911（2009）
19) M. Ueda, A. Tanaka, *J. Biosci. Bioeng.*, **90**, 125（2000）
20) Y. Fujita *et al.*, *Appl. Environ. Microbiol.*, **70**, 1207（2004）
21) K. Kuroda *et al.*, *Appl. Microbiol. Biotechnol.*, **82**, 713（2009）
22) 舩岡正光ほか，木質系有機資源の新展開，p 68，シーエムシー出版（2005）
23) 横山伸也ほか，バイオマスハンドブック，p 176，オーム社出版（2003）
24) R. Bourbonnais, M. G. Paice, *FEBS Lett.*, **267**, 99（1990）
25) R. Bourbonnais *et al.*, *Appl. Environ. Microbiol.*, **63**, 4627（1997）
26) H. P. Call, I. Mucke, *J. Biotechnol.*, **53**, 163（1997）

27) K. Poppius-Levlin *et al.*, *J. Pulp. Pap. Sci.*, **25**, 90 (1999)
28) A. Nakanishi *et al.*, *Appl. Microbiol. Biotechnol.*, 投稿中
29) 2007年度（平成19年度）の温室効果ガス排出量（確定値）について，環境省（2009）

12　乳酸ポリマーのワンポット微生物合成

田口精一*

12.1　はじめに

　ホワイトバイオテクノロジーの主力アイテムの1つとして期待されるバイオプラスチックは，再生可能な生物資源を原料に合成される環境・生体調和型ポリマーである[1,2]。植物起源の糖や油脂などから合成されることから，最近では「グリーンポリマー」と呼ばれることも多い。したがって，産業界では，プラスチック製品などに「植物度＝グリーン度」をどのくらい高めて導入するかが環境貢献の指標にもなりつつある。このようなグリーンポリマー製品は，使用後に生分解あるいは燃焼されても元々植物原料中に含有されていた二酸化炭素が回帰するという"カーボンニュートラル"な（環境負荷の少ない）素材として認識されている。また，ポリエステルは基本的に酸・アルカリあるいは酵素的に分解を受けやすい性質を持っており，自然環境下での分解あるいは生体中での吸収性に優れている点は，用途開発上のメリットであり特筆すべきことである。最近では，いろいろな形態（材料，化学部品，熱量などのレベル）で積極的にリサイクルできる技術開発が進展している。材料物性および分解・吸収性を考慮したバイオポリエステル製品の合成は，ポリマーのモノマーユニットの化学構造，配列パターン（ランダム・交互・ブロックなど），分子量の大小，微細加工法によって制御可能である。

　本節では，エコバイオリファイナリーが世界的潮流になっている中，注目されている乳酸ベースポリマーの反応集積型（ワンポット）合成システムを確立した筆者らの最近の取り組みについて紹介，解説する。

12.2　乳酸ポリマー合成プロセスのパラダイムシフト

　現在，最も実用化されているバイオプラスチックは，ポリ乳酸（PLA）[3,4]である。PLAは，高い融点や透明度を持つという性質から成形加工しやすく，ビニール袋や繊維製品，携帯電話やパソコンの部品の一部など様々な製品としてすでに利用されている。図1に示すように，PLAはトウモロコシなどの植物から得られる糖を原料に微生物によって乳酸発酵する「バイオプロセス」と，得られた乳酸を金属触媒によって重合しPLAとする「化学プロセス」を経て合成されている。つまり，PLAの合成プロセスはバイオと化学の融合プロセスで成立しており，二酸化炭素と水を起点とした3工程からなる合成プロセスである。

　一方，筆者らが研究対象としてきたポリヒドロキシアルカン酸（PHA）[5,6]は，微生物による

---

*　Seiichi Taguchi　北海道大学　大学院工学研究院　生物機能高分子部門　生物工学分野
　　バイオ分子工学研究室　教授

「オールバイオプロセス」で生産されるバイオプラスチックである。本プロセスでは，PLAなど他のバイオプラスチックと比較して，生産ステップが減ることや，原料となる炭素源を高度に精製する必要がないことから，生産コストの削減が期待できる。さらに，生体触媒である酵素によって水系で省エネルギー的に重合反応が進む本プロセスでは，化学合成での重合反応時に用いる有害な金属触媒を利用しないので，環境低負荷の生産システムである。微生物発酵により生産されたPHAは，菌体からそのまま抽出・精製され，様々な用途に応じた形成加工が可能である。使用後は，環境中の微生物によって水と二酸化炭素まで分解され，植物の光合成により再び糖へと還元される。したがって，PHAは資源循環型の環境調和素材であるといえる。現在，石油系プラスチックの焼却処理によって大気中の二酸化炭素濃度が上昇することが問題視されていることから，PHAを石油系プラスチックの代替品として利用すれば，プラスチック産業の環境負荷を軽減できると期待される。

　筆者は，この2つのバイオプラスチックの合成プロセスを見比べながら，PLAをPHAのオールバイオプロセスに組み込んだ形で合成できないか？と考えていた。図1のPLA生産プロセス中の乳酸からPHA合成プロセスへの組み込みを示す点線矢印が鍵である。

12.3　乳酸ポリマー合成を実現する微生物工場

　バイオテクノロジーの急速な進展により，バイオ燃料や各種化学素材，そしてバイオポリマー生産のための微生物工場の開発が盛んに行われている[7]。微生物を主体とした化学法に代わる新しいバイオプロセスの開発は，最近「合成生物学（Synthetic Biology）」[8]と呼ばれている。

　図2は，PHA生産菌として最も研究されている水素細菌をプラットフォームとした効率的生産を示したものである。本菌は，2006年に全ゲノム配列が解読され[9]，それ以降ゲノムを基盤とした合成生物学が可能となった。合成生物学を推進する要素技術として，①培養技術，②組換え遺伝子発現，③代謝工学，④酵素工学，⑤オミックス研究（転写・翻訳・代謝物の網羅的解析），

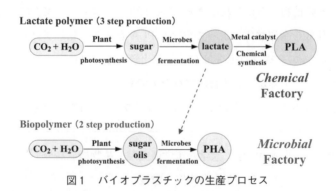

図1　バイオプラスチックの生産プロセス

第7章 バイオプロダクトと新プラットフォーム形成

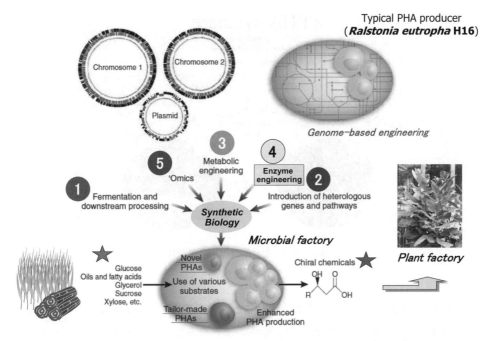

図2 微生物をプラットフォームにしたPHAポリマーの合成生物学

が挙げられる。目標は，ポリマーの生産性を向上させる，組成や分子量が制御されたテーラーメイドのポリマー合成，そしてPLAのような新ポリマーを微生物合成することである。微生物工場を稼動するためのバイオマス原料は，安価で入手可能な食糧生産と競合しないものが望ましいため，廃棄バイオマスの利用が有望視されている。しかも，使用する原料と微生物とのマッチングが非常に重要である。その点，微生物の驚異的な多様性はその要求に応えてくれる。たとえば，アミノ酸発酵菌（*Corynebacterium glutamicum*）は，糖の資化能力が非常に高く，糖を含む廃バイオマスを利用した物質生産に利用されている。

さらには，ポリマー合成のソフトウエアは，原理的には植物工場へも転用可能で，作動することが期待される。

12.4 微生物工場のエンジン「乳酸重合酵素」の発見

乳酸を重合する酵素が自然界から見つかったという報告は一切ない。乳酸は，細胞内で合成されたら直ちに細胞外へ放出される。細胞内でバイオポリマー中に取り込まれたという事例のないことからも，その存在は限りなくゼロである。筆者は，PHA重合酵素を出発点として，乳酸重合酵素を開発できないかと考えた。図3に，現在提唱されているPHA重合酵素の推定反応モデルを示す[10]。本酵素は，二量体を形成している点が特徴である。すなわち，それぞれのサブユ

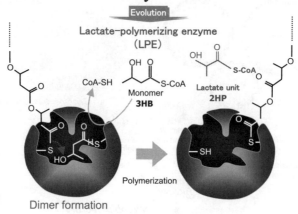

図3　PHA重合酵素の反応モデル

ニットに活性中心を担うシステインが触媒発現の起点として働く。たとえば，モノマー基質として3-ヒドロキシブタン酸（3HB）がこの活性中心にロードした後，反対側のサブユニットから成長ポリマー鎖がロードしたモノマーの水酸基に転移する。今度は，反対側のサブユニットに次のモノマーがロードし，このスイッチング様式でチオエステル交換反応を順次繰り返しながらポリマー鎖を伸長していく。ここで，乳酸（2-ヒドロキシプロピオン酸）の化学構造が3HBと酷似していることがポイントである。幸い筆者らのグループは，PHA重合酵素を人工進化させ，千個以上の膨大な数の変異酵素をライブラリー化して管理していた[11～13]。その中で，乳酸を基質として認識するようなお宝があったら，おそらくその酵素はポリマー骨格に乳酸ユニットを取り込むことができ，結果的に乳酸ポリマーを合成できるだろうと仮説を立てた。すなわち，PHA重合酵素から人工進化によって転用する形で乳酸重合酵素を創出するというアイディアである。

　乳酸重合活性を獲得した酵素は，インビトロの重合活性試験から発見された（図4）[14,15]。通常，重合されるモノマーは補酵素A（CoA）によって活性化されており，乳酸のCoA体（LA-CoA）は水と有機溶媒からなる二相系を用いて合成した。すなわち，最初に乳酸をチオフェニルエステル体（LA-TH）の形で上層のヘキサン中に溶解させておくと，下層の水中に存在するCoAが界面でチオエステル交換反応によりLA-CoAが生成するというシステムである。このインビトロ重合システムに，人工進化重合酵素を投入し，ポリマーの合成を観察していると，3HB-CoAが混在した時のみSTQK（二重変異体）がポリマー重合活性を示した。試験管中にポリマー合成を示す濁りを観察し，分析により確かに乳酸がポリマー骨格に取り込まれているという直接証拠を得た。必要最低限のコンポーネントから再構成されてインビトロの重合反応系で見

第 7 章　バイオプロダクトと新プラットフォーム形成

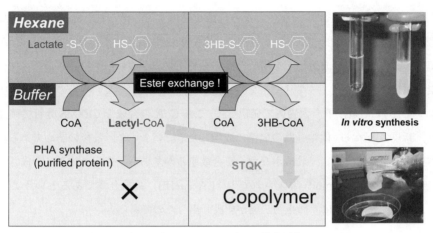

図 4　バイオポリマーのインビトロ重合反応システム

出された乳酸重合酵素をいよいよ微生物工場に遺伝子導入し，乳酸ポリマーを合成するエンジンとして作動するか？次のステージに移った。

12.5　乳酸ポリマー生産用微生物工場の稼動

　微生物工場稼動に必要なコア技術は，①微生物工場内での乳酸の生産，②モノマー（LA-CoA）の細胞内合成，③乳酸重合酵素の作動，の 3 つである。

　まず，図 5 に示すような乳酸ポリマーの生合成経路が設計された。LA-CoA モノマーを供給するために，微生物菌体内に普遍的に存在する乳酸脱水素酵素（LDH）の反応を利用した乳酸

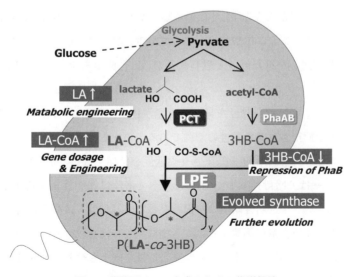

図 5　乳酸ポリマー合成のための代謝経路

発酵経路に目をつけ，モノマー前駆体となる乳酸を確保する。得られた乳酸は，プロピオニルCoA転移酵素（PCT）によってCoAが付加されLA-CoAに変換する。また，3HB-CoA供給経路としては，これまでの合成遺伝子を用いた反応を利用する。これら供給されたモノマーを乳酸重合酵素が重合し，乳酸ベースポリマーを微生物工場内で合成するというものである。実際にクローニングしたPCT遺伝子を大腸菌で発現して，LA-CoAの合成をCE/MS分析で確認することにより，新規のモノマー供給経路の構築に成功した[14]。いよいよ，最後の詰めである乳酸重合酵素が本当に細胞内で作動し，乳酸ポリマーを合成するかである。分析の結果，合成されたポリマーは，LAユニットが6 mol%導入されたP（LA-co-HB）共重合体であるということが明らかとなった[14]。設計図通りに，微生物工場が駆動し出したのである。

12.6 微生物工場のモデルチェンジ

現状の乳酸分率（6％）を向上させるために，①初発原料の乳酸の細胞内合成量を増強する，②乳酸重合酵素のさらなる進化，の2つが主要な戦略として考えられた。ここでは，乳酸合成量向上の効果を紹介する。図5から明らかなように，解糖系から生成するピルビン酸は，酸素豊富な好気（酸化的）条件では，アセチルCoAの合成に傾き，嫌気（還元的）条件では，LAの合成に傾くことが知られている。さっそく，培養初期で菌体増殖を重視した好気培養を行い，途中から嫌気培養に切り換える二段培養法を採用した。培養後，ポリマー抽出し，成分分析を念入りに行ったところ，LA分率が47％へと飛躍的に向上していた[16]。本手法により，期待通り乳酸ポリマー合成のための初発原料であるLAが3HBに対して豊富に供給されたと推定される。図6に示す二次元NMRのパターンから，LA-LA-LAの3連鎖配列の存在を確認でき[16]，条件が整えば，限りなくオール乳酸からなるPLAに迫る高分率LAポリマーの合成が可能であろう。その意味で，今回発見したエンジニア酵素は，真に乳酸重合酵素の資格があるといえる。

さて，多くの読者が関心を持たれると思われるのは，乳酸ホモポリマー（PLA）そして3HBホモポリマー（P(3HB)）の物性と比べて，両モノマーから構成されるコポリマーの物性がどのように違うかであろう。ポリマー物性を考える上で注目すべき点は，PLAの優れた透明性とコポリマー化することで期待される軟質性の増強である。現状では，両ホモポリマーは結晶化度の高い硬質性であることから結晶化度を低下させ柔軟性を付与することが明確な目標となる。LA分率47％のコポリマーは，期待通りP(3HB)に比べて格段に透明性を発現するようになった。ガラス転移温度も向上し[17]，透明性向上の一因となっている。さらに微生物培養をスケールアップし，ポリマーサンプルを大量に調製すれば，各種機械的特性を求めることができる。現在，高効率乳酸供給のための「代謝制御工学」と乳酸重合活性を向上させる「酵素進化工学」の両バイオ技術を高度に駆使することで構造的・機能的に多様な乳酸ベースコポリマーを創製している。

第7章 バイオプロダクトと新プラットフォーム形成

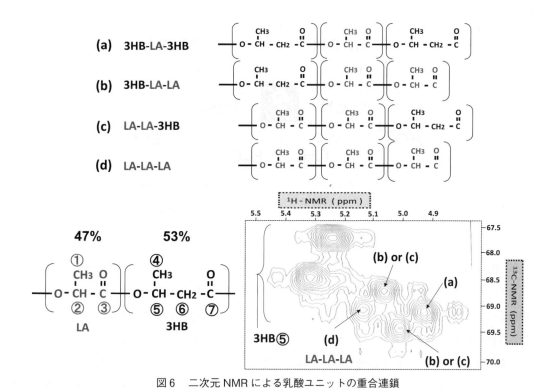

図6　二次元 NMR による乳酸ユニットの重合連鎖

12.7　将来展望

　乳酸重合酵素の発見を端緒として，乳酸ポリマー生産用の微生物工場が動き出した。本システムは，バイオマス由来グルコースを原料として，ワンポットで乳酸ポリマーが微生物合成される。細胞内で乳酸がポリマーに取り込まれるという現象は，生物史上初めてのことである。たった1つのエンジニア酵素が見つかることで，全く新しい合成プロセスができ上がった。また，酵素特有の厳密な光学異性体認識（エナンチオマー選択性あるいはキラル認識特異性）は，本ケースにも色濃く反映していた。すなわち，光学異性体を2種類持つ乳酸のうち，D体（R体）のみに選択的に反応することが，個々のモノマーに対する反応性試験とポリマー加水分解物の光学分割カラム分析から判明した[16]。この高い光学異性体認識能（図7）は，化学触媒に対して優位な点であり，本特性を利活用して光学的に均一な多様なコポリマー（enantiopure polymer）を積極的に合成する計画である。バイオベースポリマーにおける酵素触媒の利活用[21]は，グリーンケミストリー進展の鍵である。また，開発した乳酸重合酵素は親酵素の幅広い基質特異性も継承しており，多様なモノマーユニットを重合できる。すなわち，乳酸と共重合可能なモノマーユニットの組み合わせが豊富であることから，新規の乳酸ベースポリマーを創製[18,19]できる優れた酵素である。

エコバイオリファイナリー

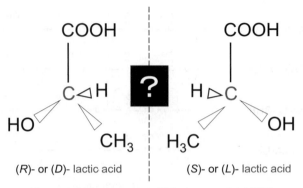

図7　二次元 NMR による乳酸ユニットの重合連鎖

　今回開発した微生物工場は，上流プロセスであるバイオマスのリファイナリー技術と密接に関わっている。すなわち，グルコースや脂肪酸など微生物にとって取り込みやすいバイオマス由来栄養源がうまく調達できれば，乳酸重合酵素を駆動力として本微生物工場は稼動し出す。微生物工場の第一号機は，大腸菌をモデルプラットフォームとして作られたが，上流プロセスによっては，他の微生物でも対応が可能である点が魅力である。たとえば，先に述べたアミノ酸生産実用菌であるコリネ菌はよいターゲットである。すでに，従来型 PHA の生産をコリネ菌で実現している[20,21]。また，水素細菌のように油脂に対する分解能力が高い細菌も PHA の豊富な生産実績から有望である。そして未知ではあるが，乳酸合成のホームグラウンドである乳酸菌での乳酸ポリマーの合成は大変興味深い。乳酸ポリマーそのものも，その多様性創出あるいはそれに伴う新規物性の発現に大きな関心が集まるであろう。新しいエンジニア酵素[17]，そしてプロセスから生まれる乳酸ベースのニューポリマーに，新しい物性が見出されることが期待される[22,23]。できれば，化学プロセスでは合成されたことのない，バイオ独自のニューポリマーの合成研究に力を注ぎたい。

文　　献

1) 田口精一ほか，グリーンプラスチック材料技術と動向，シーエムシー出版，p. 16（2005）
2) 田口精一ほか，第5章 化成品素材の生産，2　バイオポリエステル，微生物によるものづくり―化学法に代わるホワイトバイオテクノロジーの全て―，シーエムシー出版，p. 244（2008）

第 7 章　バイオプロダクトと新プラットフォーム形成

3) H. Tsuji, *Biopolymers*, Wiley-VCH, **4**, 129 (2002)
4) 岡野憲司ほか, バイオプラジャーナル, **31**, 14 (2008)
5) 松本謙一郎ほか, バイオサイエンスとインダストリー, バイオインダストリー協会, **65**, 8 (2008)
6) 山田美和ほか, 繊維学会誌, **64**, 365 (2008)
7) 湯川英明監修, バイオリファイナリー技術の工業最前線, シーエムシー出版 (2008)
8) J. M. Carothers *et al.*, *Curr. Opin. Biotechnol.*, **20**, 498 (2009)
9) A. Pohlmann *et al.*, *Nat. Biotechnol.*, **24**, 1257 (2006)
10) 山田美和ほか, *BIO INDUSTRY*, シーエムシー出版, **7**, 54 (2009)
11) S. Taguchi *et al.*, *Macromol. Biosci.*, **4**, 146 (2004)
12) CT. Nomura *et al.*, *Appl. Microbiol. Biotechnol.*, **73**, 969 (2007)
13) S. Taguchi *et al.*, Protein Engineering Handbook, Edited by S. Lutz and U. T. Bornschuer, WILEY-VCH, p. 877 (2009)
14) S. Taguchi *et al.*, *Proc. Natl. Acad. Sci. USA.*, **105**, 17323 (2008)
15) K. Tajima *et al.*, *Macromolecules*, **42**, 1985 (2009)
16) M. Yamada *et al.*, *Biomacromolecules*, **10**, 677 (2009)
17) M. Yamada *et al.*, *Biomacromolecules*, **11**, 815 (2010)
18) F. Shozui *et al.*, *Appl. Microbiol. Biotechnol.*, **85**, 949 (2010)
19) F. Shozui *et al.*, *Polym. Degrad. Stab.*, **95**, 1340 (2010)
20) SJ. Jo *et al.*, *J. Biosci. Bioeng.*, **102**, 233 (2006)
21) SJ. Jo *et al.*, *J. Biosci. Bioeng.*, **104**, 457 (2007)
22) K. Matsumoto *et al.*, *FEMS Microbiol. Lett.*, **85**, 921 (2010)
23) S. Taguchi *et al.*, *Polym. Degrad. Stab.*, **95**, 1421 (2010)

13 ポリオール

宇山 浩*

13.1 はじめに

　現在のプラスチックの大部分は石油から作られており，これらのポリマーの一部については，工業レベルでのリサイクル技術が発達しているが，最終的には破棄され，焼却により二酸化炭素が発生する。地球温暖化防止に向け，材料の観点からもカーボンニュートラルのプラスチックが社会的に求められている。そこで，地球環境に優しいプラスチック材料として，自然界の物質循環の組み込まれる"バイオマスプラスチック"が注目されている。わが国では平成14年暮れに日本政府の総合戦略「バイオマスニッポン」が発表され，バイオマスの利活用による持続的に発展可能な社会の実現がうたわれている。この戦略は，バイオマスの有効利用に基づく地球温暖化防止や循環型社会形成の達成，さらには日本独自のバイオマス利用法の開発による戦略的産業の育成を目指すものである。また，地球規模での環境保護の観点から，バイオマス原料は日本のみならず，世界中から入手できる安価かつ豊富な資源の積極的な利用が求められている。

　近年，代表的なバイオマスプラスチックであるポリ乳酸（PLLA）については，既存のプラスチックに近い性質を示すことから，ポリプロピレンをはじめとする幾つかの石油由来のプラスチックの代替を目指した用途開発が積極的に検討されてきた[1〜3]。PLLAはデンプンをバイオプロセスにより乳酸に変換し，化学的に重合することにより得られる。PLLAは硬質の結晶性熱可塑性ポリマーに分類される。一方，既存のプラスチックには軟質系，アモルファスのものも多く，接着剤，塗料などの重要な工業用途がある。

　ポリオールは水酸基を2つ以上有するポリマー（オリゴマー）であり，主な用途はポリウレタン用の原料である。ポリウレタンの主製品はフォームであり，軟質系と硬質系に分類され，市場規模はほぼ同じである。2007年のポリウレタンの世界消費は1200万トンであり，平均して年5％の成長をしており，市場規模は拡張している。ポリウレタン製品の主用途は建材，自動車などの輸送関連，家具であり，これらで約70％を占める。具体的な用途例としてバンパー，スポンジ，ベルト，靴底，クッションが挙げられ，形状もシート状，発泡体など様々である。既存のポリオールとしては，ポリエーテル系が約90％を占め，ポリエステル系は10％以下である。ポリプロピレングリコールの生産量が最も多く，軟質系ポリウレタンの生産に適している。それ以外にはポリブチレンアジペート，ポリテトラメチレングリコール，ポリカプロラクトンなどのポリオールが工業的に製造されている。

　発泡ポリウレタンの多くの用途が身近であることから最終製品メーカからの植物度の高いポリ

＊ Hiroshi Uyama　大阪大学　大学院工学研究科　応用化学専攻　教授

第7章　バイオプロダクトと新プラットフォーム形成

ウレタンの開発に対する要望が強い。本節ではバイオ由来のポリオールの開発動向を中心に述べる。

13.2　植物油脂由来ポリオール

　油脂はグリセリンと脂肪酸のトリエステル（トリグリセリド）が主成分であり，ジグリセリドやモノグリセリドを少量含む。油脂は由来原料により植物油脂と動物油脂に分類され，用途から食用と工業用に分けられる。植物油脂の例として大豆油，パーム油，菜種油，ひまわり油，亜麻仁油，動物油脂の例として牛脂，豚脂，魚油が挙げられる。また，油脂の食品用途はマーガリン，ショートニング，ドレッシング，ラードなどであり，工業用途として燃料用や潤滑油用にはそのまま用いられ，油脂から得られる脂肪酸やグリセリンは界面活性剤や樹脂添加剤などの原料に使用される。

　近年，人口増に伴う需要の増加から，主要な油脂の生産量は堅調に増大している。2001年から2008年までの主要5品種（大豆油，パーム油，菜種油，ヤシ油，パーム核油）の上昇率は150％を超え，パーム油と大豆油は約4千万トン生産されている。以前は大豆油のほうが生産量が多かったが，パーム油は収穫安定性，価格の割安感，トランス脂肪酸問題による消費増大などにより，2005年に大豆油の生産高を追い越した。これらの植物油脂の価格は比較的安定していたが，最近の原油価格の高騰，地球温暖化問題から石化燃料のバイオ燃料への代替に油脂を使用する動き，および人口増加による既存用途の需要増加に連動して植物油脂の価格も一時的に高騰し，今後も長期的には上昇すると見られている。

　植物油脂を高分子の原料に用いる場合，油脂の炭素—炭素二重結合を利用する場合が多い[4]。表1に代表的な植物油脂の脂肪酸組成を示す。大豆油は不飽和基を2つ有するリノール酸を最も

表1　植物油脂の脂肪酸組成

脂肪酸	ステアリン酸 （18:00）	オレイン酸 （18:01）	リノール酸 （18:02）	リノレン酸 （18:03）	その他
大豆油	2〜7	20〜35	50〜57	3〜8	5〜13
パーム油	3〜7	37〜50	7〜11		36〜51
ナタネ油	1〜3	46〜59	21〜32	9〜16	4〜12
ヒマワリ油	2〜5	15〜35	50〜75	0〜1	3〜8
アマニ油	2〜5	20〜35	5〜20	30〜58	4〜12
トウモロコシ油	2〜5	25〜45	40〜60	0〜3	7〜14
コメ油	1〜3	35〜50	25〜40	0〜1	11〜24
オリーブ油	1〜3	70〜85	4〜12	0〜1	8〜19

多く含むため,生産量の最も多いパーム油より高分子の原料として適している場合が多い。大豆油を多く産出するアメリカで大豆油の高度利用を目指して,ポリウレタン用ポリオールの開発が行われた。これまでに幾つかの合成ルートが検討され,一部は工業化されている。

　Dow 社は RENUVA という商標で大豆油ベースのポリオールを工業化している。大豆油製品の欠点である臭気を抑え,ポリウレタンの用途に適したポリオールが開発された。Dow 社のポリオールは次のような合成ルートで製造される。まず,大豆油とメタノールのエステル交換反応により脂肪酸メチルエステルとグリセリンを合成する。続いて,脂肪酸メチルエステルの二重結合に一酸化炭素を付加してホルミル化し,水添により一級水酸基に変換する。最後にグリセリンとのエステル交換反応を再度行い,ポリオールが得られる。この方法は後述のエポキシ化油脂を用いる方法と異なり反応性の高い一級水酸基を有するポリオールが製造できるメリットがある。また,メタノールとグリセリンがこの反応系内でリサイクルされる点でも優れた合成技術である。この大豆油ポリオール製造の LCA が検討され,製造に要するエネルギー量では既存の代表的なポリオールの約 2/3 であり,二酸化炭素の排出はほぼゼロであった。そのため,地球環境保全の観点から大豆油ポリオールの有用性が明らかになった。

　エポキシ化大豆油はポリ塩化ビニルの可塑補助剤として工業生産されており,このエポキシ基を官能基変換した大豆油ポリオールが報告されている[5〜7]。例えば,エポキシ基を加水分解するとグリコールとなり,ポリオールとして用いることができる。詳細な製造ルートは公表されていないが,Cargill 社,BioBased Technologies 社などが大豆油ポリオールを製造し,軟質フォームやコーティング,接着剤,エラストマーへ応用されている。BioBased Technologies 社の大豆油ポリオール Agrol Diamond の水酸基価は 320〜350 mg KOH/g,バイオベース度は 86% である。

　ヒマシ油は構成脂肪酸の約 90% が二級水酸基を有するリシノール酸である特異な構造の油脂である。ヒマシ油はトウゴマの種子に 40〜60% 含まれる。トウゴマは東アフリカ原産のトウダイグサ科の植物で現在では世界中に分布している。古くから灯火油や便秘薬として利用されており,塗料や印刷インキなどの工業用に幅広く利用されている。ヒマシ油は化合物当たり水酸基を 3 個弱有するため,ポリウレタン用ポリオールとして利用されている。しかし,自動車用ポリウレタンフォームなどの用途にはヒマシ油が適していないため,ヒマシ油の誘導体が開発されている。

　BASF 社はヒマシ油の水酸基にエチレンオキシドとプロピレンオキシドを付加したものをポリオールに用いたポリウレタン(Lupranol)を開発した。植物度は 24% であり,家具のクッションやマットレスが主要用途である。三井化学もヒマシ油ベースのポリオールを開発し,これを用いたポリウレタンがトヨタ自動車で採用されている。

第7章 バイオプロダクトと新プラットフォーム形成

13.3 分岐状ポリ乳酸ポリオール

　植物度の高いポリウレタンを設計する上で，ポリウレタンの主用途であるフォームにあわせて，高分子型のバイオベースのポリオールの開発も望まれている。また，ポリウレタンフォームの既存製造プロセスを利用するためには，液状のポリオールが好ましい。筆者らはこのような要請を満たすバイオベースのポリオールの開発を行ってきた[8]。具体的にはリシノール酸を含有するヒマシ油とその重合体であるポリヒマシ油を開始剤として用いたラクチドの開環重合（あるいは乳酸の重縮合）により分岐状ポリ乳酸ポリオールを開発した[9]。このポリオールは核の油脂成分の構造（分岐数，分子量），ポリ乳酸鎖の立体構造と鎖長により，ポリウレタン用ポリオールのみならず，様々な用途が想定される。

　ヒマシ油を開始剤に用いたL-ラクチド（LLA）の重合では，ヒマシ油とLLAの仕込み比と得られるポリオールの分子量に良好な相関が見られ，分子量を任意に制御できることがわかった（図1）。分岐状ポリ乳酸のガラス転移温度，融点，結晶化度は仕込み比に依存し，直鎖状ポリ乳酸と比較して，これらの値は低下した（図2）。

　分岐状ポリ乳酸ポリオールを用いてポリウレタンの合成を行った。分岐状ポリ乳酸に対し，水，シリコン系整泡剤および過剰の2.4-トルエンジイソシアネートを添加し，室温ですばやく攪拌を行ったところ，発泡ポリウレタンが得られた（図3）。水を添加しない非発泡ポリウレタンを合成し，ヒマシ油を用いて合成したポリウレタンと物性を比較した。動的粘弾性測定から，分岐状ポリ乳酸を用いて合成したポリウレタンはヒマシ油から合成したポリウレタンよりガラス転移温度が高く，熱的性質が向上し，ゴム領域の貯蔵弾性率（E'）が上昇した（図4）。また，ポリヒマシ油を用いて合成したポリウレタンはヒマシ油を用いた場合と比較して，貯蔵弾性率が向上した（図5）。

　ポリ乳酸（PLLA）は靭性が低く，結晶化速度が遅いなどの問題があるため，実用化には可塑

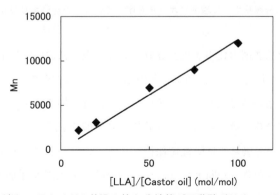

図1　ヒマシ油とL-ラクチドの仕込み比と分岐状ポリ乳酸ポリオールの分子量の関係

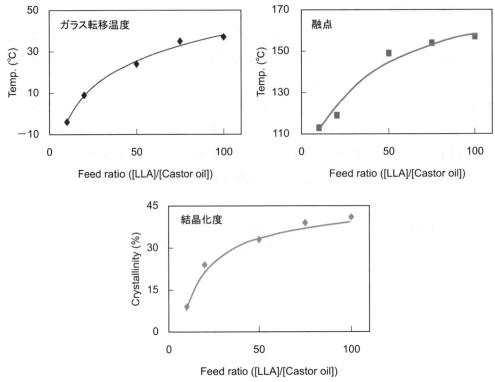

図2 分岐状ポリ乳酸ポリオールのガラス転移温度，融点，結晶化度

図3 分岐状ポリ乳酸ポリオールを用いて合成した発泡ポリウレタン

剤，結晶核剤といった添加剤の使用が提案されている。現状においてはPLLAには汎用プラスチック用添加剤が使用されているが，PLLAとの相溶性，分散性が悪いことから高い効果を得るために多量の添加剤を用いる必要がある。そのため，少量添加で効果を発揮するPLLA用添加剤の開発が切望されている。筆者らはこの分岐状ポリ乳酸をPLLAに少量添加してシートを作製し，PLLA単独と同等の優れた透明性を保持した。このシートの引っ張り試験ではPLLA単独と比較して破断ひずみが著しく向上し（図6），5％といった少量添加で優れた可塑化効果を示し，最大応力の低下も抑制された。既存品にはこれ以上の性能を示すものが報告されている

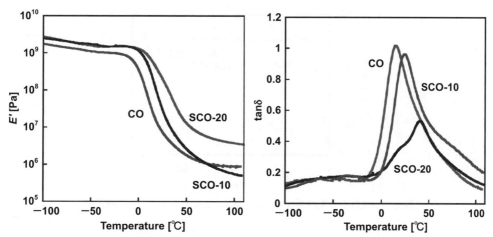

図4 分岐状ポリ乳酸ポリオールを用いて合成したポリウレタンの動的粘弾性特性
CO：ヒマシ油，SCO：ヒマシ油をコアとする分岐状ポリ乳酸ポリオール
（記号の後の数字はヒマシ油とラクチドの仕込み比）

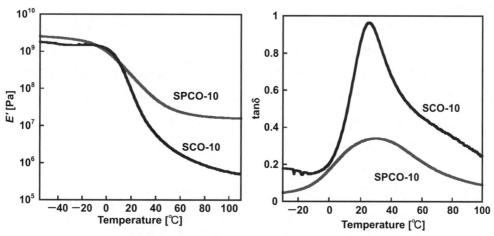

図5 ヒマシ油およびポリヒマシ油を核とする分岐状ポリ乳酸ポリオールから
合成したポリウレタンの動的粘弾性特性
コア成分：SCO―ヒマシ油，SPCO―ポリヒマシ油

が，PLLAに対して20%の添加を必要とする点でこの分岐状ポリ乳酸の可塑剤としての差別化が可能である。また，高分子型可塑剤であるため，ブリードアウトせずに可塑化性能が長期に安定であることが期待される。

ポリグリセロールは油脂の加水分解により生じるグリセロールから合成されるオリゴマーであり，工業用添加剤として上市されている。このバイオベースのポリオールを用いて乳酸を重合することで核構造の異なる分岐状ポリ乳酸ポリオールを合成した。ポリグリセロールを用いて合成した分岐状ポリ乳酸は融点を有せず，非晶性を示した。この分岐状ポリ乳酸ポリオールもポリウ

エコバイオリファイナリー

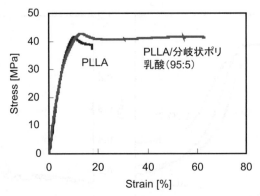

図6　分岐状ポリ乳酸ポリオールを添加したポリ乳酸の一軸伸張試験

レタン用ポリオールとして用いることができる。

13.4　おわりに

　本節ではポリウレタン用ポリオールのバイオベース化に関する開発動向と筆者らの最近の研究成果である分岐状ポリ乳酸ポリオールについて述べた。植物油脂をベースとするポリウレタン用ポリオールの開発に見られるように，バイオマスからの高分子材料の開発・製造は持続的社会構築に向けた必須技術となることは間違いなく，この分野の研究開発は今後，益々盛んになるであろう。幅広いバイオベースの高分子材料を実用化するためには，できるだけ多くのルートから多様な高分子材料を合成する技術開発が求められ，その発展に期待したい。

文　　献

1) 木村良晴ほか，天然素材プラスチック，共立出版（2006）
2) 技術情報協会編，最新　ポリ乳酸の改質・高機能化と成形加工技術（2007）
3) 日本バイオプラスチック協会編，バイオプラスチック材料のすべて，日刊工業新聞社（2008）
4) U. Biermann *et al.*, *Angew. Chem., Int. Ed.*, **39**, 2206（2000）
5) A. Guo *et al.*, *J. Appl. Polym. Sci.*, **77**, 467（2000）
6) Z. S. Petrovic *et al.*, *J. Polym. Sci. Part A : Polym. Chem.*, **38**, 4062（2000）
7) A. Guo *et al.*, *J. Mater. Sci.*, **41**, 4914（2006）
8) 辻本敬，宇山浩，ネットワークポリマー，**28**，114（2007）
9) 宇山浩ほか，WO2008029527

エコバイオリファイナリー
―脱石油社会へ移行するための環境ものづくり戦略― 《普及版》 (B1172)

2010年12月7日 初 版 第1刷発行
2016年11月9日 普及版 第1刷発行

| 監　修 | 植田充美, 田丸　浩 | Printed in Japan |

発行者　辻　賢司
発行所　株式会社シーエムシー出版
　　　　東京都千代田区神田錦町 1-17-1
　　　　電話 03 (3293) 7066
　　　　大阪市中央区内平野町 1-3-12
　　　　電話 06 (4794) 8234
　　　　http://www.cmcbooks.co.jp/

〔印刷　株式会社遊文舎〕　　　　Ⓒ M. Ueda, Y. Tamaru, 2016

落丁・乱丁本はお取替えいたします。

本書の内容の一部あるいは全部を無断で複写（コピー）することは，法律で認められた場合を除き，著作者および出版社の権利の侵害になります。

ISBN978-4-7813-1125-8 C3058 ¥4500E